国防科技图书出版基金

离散动态贝叶斯网络推理及其应用

Discrete Dynamic Bayesian Networks Inference and Its Application

高晓光　陈海洋　符小卫　史建国　著

国防工业出版社

·北京·

图书在版编目（CIP）数据

离散动态贝叶斯网络推理及其应用/高晓光等著. —北
京：国防工业出版社，2016.3
ISBN 978-7-118-10159-1

Ⅰ. ①离… Ⅱ. ①高… Ⅲ. ①贝叶斯决策
Ⅳ. ①O225

中国版本图书馆 CIP 数据核字（2015）第 247283 号

※

国防工业出版社出版发行
（北京市海淀区紫竹院南路 23 号　邮政编码 100048）
三河市众誉天成印务有限公司印刷
新华书店经售

*

开本 710×1000　1/16　印张 12¼　字数 215 千字
2016 年 3 月第 1 版第 1 次印刷　印数 1—3000 册　定价 79.00 元

致 读 者

本书由国防科技图书出版基金资助出版。

国防科技图书出版工作是国防科技事业的一个重要方面。优秀的国防科技图书既是国防科技成果的一部分，又是国防科技水平的重要标志。为了促进国防科技和武器装备建设事业的发展，加强社会主义物质文明和精神文明建设，培养优秀科技人才、确保国防科技优秀图书的出版，原国防科工委于1988年初决定每年拨出专款，设立国防科技图书出版基金，成立评审委员会，扶持、审定出版国防科技优秀图书。

国防科技图书出版基金资助的对象是：

1. 在国防科学技术领域中，学术水平高，内容有创见，在学科上居领先地位的基础科学理论图书；在工程技术理论方面有突破的应用科学专著。

2. 学术思想新颖，内容具体、实用，对国防科技和武器装备发展具有较大推动作用的专著；密切结合国防现代化和武器装备现代化需要的高新技术内容的专著。

3. 有重要发展前景和有重大开拓使用价值，密切结合国防现代化和武器装备现代化需要的新工艺、新材料内容的专著。

4. 填补目前我国科技领域空白并具有军事应用前景的薄弱学科和边缘学科的科技图书。

国防科技图书出版基金评审委员会在总装备部的领导下开展工作，负责掌握出版基金的使用方向，评审受理的图书选题，决定资助的图书选题和资助金额，以及决定中断或取消资助等。经评审给予资助的图书，由总装备部国防工业出版社列选出版。

国防科技事业已经取得了举世瞩目的成就。国防科技图书承担着记载和弘扬这些成就，积累和传播科技知识的使命。在改革开放的新形势下，原国防科工委率先设立出版基金，扶持出版科技图书，这是一项具有深远意义的创举。此举势必促使国防科技图书的出版随着国防科技事业的发展更加兴旺。

设立出版基金是一件新生事物，是对出版工作的一项改革。因而，评审工作需要不断地摸索、认真地总结和及时地改进，这样，才能使有限的基金发挥出巨大的效能。评审工作更需要国防科技和武器装备建设战线广大科技工作者、专家、教授，以及社会各界朋友的热情支持。

让我们携起手来，为祖国昌盛、科技腾飞、出版繁荣而共同奋斗！

国防科技图书出版基金

评审委员会

前　　言

　　无人机（Unmanned Aerial Vehicle，UAV）是一种新概念智能飞行器，适合在复杂环境下执行危险、枯燥及肮脏的任务，其潜在的军事和民用价值已得到各国的认可。从近期的阿富汗战场到远期的无人机发展路线图，无一不说明美、英等西方国家对无人机智能任务规划与决策技术的重视。面对世界无人机技术的迅猛发展，我国必须加快研发步伐，研究我们自主创新的无人机智能任务规划与决策技术，这不仅是国土安全的保障，也是国民经济健康发展的需要。

　　我们科研团队经过十多年的努力和探索，发现动态贝叶斯网络（Dynamic Bayesian Networks，DBN）理论与众多形色各异的智能方法相比，是一种能模拟人类思维的有力工具，其图形化的表达方式和拟人的推理模式为无人机智能化提供了一条可循的技术途径。经过不懈努力，我们在 DBN 的研究方面取得了独具特色的研究成果，不仅有理论上的科研成果，还将理论成果应用于无人机任务规划与决策中。这些研究成果得到了同行的认可，也为此书的撰写提供了丰富的素材。

　　本书是以无人机智能决策为背景编写的，全书共分为七章。第 1 章介绍了无人机自主决策与贝叶斯网络，对比了无人机自主决策中的几种人工智能方法，相比较而言，贝叶斯网络具有很强的环境适应性，具有处理噪声/缺失数据的能力，因此在无人机的自主决策中具有一定的优势。第 2 章介绍了贝叶斯网络的基本概念及贝叶斯网络的几种经典推理算法。第 3 章从 DBN 的概念出发，介绍了离散动态贝叶斯网络（Discrete dynamic Bayesian networks，DDBN）的几种推理算法，并对算法的复杂度进行了分析。第 4 章论述的是 DBN 的近似推理，在引入时间窗和时间窗宽度概念的基础上，对基于时间窗的三种近似推理算法进行了介绍。第 5 章在引入变结构动态贝叶斯网络定义的基础上，对变结构动态贝叶斯网络的精确推理算法和近似推理算法进行了介绍。第 6 章介绍了 DDBN 的三种缺失数据的修补算法。第 7 章通过无人机智能决策的应用实例，主要介绍了应用 DBN 来解决威胁源的分类识别、威胁源等级评估和编队内任务决策及自主作战条件下的目标选择等问题。

　　本书由西北工业大学高晓光教授负责全书的策划、组织和定稿，并负责编写了第 1 章、第 2 章，参与编写了第 5 章、第 7 章；陈海洋负责编写了第 3 章、第 4 章、第 5 章、第 6 章；符小卫负责编写了第 7 章；史建国参与编写了第 3 章。

　　为了使读者更好地利用本书，读者还需储备一些与本书相关的基础知识。因此，建议读者在阅读本书前，先阅读《概率论》、《图论》、《贝叶斯网引论》、《随机过程》等书籍。

本书的出版得到总装备部国防科技图书出版基金、国家自然科学基金（60774064）和陕西省教育厅专项科研计划项目（2013JK1110）的大力资助。在编写过程中，邸若海、梅军峰、郑景嵩为本书编写了大量的算例，李波为本书的出版提供了一些建设性的意见，还有其他的老师和同学也为本书的出版提出了不少宝贵的意见和建议，编者谨此一并致以谢忱。

本书在内容上，提供了丰富的算例，深入浅出，直观易懂，系统全面，并且理论与应用相结合，相信本书的出版对贝叶斯网络研究感兴趣的广大读者具有一定的借鉴作用。

由于我们的水平有限，书中难免有错误和不妥之处，殷切希望使用本书的师生和科研人员给予批评指正。

作　者
二〇一五年七月于西安

符 号 表

符号	意义
X_p^q	第 p 个时间片的第 q 个隐藏变量
$V = \{X_i\}$	节点集
E	有向边集
$G = <V, E>$	有向无环图
$\mathrm{Pa}(X_i)$	节点 X_i 的父节点集合
$P(X_i \mid \mathrm{Pa}(X_i))$	节点 X_i 与其父节点 $\mathrm{Pa}(X_i)$ 之间的条件概率
$\mathrm{Bel}(X)$	节点 X 的信度
$\lambda_X(U_i)$	节点 X 向其父节点 U_i 传递的信息
$\pi_{Y_j}(X)$	节点 X 向其子节点 Y_j 传递的信息
S_{XY}	簇 X 和 Y 之间的分离集
$\phi(X)$	节点 X 的概率表
$\Omega(X)$	节点 X 的状态数
B_1	初始贝叶斯网络
$B_{\rightarrow}$	转移贝叶斯网络
a_{ij}	转移概率
$A = (a_{ij})_{n \times n}$	状态转移矩阵
$\alpha_t(i)$	前向算子
$\beta_t(i)$	后向算子
$\gamma_t(i)$	后验概率
η	归一化因子
$\kappa_t(j)$	双向计算因子
J_t	联接树
Δ	L_1 误差

常用术语及缩略语

无人机	Unmanned Aerial Vehicle	UAV
无人机系统	Unmanned Aircraft System	UAS
贝叶斯网络	Bayesian Networks	BN
动态贝叶斯网络	Dynamic Bayesian Networks	DBN
离散动态贝叶斯网络	Discrete Dynamic Bayesian Networks	DDBN
变结构动态贝叶斯网络	Structure-Variable Dynamic Bayesian Networks	SVDBN
人工神经网络	Artificial Neural Network	ANN
旋翼无人机	Rotor Unmanned Aerial Vehicle	RUAV

目　录

Contents

第1章 无人机自主决策与贝叶斯网络

1.1 无人机自主决策

目前，无人机（Unmanned Aerial Vehicle，UAV）作为一种新概念智能飞行器担负着环境救灾、区域监视、战场侦察、信息截获以及信息传递等多项任务。由于 UAV 自身特点适合在危险、枯燥以及肮脏的复杂环境下执行任务，因此其潜在的军事和民用价值已得到世界各国认可，成为各航空航天大国争相研究的重要课题之一。

UAV 不是一个简单的飞行器，它由一系列复杂系统构成，称之为无人机系统（Unmanned Aircraft System，UAS），主要包括：平台、传感器、武器、指挥和控制、计算机、通信等子系统。与有人机相比，UAV 具有在高威胁环境下使用而不会将作战人员置于危险中的巨大优势，但一般需要地面操作人员的遥控。20 世纪 50 年代，美国在研制开发高亚声速和超声速靶机的基础上开始研制无人侦察机。此时的无人侦察机主要依靠起飞前预先编制的飞行程序控制。70 年代开始出现实时遥控无人侦察机。2001 年 10 月 17 日，美军首次派遣加装"海尔法"反坦克导弹的捕食者 RQ-1 无人机对地实施攻击，让世人看到了无人侦察机的攻击作用。目前美国处于 UAS 研发的领跑地位，以色列、英国、法国等西方各国紧随其后。其中以色列的"苍鹭"系列、英国的"螳螂"和法国的"神经元"都是先进 UAS 的代表。

从现代战争发展趋势看，UAV 的功能将从简单的侦察、干扰发展到像有人驾驶战斗机一样，担负起对空、对地的作战任务[1]。在不到 4 年的时间内，美国无人机大量地出现在巴基斯坦和阿富汗战场，各种袭击上百次，造成 4 000 多人死亡，说明无人机已逐渐成为美军的一支重要作战力量。在不久的将来，UAV 势必成为提高战斗力不可缺少的重要组成部分。2007 年美国国防部发布的"无人机系统路线图"表明"到 2010 年，三分之一执行纵深打击任务的飞机是无人驾驶飞机，到 2015 年，三分之一的陆军地面作战任务由无人机系统承担"。2009 年美国发布的"无人机系统路线图"明确指出美军已将 UAS 视为未来战术兵团的整体构成之一，重点在于通过技术创新促进 UAS 的自主性，支持快速、非固定作战，期望"2015 年完成新型号多用途中型 UAV 研制；2030 年，UAV 将具有自动瞄准交战能力；2047 年，UAV 将具有全球打击能力，甚至挂

1

载核武器"。2011 年 2 月 4 日诺斯罗普·格鲁曼公司和美国海军在加利福尼亚州爱德华兹空军基地完成了 X-47B 舰载隐身攻击 UAV 的第一次飞行，这是人类历史上第一架可完全脱离地面人员控制、依靠计算机程序来自主执行任务的隐形无人轰炸机，是人类军事装备发展史上的又一里程碑。

X-47B 型 UAV 完全依靠计算机程序成功地自主飞行得益于高速发展的人工智能技术，这使其颇具科幻色彩的外表下拥有一颗"聪慧大脑"。显然我们难以获取该"聪慧大脑"的相关技术细节，但可以想象这一消息的公布势必刺激着世界各国加快人工智能技术的研究步伐，必将催生出更智能的"聪慧大脑"。

"指挥和控制"是 UAS 的重要组成部分之一，它是 UAV 实现自主行为能力的保证，是"聪慧大脑"的中枢神经系统。虽然 X-47B 型 UAV 的"指挥和控制"系统已做到确定战场环境下执行预规划任务完全脱离地面人员控制的要求，但其距离"行为完全自主"还有很长的路要走。首先需要解决 UAV "指挥和控制"系统对不确定动态战场环境的适应性，如执行反恐任务时打击突发任务目标、打击时敏目标等。这就要求用于侦察/打击战术决策的人工智能方法不仅能够实时准确地适应多变的战场环境，而且还要能够动态、智能地提供决策结果，即智能自主决策，它是 UAS "指挥和控制"系统能否自主智能工作的关键环节。由于 UAV 应用环境多是动态、复杂且具有不确定性，难以有效地表示和处理，因此将人工智能技术应用于 UAV 自主决策是目前各国科学家亟待解决的一个难题。

UAV 自主决策主要关注智能体如何获得最大的期望效用，使处于不确定环境中的智能体具有理性的选择行为。一个合理的决策模型能够帮助决策者系统地考虑自身条件、偏好以及应用环境存在的不确定性特征，明确表示出变量之间的因果关系，并在相应规则和费用条件下通过推理和期望效用的计算实现行为选择。UAV 自主决策涉及自主目标分类识别、自主威胁态势评估、自主任务决策和路径规划 4 个方面。

（1）自主目标分类识别。自主目标分类识别过程首先是目标特征信息的获取，而后是对目标特征信息融合推理，从而确定目标类型。在这里，我们将前者称为目标特征获取，后者称为目标特征综合。近年来，在目标特征获取方面，已取得了较大的进步，为目标特征综合提供了有力的信息支撑。文献[2]采用经验模式分解法，解决了战场环境下目标声学信号处理以及特征提取。文献[3]利用贝叶斯网络（Bayesian Networks，BN）构建分类器对运动目标进行分类，并在算法中结合目标的一些特征信息。文献[4]引入了静态 BN 对多个特征进行综合，以此实现海上目标的分类识别。文献[5]在观测数据有缺失的情况下，引入变结构动态贝叶斯网络（Structure-Variable Dynamic Bayesian Networks，SVDBN）建立目标识别模型，并给出了不确定证据下的推理算法。文献[6]利用双层隐马尔科夫模型建立雷达识别目标模型。

2

（2）自主威胁态势评估。威胁评估[7]是指对敌方意图进行识别、敌攻击目标的估计和威胁等级的确定。文献[6]采用概率推理算法实现态势评估。文献[8]将决策者的主观威胁等级判断信息与传感器获得的客观战场信息相结合，使用朴素BN解决空地战场中威胁评估问题。文献[9]将空间战场威胁评估划分为威胁意图评估、威胁能力评估和威胁环境评估，利用贝叶斯网络分别构建相应的评估模型。文献[10]对海面移动目标的运动特征进行分析，提出基于隐马尔科夫模型的海面移动目标态势评估方法。

（3）自主任务决策。自主任务决策是指决策系统模拟指挥员进行指挥决策的思维过程。在此过程中，任务决策系统根据威胁态势的评估结果，以及当前时刻己方作战能力等信息，对各作战单位的任务做出分配和规划。文献[11]采用反演设计方法，缩短了UAV任务决策过程时间，提高了实时响应速度。文献[12]利用机载传感器获取气象信息，并建立恶劣气象数学模型，采用专家系统理论解决UAV遭遇恶劣气象时的自主决策问题。文献[13]利用动态贝叶斯网络作为综合工具对多无人战斗机的多目标跟踪问题进行分析，利用动态知识进行综合推理，完成作战任务的分配决策。但该动态模型要求各个时刻上网络结构固定，当作战过程中出现某些突发事件，例如有新目标出现或原有目标消失时，网络模型就无法表述了。

（4）路径规划。路径规划是UAV能否顺利执行决策任务指令的重要保障，也是目前人工智能技术应用于UAV领域的热点问题之一，产生了大量的研究成果。复杂环境下UAV路径规划属于不确定性问题[14]，其复杂性随搜索区域和计算时间呈指数增长。在三维空间（3-D Space）路径规划中，随着维度的增加，这一问题变得更加明显，需要采用优化算法来完成[15]。目前UAV路径规划技术可分为以下4类：模版匹配路径规划技术、人工势场路径规划技术、地图构建路径规划技术和人工智能路径规划技术[16]。

学者们已将多种智能工具应用于UAV路径规划当中。遗传算法是最早应用于组合优化问题的智能优化算法，该算法及其派生算法在UAV路径规划研究领域已得到大量应用[17-21]。在蚁群算法较好解决旅行商问题的基础上，许多学者进一步将蚁群优化算法引入到水下和空中机器人的路径规划研究中[22-24]。模型预测控制（Model Predictive Control，MPC）算法成功地解决了UAV动态路径规划问题[25, 26]。文献[27]提出四维空间（4-D Space）MPC算法解决突发威胁情况下的动态路径规划问题。文献[28]针对全覆盖路径规划提出了模糊路径规划方法。Perez等[29]提出了基于速度场的模糊路径规划方法。Zun等[30]提出了基于信息融合技术UAV路径规划与避碰方法。除此之外应用于UAV路径规划的智能算法还有A*算法[31]、免疫算法[32]、混沌遗传算法[33]等。这些算法都是通过模拟或借鉴生物智能，完成不确定问题求解。

通过以上对UAV自主决策问题的介绍，发现自主目标分类识别、自主威胁态势评估、自主任务决策和路径规划的解决方法和研究成果大都集中在人工智能领域。通过智能推理工具的应用增强了 UAV 的智能特性，克服了许多传统方法的不足，使自主决策过程具备多种信息综合能力。例如：基于进化算法的智能推理技术在确定性环境下能够为自主任务决策和路径规划提供近似最优解；静态 BN、神经网络、粗糙集等方法能够综合同一时刻的多个特征进行推理；模糊逻辑和信息融合技术在不完备信息处理方面有极好的表现，使得模糊逻辑和信息融合技术在路径规划中能有较好的应用。

目前 UAV 自主决策涉及的人工智能决策方法主要有：人工神经网络（Artificial Neural Network，ANN）、模糊逻辑、粗糙集理论、BN 等。此外，学者们还将优化算法、Agent 技术、分布式计算等与上述方法结合，进一步放宽 UAV 自主决策问题的约束条件。

1.2　无人机自主决策中的几种人工智能方法对比

1. 人工神经网络

ANN 是在对人脑组织结构和运行机制的认识理解基础之上模拟其结构和智能行为的一种工程系统。早在 20 世纪 40 年代初期，Mc Culloch、Pitts 提出了 ANN 的第一个数学模型。其后，Rosenblatt、Widrow 和 Hopfield 等学者又先后提出了感知模型，使得 ANN 技术得以蓬勃发展。

目前 ANN 在 UAV 领域中的应用十分活跃，研究热点主要集中在 UAV 飞控系统设计[34]及其故障诊断[35]等方面。使用 ANN 设计 UAV 控制器必须具有时变特性和非线性模型参数，因此在构建控制器时需要通过输入信号和参考模型对动态非线性控制系统进行辨识[36]。澳大利亚昆士兰大学在尺寸为 60cm 的无人直升机平台上采用 ANN 设计飞行控制系统，目前该系统借助惯性导航数据对 ANN 进行驱动实现无人直升机的稳定悬停。该研究团队下一步还将引入包括立体成像、全球定位、超声定位等技术提高无人直升机的稳定性控制[37]。Dierks 和 Jagannathan[38]利用 ANN 设计出一种新型非线性控制器完成旋翼 UAV 飞行控制，该控制器主要利用 ANN 获得 UAV 动力学特性完成 UAV 的六自由度控制。在多神经网络融合方面，文献[39]采用多神经网络技术实现 UAV 对动态环境的感知，通过在线训练非线性自回归模型获得每个神经网络的权重，按照一定的规则动态选择出最优网络成员，从而辨识 UAV 飞控系统。文献[40]提出混合神经网络模型解决动态环境下 UAV 攻击方案编制，该混合模型利用高斯径向基函数神经网络和 Hopfield 神经网络分别完成攻击候选方案集合构建和获得最优解决方案，从而降低了单一神经网络构建攻击决策模型的耦合强度，减少了运算时间。

在 ANN 强大的功能面前，我们也应该看到该理论目前主要解决 UAV 飞行控制中存在的某一类问题，对于自主识别、威胁态势评估和任务决策等问题的研究还有所欠缺，主要原因是：

（1）建立的体系结构通用性差，无法适应动态变化的环境。因为没有一套通用的结构学习算法，所以已有的多种 ANN 体系结构只适用于 UAV 控制领域中的某一类或几类问题，其扩展性很差；

（2）没有一套能够解释自身推理过程和推理依据的理论算法，模拟人类脑功能的推理方法更无从谈起；

（3）当发生数据缺失时，ANN 无法进行正常工作。

2. 模糊推理

现实世界中在类似事物之间往往存在一系列过渡状态。它们相互渗透，互相贯通，使得彼此之间没有明显的分界线，这就是模糊性。模糊推理就是利用模糊性知识进行的一种不确定性推理[41]。模糊推理的理论基础是模糊集理论以及在此基础上发展起来的模糊逻辑。1965 年，Zadehd 等从集合论的角度对模糊性的表示进行了大量研究，提出了模糊集、隶属函数、语言变量以及模糊推理等重要概念，开创了模糊数学这一重要分支。作为处理不确定性问题的基本工具之一，模糊理论目前主要解决 UAV 在不确定环境下的导航与飞行控制[42]、UAV 目标识别[43]和态势评估[44]等问题。主要思路是将获得的数据进行模糊处理，得到相应特征的隶属度，将分类结果作为其他智能推理工具的输入，共同完成智能控制任务。目前已实现与神经网络[45]、支持向量机[46]和 BN[47]等智能算法的结合。

作为多种飞行控制方法和控制策略的开发、测试平台，旋翼无人机（Rotor Unmanned Aerial Vehicle，RUAV）已受到相关技术人员和研究机构的青睐。文献[48]建立速率反馈模糊逻辑控制器对 RUAV 稳定盘旋进行控制，这种方式避免了姿态控制需要高阶控制回路的缺陷。文献[49]在 RUAV 尾部螺旋桨发生故障需要紧急迫降时，利用模糊控制器完成导航。在面对复杂环境无法进行精确建模的情况下，模糊推理技术已应用于地面[50]、空中[51]和水下[52]移动机器人导航[53]。文献[54]为 UAV 导航控制系统建立 3 种模糊逻辑模块，完成对 UAV 沿跑道滑行时的姿态、速度、位置控制。

尽管模糊推理技术在自主控制领域中已获得大量应用，但该理论还存在以下局限：

（1）无法客观地描述环境变化的实际情况。模糊集合理论使用隶属度函数来区分不同状态，当动态环境中存在不相交的并集状态时，模糊推理易产生错误结果。

（2）缺乏统一的理论基础，没有一套科学的隶属度函数选择机制，让使用者不清楚什么时候需要使用什么算子，这将导致复杂动态环境下 UAV 自主决策过程无法进行。

（3）无法明确表述变量之间的因果关系，缺乏逻辑分析能力。

3. 粗糙集理论

粗糙集理论（Rough Set Theory）是 1982 年由波兰数学家 Pawlak 提出，直到 20 世纪 80 年代末才逐渐引起各国学者的注意[55]。1991 年，Pawlak 发表了专著"*Rough Set：Theoretical Aspects of Reasoning about Data*"，奠定了粗糙集理论的基础，从而掀起了粗糙集的研究热潮。该理论的提出为智能体在不精确或数据缺失下完成目标分类[56]、识别[57]、任务分配[58]、推理[59]等问题提供了一套严密的数学工具。此外粗糙集理论能够完成知识上的定义、属性约简[60]、规则提取[61]等工作，它已成为人工智能领域中一个较新的学术热点，在机器学习、知识获取、决策分析、过程控制等许多领域得到了广泛的应用。但要想将粗糙集理论进一步应用于 UAV 这一高度智能体当中，还需要解决以下几个关键问题：

（1）为了满足 UAV 应用环境的复杂性，需要建立庞大的知识库来支持相关规则提取，势必造成大量的软硬件开销，难以保证实时性的要求；

（2）粗糙集理论处理对象是明确的，只考虑数据集的完全"包含"与"不包含"，不存在模糊；

（3）最优简约规则的提取受到优化方法性能的制约，不同的优化算法对属性间的依赖性和冗余性考虑的侧重点不同，致使决策结果产生很大差异。

4. 贝叶斯网络

1985 年第一次不确定性问题专题会议的召开，标志着不确定性问题正式被确定为人工智能领域的一个主要研究问题。同时，利用基于概率论的贝叶斯理论来研究不确定性问题也迎来了春天，此前人工智能学术界的主流认为，用概率论的方法来处理较大规模不确定性问题是不切实际的，原因是计算太复杂。然而，随着几种概率近似变换方法的出现[62, 63]，特别是贝叶斯网络等概率模型在专家系统[64]和故障诊断[65]等方面的成功应用，基于概率论的贝叶斯方法引起了人们的极大重视。

贝叶斯网络是贝叶斯方法的扩展，是人工智能、概率理论、图论和决策分析相结合的产物，是目前不确定知识和概率推理领域中最有效的理论模型之一。它以图形化的方式直观地表达各变量的联合概率分布，并利用条件独立性假设，大大减少了概率推理计算量，为复杂的不确定性推理问题提供了良好的解决办法。而事实上，基于静态 BN 建立的模型容易忽略前后时刻信息的关联性和互补性，会造成信息错误或缺失，进而对当前状态产生错误判断。因此，静态 BN 很难满足复杂动态环境和信息不完备条件下的推理要求。动态贝叶斯网络（Dynamic Bayesian Networks，DBN）的出现弥补了静态 BN 这一缺陷。DBN 理论将时序的概念引入 BN，实现了对时序过程的图形表达。

BN 成功地应用于 UAV 信息处理[66]、目标识别[67]、任务决策[68]以及路径规划[69]，相关应用贯穿了 UAV 对复杂环境的认知过程，说明该方法能够为不同的应用背景提供一个自然的模型框架，如朴素贝叶斯模型、混合贝叶斯模型、隐马尔科夫模型、卡尔曼滤波模型、DBN 等均是 BN 的特例。更为重要的是，它为 UAV 自主决策提供了模块化的设计思想，通过对复杂任务的拆分，使得系统成员针对不同的子任务进行分布式建模，避免了集中式建模的复杂度，提高了推理决策效率。

当 UAV 处于动态环境下时，上述智能方法存在以下缺陷：

（1）算法建立的函数关系通用性差，无法适应动态变化；

（2）当 UAV 处于动态环境且信息不完备时，上述算法难以保证其正常工作；

（3）上述算法不能够解释自身推理过程，更无法很好地模拟人类的脑功能。而自主决策的关键恰恰正是需要解决无人系统模拟人脑进行自主操作的问题。

综上所述，在解决 UAV 自主决策问题时，表 1.1 给出了神经网络、模糊推理、粗糙集理论、BN 4 种智能方法优势对照。

表 1.1　4 种智能方法优势对照

智能理论＼内容	神经网络	模糊推理	粗糙集	贝叶斯网络
模型对环境的适应能力	不适用处理突发情况	不适用处理突发情况	决策规则不稳定，导致模型适应性差	具有时变能力，有很强环境适应性
样本需求量	大	小	小	大
先验知识影响	弱	弱	无	强
逻辑推理能力	推理速度慢	无	快	适中
噪声/缺失数据处理能力	无缺失数据处理能力	无噪声数据处理能力	无噪声数据处理能力	有

由表 1.1 中的 4 种智能方法对比可知，贝叶斯网络在处理不确定性问题上具有很大的优势，是一种适合于对人类思维过程进行建模的工具，可用于解决复杂系统的不确定性推理和数据分析，适合于解决 UAV 自主决策问题。本书目的是将 BN 应用于无人机的自主决策，为无人机自主决策提供一个技术途径。

1.3　贝叶斯网络的研究现状

贝叶斯方法起源于英国学者 Thomas Bayes 在 1763 年发表的论文 "*An essay toward solving a problem in the doetrine of chanees*"。Fisher 的似然推理

使贝叶斯估计理论系统化，促进了贝叶斯学派的发展。Jeffery 对无先验信息分布的重要突破形成了 Jeffery 准则，Jeffery 的著作《概率论》标志着贝叶斯学派的形成。20 世纪 50 年代，以 Robbins 为代表提出了在计量经济学模型估计中将经验贝叶斯方法与经典方法相结合，引起统计界的广泛重视。1958 年英国历史最悠久的统计杂志 Biometrika 重新全文刊登了 Bayes 的论文。贝叶斯统计方法通过几个世纪的发展为 BN 提供了坚实的理论基础。而人工智能、专家系统和机器学习在实践中的广泛应用，成为 BN 发展的催化剂。20 世纪 80 年代，Pearl 等提出 BN，并将 BN 成功地应用于专家系统，成为不确定专家知识和推理的流行方法。从统计学角度看，BN 是图形化概率模型的一种，而人工智能学科则将根据数据获得 BN 的过程视为机器学习的一个特例。BN 经过近 30 年的发展，在理论及应用上都取得了丰硕的成果。在概率论、图论和机器学习等理论框架下，已经系统地研究了静态 BN 的独立关系、结构学习、参数学习以及推理方法等基本理论问题。

BN 之所以能在众多领域中得到广泛的应用，主要是因为作为一种图形化的建模工具，BN 具有以下几个特性：

（1）BN 将有向无环图与概率理论有机结合，不但具有正式的概率理论基础，同时也更具有直观的知识表示形式：一方面，它可以将人类拥有的因果知识直接用有向图自然直观地表示出来；另一方面，也可以将统计数据以条件概率的形式融入模型。这样 BN 就能将人类的先验知识和数据无缝地结合，克服框架、语音网络模型仅能表达处理定量信息的弱点和神经网络等方法不够直观的缺点。

（2）BN 与一般知识表示方法不同的是对问题域的建模，因此当条件或行为等发生变化时，不用对模型进行修正。

（3）BN 可以图形化表示随机变量间的联合概率，因此能够处理各种不确定性信息。

（4）BN 中没有确定的输入输出节点，节点之间是相互影响的，任何节点观测值的获得或者对于任何节点的干涉，都会对其他节点造成影响，并且可以利用 BN 推理来进行估计预测。

（5）BN 的推理是以贝叶斯概率理论为基础的，不需要外界任何推理机制，不但具有理论依据，而且能将知识表示与知识推理结合起来，形成统一的整体。

国内关于 BN 的研究，是在近 10 余年展开的。根据作者统计（来源于中国知网），从 2000 年 1 月到 2013 年 12 月国内期刊发表有关 BN 的文献共 3602 篇，各年发表情况如图 1.1 所示，文献研究内容的分布情况如图 1.2 所示。

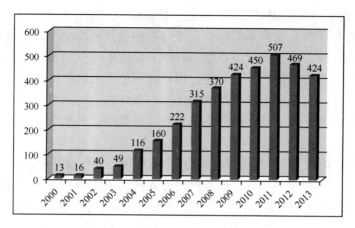

图 1.1　国内关于 BN 文献发表情况

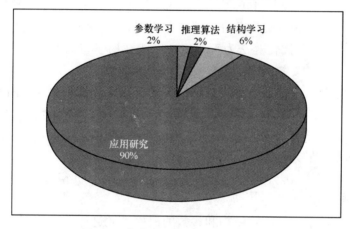

图 1.2　发表文献研究内容分布情况

　　由图 1.1 可以看出，从 2001 年起有关 BN 的文献数量呈上升趋势，说明该理论受到学者们的广泛关注。通过阅读相关文献，发现近 90% 的成果是以应用为主，涉及的领域非常广泛，包括决策支持、可靠性分析、故障/医疗诊断、风险评估、威胁态势评估、语音识别等。发表数量的 10% 左右为基础理论研究。由此可见，相对于 BN 的应用理论研究明显不足，并且研究成果大多是在静态 BN 下获得的。目前国内研究 BN 的机构主要有：吉林大学、北京航空航天大学、北京邮电大学、国防科技大学、合肥工业大学、上海立信学院、西北工业大学等。

1.3.1　贝叶斯网络信息表达

　　BN 的信息表达由两部分组成：首先是表示条件独立性信息的一种自然方式——网络结构，网络中的每个节点表示特定域中的一个变量，节点间的连接

9

（有向弧）表示相互间因果关系，体现了领域知识定性方面的特征。其次，每个节点都赋有与该变量相联系的条件概率分布函数，即模型参数。如果变量是离散的，则它表现为给定其父节点状态时该节点取不同值的条件概率表，这体现了领域知识定量方面的特征。可见，BN 是一种表示数据变量间潜在关系的定性定量的方法，它使用图形结构指定了一组条件独立的声明和用于刻画概率依赖强度的条件概率值。贝叶斯网络的研究内容包括：结构学习、参数学习、推理三部分。

（1）BN 结构学习的目的是获得特定域中每一变量间的逻辑关系，可以通过评分搜索算法和条件独立性检验两种方式获得 BN 结构。代表性的研究成果有 1992 年 Cooper 和 Herskovits 提出的 K2 网络结构学习算法，20 世纪 90 年代以来，研究主要集中在如何从数据和专家知识中获得 BN。1995 年 Heckerman 提出的贝叶斯度量机制，1997 年 Friedman 等提出 Tan 结构学习算法，2004 年 Grossman 和 Domingos 提出条件似然评分规则。近年来利用智能优化算法与 BN 理论相结合的 BN 优化算法为解决复杂网络结构学习问题提供了一条新的途径。最具代表性的是遗传算法在结构寻优中的应用[70-73]。

（2）BN 参数学习是在给定网络结构的前提下获得相关变量间的条件概率分布函数，其过程主要通过样本数据统计来实现。根据样本数据的不确定性，基于统计的参数估计方法可分为：在样本数据完整情况下的参数学习，可使用最大似然估计、最大后验估计、线形优化[74]、参数自适应[75, 76]等方法；在部分样本数据缺失情况下的参数学习，主要通过期望最大（Expectation Maximization，EM）算法[77]实现。

（3）BN 推理是在给定结构和参数的前提下通过计算回答查询的过程。贝叶斯网中的推理问题有三类：后验概率问题、最大后验假设问题以及最大可能解释问题。后验概率问题是指已知贝叶斯网中某些变量的取值，计算另外一些变量的后验概率分布的问题。最大后验假设（Maximum a Posterior，MAP）是指已知证据 E，有时会对一些变量的后验概率最大的状态组合感兴趣，这些变量则是假设变量，在所有可能的假设中，找出后验概率最大的那个假设。最大可能解释（Most Probable Explanation，MPE）是指与证据 E 相一致的状态组合中概率最大的解释。

1.3.2　贝叶斯网络推理方法

BN 推理是利用网络模型结构及其参数，在给定证据后计算某些结点取值的概率。BN 的推理方法可分为两类：一类称为精确推理，即精确地计算假设变量的后验概率；另一类称为近似推理，即在不影响推理正确性的前提下，通过适当降低推理精度来达到提高计算效率的目的。

1. 贝叶斯网络精确推理的研究现状

精确推理完全按照概率基本公式对查询给予回答，当前的一些精确算法是有效的，能够解决现实中的大部分问题，然而受知识的认知程度所限，精确推理算法中还面临着很多问题需要解决，其中网络的拓扑结构是影响推理复杂性的主要原因。比较经典的精确推理算法有：消息传播算法（Message-passing Algorithm）[78]，条件算法，联接树算法（Junction Tree Algorithm）[79]，基于组合优化问题的求解方法，约简图方法（Graph Reduction）等。

（1）消息传播算法，是 Pearl 为解决单连通网络的推理问题于 1986 年提出的。算法主要思想是直接利用贝叶斯网络的图形结构，给每一个节点分配一个处理机，每一个处理机利用相邻节点传递来的消息和存储于该处理机内部的条件概率表进行计算，以求得自身后验概率，并将结果向其相邻节点传播。在实际计算中，贝叶斯网络接收到证据后，各个证据节点向其相邻节点传播消息，相邻节点接收到传送来的消息后，处理并计算出新的后验概率，然后将结果向自己其余的相邻节点传播，如此下去，直到证据的影响传遍所有的节点为止。

消息传播算法计算简单，复杂度与证据传播过程中经历的路径长度成正比，但只适用于单连通网络。对于多连通网络，由于消息可能在环路中循环传递而不能进入稳态，因此无法推理。

（2）条件算法是 Pearl 于 1986 年提出的[78]，该算法的基本思想是通过实例化一些条件节点，使多连通网络结构满足单连通特性，然后用消息传递算法进行计算，最后对所有实例化计算结果求数学期望，得到后验概率。1996 年，Diez 对算法进行了改进，提出局部条件算法（Local Conditioning Algorithm）[80]，当网络中有些节点通过与或门连接时，该算法非常有效。Shachter 等随后提出的全局条件算法（Global Conditioning Algorithm）[81]，可以与联接树算法结合，有效降低了计算的复杂度。由于一般条件算法的计算量与条件节点集的指数成正比，因此对条件节点集较大的网络，该算法计算效率非常低。为此 Darwiche 提出了动态条件算法（Dynamic Conditioning Algorithm）[82]，在计算时引入了相关割集和局部割集的概念，使算法只有线性的复杂度；随后 Darwiche 又提出递归条件算法（Recursive Conditioning Algorithm）[83]，该算法利用节点间的条件独立关系，将网络分为多个子网络，子网络再进行独立的递归计算，最后将计算结果进行整合。此外，与或门条件算法（AND/OR Cutset Conditioning Algorithm）[84]、条件图算法（Conditioning Graph Algorithm）[85]也是基于条件实例化的消息传递算法。

最小条件节点集求解是条件算法的关键。Suermondt 和 Cooper 证明了寻找最小条件节点集是 NP-困难问题，并提出了一种启发式算法寻找最小条件节点集[86]。目前采用贪婪算法、改进贪婪算法等方法寻找较小的条件点集。

（3）联接树算法是 Lauritzen 和 Spiegelhalter 于 1988 年提出的[87]。该算法

首先将贝叶斯网络转换为一个联接树，然后通过消息传递来进行计算，消息会依次传遍联接树的每个节点，最终使联接树满足全局一致性。此时，团节点的能量函数就是该节点包含的所有变量的联合分布函数。根据消息传递方案的不同，可以将联接树算法分为 Shafer-Shenoy 算法[88]和 Hugin 算法[89]。这两种算法各有优点，Hugin 算法由于避免了一些冗余计算，速度更快，而 Shafer-Shenoy 算法能有效解决更多推理问题。后来，Park 和 Darwiche 综合了这两种算法的优点，对联接树算法进行了改进，显著提高了算法的推理效率[90]。一般联接树算法中消息要在连接团节点的两条弧上传递两次，Jensen 等在 1998 年提出了一种基于惰性评价的联接树推理算法（Lazy Propagation Algorithm）[91]，利用贝叶斯网络的 d 分隔原则，减少消息传递和边缘化过程，在很大程度上简化了计算。

联接树算法是目前计算速度最快，应用最广的贝叶斯网络精确推理算法，被用于单连通网络和多连通网络的推理。该算法的计算复杂度是随联接树中最大团节点规模增大呈指数增长。但寻找最大团节点最小的联接树是 NP 困难问题，目前主要采用启发式算法寻找近似最优解。

（4）符号概率推理算法（Symbolic Probabilistic Inference Algorithm）是 Shachter 于 1990 年提出基于组合优化的推理算法[92]。该算法利用链式乘积规则和条件独立性，将联合概率分解为一系列参数化的条件概率的乘积，然后对公式进行变换，通过改变求和与乘积运算的次序，选择求和时节点消元顺序，从而减少运算量。作为符号概率推理算法的特例，Zhang 等提出变量消元算[93]、Dechter 提出团消元算法[94]、Kask 等提出团树消元算法[95]等，也是基于组合优化的算法，它们与符号概率推理算法的区别在于寻找最优消元顺序的方式有所不同。

符号概率推理算法简单通用，降低复杂度的关键在于寻找最优消元顺序，这是一个 NP 问题。目前的方法主要有最小缺陷法（Minimum Deficiency）[96]、最小度法（Minimum Degree）[97]等。最小缺陷法的主要思想是消去一个节点的时候，如果它连接的两个节点之间没有边，就添加连接边，计算先消去那些消去后需要添加边的个数最小的节点，并把它放在消元顺序队列的末尾，然后从网络中移去该节点，并连接该节点的所有邻居节点，重复上述操作，直到网络中的所有节点被选择。

（5）弧反向/节点缩减算法（Arc Reversal/Node Reduction Algorithm）是 Shachter 于 1990 年提出的一种推理算法[98]。该算法首先利用贝叶斯原理对网路进行弧反向计算，改变节点的条件概率表，然后将非证据节点中无子节点的节点删除，重复上述操作直到网络的证据节点和询问节点成为父子关系，最后对网络进行消元计算，求得节点的后验概率。Cheuk 和 Boutilier 在 1997 年对该算法进行了改进，提出了基于树结构的弧反向算法，并将其应用于动态贝叶斯网路的仿真，取得了很好的效果[99]。

弧反向/节点缩减算法的主要操作包括弧反向和节点缩减。节点缩减可以大大减小计算的复杂度，但需要一定的条件，为此需要进行弧反向操作。而弧反向操作的计算量随需改变的概率分布的节点数的增加呈指数增长，因而对于连接关系非常复杂的网络，弧反向的计算量非常大，导致推理速度下降。Cheuk和 Boutilier 提出的树结构的弧反向方法可以解决这个问题。

（6）微分算法（Differential Algorithm）是 Darwiche 于 1999 年提出的[100]。计算时，首先将贝叶斯网络表示为一个包含节点状态指示变量和条件概率变量的网络多项式，然后通过计算网络多项式中各变量的偏导数来进行概率推理。网络多项式一般是指数规模，计算时先要将指数规模的网络多项式转化为线性规模的运算电路，然后对该电路进行微分运算。Darwiche 还将微分算法和联接树算法结合起来，对微分算法进行了改进[101]；Brandherm 也对微分算法进行了改进[102]，并将其用于动态贝叶斯网络的推理。两种改进算法都取得了良好的效果。微分算法简单、容易理解，通过指数级规模的多项式用线性规模的运算电路来表示并进行计算，提高了计算效率。在得到变量的偏导数之后，微分算法可以快速计算出节点的后验概率、节点和其父节点的联合后验概率、改变证据节点集中在某些变量之后节点的后验概率等，微分算法还可以有效地对网络进行模型有效性和敏感度分析、参数学习等。

2. 贝叶斯网络近似推理的研究现状

理论上，精确推理能够满足任何推理任务，然而随着网络规模的扩张，精确推理的时间是难以预测的，同时，网络拓扑结构的一个微小变动可能使相对简单的问题变得相当复杂，所以研究近似的推理算法成为一个相当活跃的领域，然而就算法复杂性而言，精确推理和近似推理都是 NP 问题，但近似推理算法确实可以解决一些精确推理无法解决的问题。近似推理方法在运行时间和推理精度之间采取了一些折中，力求在较短的时间内给出一个满足精度的解。近似推理算法主要有：随机抽样算法（Stochastic Sampling Algorithm）[103]、基于搜索的近似算法（Search-based）[104-107]、模型简化算法（Model Simplification Algorithm）[108-112]和循环信度传递方法（Loopy Propagation）[113, 114]等。

（1）随机抽样算法也称为蒙特卡罗方法，是最常用的 BN 近似推理算法。该算法既不利用条件独立性，也不考虑概率分布的特征，而是通过抽样得到一组满足一定概率分布的样本，然后用这些样本进行统计计算。目前主要有两类随机抽样算法：重要性抽样法和马尔科夫链蒙特卡洛（Markov Chain Monte Carlo）算法。最早的、也是最简单的一种重要性抽样法是 Henrion 提出的概率逻辑抽样法，它对没有证据变量的网络进行推理时非常有效，当网络中加入证据变量时，尤其是当证据变量的先验概率极小时，这种推理算法收敛将会非常慢，因此 Fung 等提出了似然加权法解决此问题[115]。此后，Shacther 等又提出自适应重要度抽样、启发式重要性抽样[116]等方法。马尔科夫链蒙特卡罗抽样算

13

法包括吉布斯抽样法（Gibbs Sampling）[117]和混合马尔科夫蒙特卡罗算法（Hybrid Monte Carlo Sampling）[118]，当网络中没有极端概率时，这类算法非常有效，否则收敛非常慢。

随机抽样算法虽然简单通用，但该算法不能像其他近似算法那样给出一个误差的边界，而只给出一个概率边界，即样本量越大，统计结果与真实结果的误差小于误差限的可能性就越大。

（2）基于搜索的算法（Search-based Algorithm）将网络中需计算的节点变量取值看做一个状态空间，其中一些状态对计算结果会产生较大影响，而另外一些状态则影响甚微。该算法运用启发式搜索在整个状态空间中搜索影响较大的状态，并用这些状态代替整个状态空进行计算。在此基础上，Herion 提出了"Top-N"搜索算法[119]、Poole 提出了自顶向下的搜索算法[120]、Santos 提出了确定性近似和抽样及累积算法[121]、Cooper 提出了界限条件算法[122]。基于搜索算法的精度与所考虑的状态有关，算法效率取决于两个因素：一是快速寻找对结果影响较大的状态；二是确定满足精度要求的状态集合。前者与搜索策略有关，后者则在很大程度上取决于网络规模及其概率分布特征。

（3）模型化简算法（Model Simplification Algorithm）的主要思想是通过消除小概率变量、去除较弱的依赖性等手段，将模型进行简化，直到精确推理算法能有效运用为止，然后采用精确算法推理。已经提出多种模型化简方法，其中，局部化偏序评估算法[123]通过从网络中移除某些节点变量来简化模型；有界条件算法[124]通过忽略一些割集的实例来计算概率的界限；状态空间抽象算法[125]通过减少条件概率表集合的势来简化模型；变量逼近算法[126]通过将一些节点依次从网络中删除，直到网络足够稀疏，有效的精确推理算法可用为止；上下文描述近似算法[127]通过考虑网络中节点的前后关系结构,消除概率之间的差别来简化计算；Sarkar 算法[128]通过找到最近似网络的最优树分解来对网络进行近似计算。

模型化简算法实际上是一种推理策略，该算法通过化简网络，使计算量大大减少，但是对于比较大的网络，由于算法的精度的估计和分析的计算量比较大，因此很难评价简化模型的有效性。

对于多连通网络，如果采用消息传递算法，那么消息就会循环传递而无法进入稳态，Murphy 等于 1999 年对消息传递算法进行了改进，提出了循环消息传递（Loopy Belief Propagation，LBP）算法[129]，使其作为一种近似的算法能对多连通网络进行推理。

（4）循环消息传递算法在多数情况下都能收敛，而且近似效果比较好，但当网络中存在极端的先验概率时，该算法的计算结果会在两个值之间振动而无法收敛。对此，Murphy 等提出了两种解决方法：一种方法是取计算结果振动区间的中值，但这种方法的精确度不高，因为精确值有时并不在中值附近；另一

种方法是利用 t 时刻和 $t-1$ 时刻消息的加权平均代替 t 时刻的消息进行消息传递，这种方法非常有效，而且推理的结果不受影响。Tatikonda 和 Jordan 通过确保定义在计算树上的吉布斯度量的唯一性，使循环消息传递算法收敛[130]。

1.3.3　动态贝叶斯网络研究现状

随着 BN 关注程度的不断提升和应用领域的拓展，逐渐暴露出静态 BN 理论框架存在的一些缺陷，尤其是静态 BN 只能对时不变系统建模，建立的模型无法考虑前后时刻信息的关联性和互补性，当信息错误或缺失时，会对当前态势产生错误判断。因此学者们展开了 BN 在时序方面的扩展研究[131, 132]，提出了动态贝叶斯网络。

DBN 的出现是 BN 解决时序问题的一种最有利的表现形式，它将时序的概念引入 BN，实现了对时序过程的图形表达。它主要有三种形式，即连续 DBN、离散 DBN 和混合 DBN。由于离散 DBN 能够为不同的应用背景提供很多可套用的模型框架，如朴素贝叶斯模型、隐马尔科夫模型等，因此受关注程度很高，在 DBN 三种形式中应用也最为广泛。

目前国外研究 DBN 的机构有微软公司、惠普公司、美国的斯坦福大学、美国加利福尼亚大学伯克利分校、哥伦比亚大学、澳大利亚的莫纳什大学等。相关研究工作主要集中在网络学习、推理、领域模型构造等。这些研究都取得了丰硕的成果，正逐步走向实际应用。例如基因表达[133]、语音识别[134]、软件风险检测[135]、图像处理[136]等。国内有关 DBN 研究相对滞后，多数是以直接应用为主，理论方面仅做了一些初步性的探索。

DBN 理论方法研究同样包含三个方面。

（1）DBN 结构学习。主要以评分搜索为主，DBN 与静态 BN 结构学习主要区别在于动态网络模型选择准则（评分函数）需要分解为初始网络和转移网络两部分，在此基础上利用优化算法搜索出评分最高的网络结构。目前常用的结构优化算法有贪婪算法、贝叶斯优化算法、爬山算法、遗传算法、禁忌搜索算法、蚁群算法等。

（2）DBN 参数学习。目前有关 DBN 参数学习问题的研究还不充分，在实际应用过程中主要通过专家经验的方式对网络参数直接赋值。现有的动态网络参数学习方法是将整个时序网络视为一个大的静态网络来处理，将片间转移概率作为静态网络片内条件概率来处理，随着网络时间片的延展计算复杂度随之增长，导致参数学习效率下降，影响 DBN 处理时序问题的能力。

（3）DBN 推理算法。最直观的 DBN 推理算法就是将 DBN 展开成一个静态 BN 进行推理。然而，如果观测序列很长，通过展开所得到的网络需要 $O(t)$ 的存储空间，并且，随着观测序列的加入，所需要的存储空间将无限增长。除此之外，当新的观测值加入时，只是简单的重新运行推理算法，因此每次更新所

要的时间也以 $O(t)$ 的速度增长，其推理复杂度较高，对存储空间也是极大的浪费，所以研究者利用 DBN 的特殊结构设计出其它的精确推理算法，当然这些 DBN 的精确推理算法是利用动态的结构特点与前面提到的静态 BN 精确推理算法的有机结合。

目前，DBN 的精确推理算法主要有前向后向（Forwards-Backwards，FB）算法、边界算法（Frontier Algorithm）以及接口算法（Interface Algorithm）等。

通过把 DBN 转换为一个隐马尔科夫模型，FB 算法就可以应用于任何离散动态贝叶斯网络，它是把消元思想与动态贝叶斯网络特点进行了有机结合的一种推理算法。为了克服 FB 算法只能处理硬证据的缺陷，文献[137]提出了改进的 FB 算法。改进后的 FB 算法不仅可以处理硬证据，而且能处理软证据，有效地拓展了 FB 算法的适用范围。边界算法利用某一时间片的所有隐藏节点集 d 分隔将来和过去，这个节点集合比它需要的要大，因此这个算法是一个次优推理算法。接口算法利用与下一个时间片有关联的隐藏节点集有效 d 分隔将来和过去。接口算法优于边界算法。

DBN 近似推理方面，研究者主要集中于有参近似推理和无参近似推理方面的研究，其中有参近似推理是指动态贝叶斯网络的概率分布直接利用参数形式进行表示，而无参近似推理是指动态贝叶斯网络的概率分布式利用样本或粒子来进行近似表示。

Boyen-Koller（BK）算法[138]是有参近似推理代表性的方法，它是基于变量之间的弱相关性来生成相对独立的团，不需要执行传统的联合树构建中的正规化和三角化操作，可以显著地提高计算效率，但会引入较大的误差。基于 BK 算法的思想，同时为了避免 BK 算法推理中分布的完全更新和完全投影，K. Murphy 提出了一种因式边界（Factored Frontier，FF）算法[139]，它只对边缘分布进行更新和投影，使计算效率得到明显地提高，然而 FF 算法引入的误差比 BK 算法还要大。BK 算法和 FF 算法实际上是 LBP 算法（LBP 算法也可以用于动态贝叶斯网络的近似推理）的特例。另外，BK 和 FF 算法中的团本身可能仍是一个 NP 问题。这会使这些近似推理算法仍然存在难以计算的问题。

粒子滤波（Particle Filtering，PF）算法[140, 141]是一种常用的随机抽样近似方法，被广泛地应用于目标跟踪、计算机视角、导航、图像处理等领域。PF 算法的优点在于可以近似任意的概率分布，并且在推理中可以对粒子数进行调整。而 PF 算法的计算复杂度是规模的指数问题，对于中等规模网络的推理问题，在计算上已变得不再可行。减少粒子采样空间的维数是降低计算量的有效办法，基于边际化技术的 RBPF（Rao-Blackwellized Particle Filter）[142]通过只对状态变量的部分空间采样降低了采样空间的规模，但其他相关空间分布的精确推理却花费了大量时间。

1.3.4　变结构动态贝叶斯网络研究现状

一些研究者通过加入一些限制条件将 DBN 推广到非平稳过程的建模，早期研究主要集中在利用固定网络结构对非平稳过程进行建模。已经比较成熟的模型主要包括时变自回归模型（TVAR 模型）和切换线性动态系统（SLDS），其中 TVAR 模型通过时变线性系数以及噪声变量来描述非平稳线性动态系统[143]，SLDS 利用隐马尔科夫链来描述线性系统的分段变化[144]。但是 TVAR 和 SLDS 只是考虑通过模型的参数变化来对非平稳过程进行建模，显然，它的适用范围受到了很大程度的限制。进而，一些学者将注意力转移到模型参数和结构都随时间变化的网络结构中[145]。随后，引入了数据序列在时域范围内分段平稳的假设，并根据此假设，将非平稳模型分割成一系列预分割的平稳子区间的数据学习得到的平稳模型。在文献[146]中，提出用曲线流行来表示时变序列，并根据流形的几何结构进行分段。文献[147]采用了马尔科夫链蒙特卡洛（MCMC）抽样方法，即通过迭代网络结构的局部变化寻找平稳子区间。由于分段平稳模型依旧不能满足所有应用，许多更加复杂的非线性模型已被提出，文献[148]采用正态分布对混合成员向量进行动态建模，其参数可以根据线性高斯模型随着时间演变。但是，所有这些算法只能用于离线网络学习，无法适应新的动态数据序列。

为了让读者在阅读本书时有一个宏观的轮廓，我们对全书的编写是这样安排的：在第 2 章中，先介绍贝叶斯网络的基本概念，再介绍贝叶斯网络的几种经典推理算法，该章所讨论的网络只是静态贝叶斯网络，它无法对时序问题建模，因此需要把贝叶斯网络扩展成带有时间参数的动态贝叶斯网络；在第 3 章中，我们从动态贝叶斯网络的概念出发，随后给出了几种离散动态贝叶斯网络（Discrete Dynamic Bayesian Networks，DDBN）的推理算法，并对每种算法的复杂度进行了分析，这些推理算法都属于精确推理。精确推理随着时间片数的增加，存储空间将无限增长，造成存储空间的极大浪费，且算法的复杂度较高，但近似推理可以解决这一问题，它是在推理时间与推理精度之间进行折中。在第 4 章，通过引入时间窗和时间窗宽度的概念，把时间窗与精确推理算法结合进行近似推理。在第 3 章和第 4 章中讨论的推理算法都是反映随机过程是一个稳态过程，而描述随机过程是一个非稳态过程需要利用变结构动态贝叶斯网络。在第 5 章中，给出了变结构离散动态贝叶斯网络的精确推理算法和近似推理算法；动态贝叶斯网络的部分观测节点在某些时刻会出现数据缺失情况，为了提高推理的可靠性，需要对这些缺失数据进行修补。第 6 章给出了三种动态贝叶斯网络缺失数据的修补算法。第 7 章给出了一个基于 DDBN 的无人机智能决策实例，它涉及威胁源类型识别、威胁等级评估和编队内任务决策。

第 2 章　贝叶斯网络及其推理

贝叶斯网络也被称为信念网络（Belief Networks）或因果网络（Causal Networks），是描述数据变量之间依赖关系的一种图形模型，也是一种用来进行推理的模型。它为人们提供了一种方便的框架结构来表示因果关系，使不确定性推理在逻辑上变得更为清晰、可理解性强。从本章开始，我们将介绍贝叶斯网络及其推理，在 2.1、2.2 节中介绍贝叶斯网络的基本概念及其特性。从 2.3 节开始，贝叶斯网络的推理将成为讨论的重点，其中扼要介绍了贝叶斯网络推理的主要类型。在 2.4 节和 2.5 节中，我们将分别介绍与单连通网络和多连通网络对应的两个经典推理算法——消息传播算法和联接树算法。在随后的 2.6 节中，将针对具有不确定性证据的网络介绍其推理算法。

2.1　贝叶斯网络基础

贝叶斯网络是用于不确定环境建模和推理的图形结构。为了更好地理解贝叶斯网络的定义，先介绍几个图论中的基本概念。

若一个图的所有边均有方向，则将其称为有向图（Directed Graphs）。在一个有向图中，若从节点 X 到 Y 有一条有向边，则称 X 为 Y 的父节点（Parent），Y 为 X 的子节点（Child）。没有父节点的节点称为根节点（Root Node），没有子节点的节点称为叶节点（Leaf Node）。一个节点的祖先节点（Ancestors）包括其父节点及父节点的祖先节点，根节点无祖先节点。一个节点的后代节点（Descendants）包括其子节点及子节点的后代节点，叶节点无后代节点。一个节点的非后代节点（Non-Descendants）包括所有不是其后代节点的节点。在有向图中，若某节点是它自己的祖先节点，则该图包含一有向环（Directed Cycle），有向无环图（Directed Acyclic Graph，DAG）是不含有向环的有向图。记节点 X 的父节点为 Pa(X)，子节点为 Ch(X)[149]。

在有向无环图概念的基础上，我们把满足下列四个条件的有向无环图称为贝叶斯网络[150]：

（1）存在一个变量集 $V = \{X_i\}$，其中 $i = 1, 2, \cdots, n$，以及变量对应节点之间有向边的集合 E；

（2）每一个变量的取值既可以是离散的，也可以是连续的；

（3）由变量对应的节点和节点之间的有向边构成一个有向无环图 $G=<V,E>$，其中 V 为节点集，与领域的随机变量一一对应，E 为有向边集，反应节点变量之间的因果依赖关系；

（4）对每个节点 X_i 和它的父节点集合 $\mathrm{Pa}(X_i)$ 都对应一个条件概率分布表 $P(X_i|\mathrm{Pa}(X_i))$，且满足

$$P(X_1,X_2,\cdots,X_n)=\prod_{i=1}^{n}P(X_i|\mathrm{Pa}(X_i)) \tag{2.1}$$

由上面的定义可以看出，贝叶斯网络由一个有向无环图和若干条件概率表组成，其中，有向无环图定性地刻画了变量之间的依赖和独立关系，而条件概率表则定量地描述了变量节点与其父节点之间的依赖关系。

图 2.1 是一个用于肺癌诊断的贝叶斯网络，给出了网络的结构及其参数，其中节点 P，S，C，X，D 分别对应变量污染（Pollution）、吸烟（Smoke）、癌症（Cancer）、X 射线（X-ray）及呼吸困难（Dyspnoea），而各节点的取值将会在随后的讨论中予以说明。

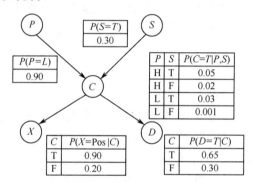

图 2.1　肺癌诊断贝叶斯网络

在本节余下的篇幅中，我们将对贝叶斯网络中的节点及其取值、节点间的结构以及条件概率表诸要素逐个进行讨论。

2.1.1　节点及其取值

在贝叶斯网络的定义中，贝叶斯网络中的节点对应一个随机变量，节点的取值既可以是离散的，也可以是连续的，因此存在离散型、连续型和混合型贝叶斯网络。本书所讨论的贝叶斯网络均为离散型。

离散变量一般分为三种类型：布尔变量（Boolean Variables）、顺序变量（Ordered Variables）、整数变量（Integral Variables）。

（1）布尔变量：变量的取值分为真和假或 0 和 1。例如，在医疗诊断领域（ASIA 网，如图 2.1 所示）中，肺癌节点的取值为真和假。

（2）顺序变量：变量的取值有一定顺序关系。例如，一个表示环境污染程

度的节点变量取值为{高（H），中（M），低（L）}。

（3）整数变量：变量的取值对应着一定的范围。例如，一个表示年龄节点的取值对应到实际的范围为1～120。

依据离散变量的分类，表2.1给出了图2.1肺癌诊断网络中节点类型及其取值。

表 2.1　肺癌诊断网络中各节点类型及其取值

节点名称	节点类型	节点取值
污染（P）	二值顺序变量	{高（H），低（L）}
吸烟·（S）	布尔变量	{真（T），假（F）}
肺癌（C）	布尔变量	{真（T），假（F）}
呼吸困难（D）	布尔变量	{真（T），假（F）}
X射线（X）	二值顺序变量	{好（Pos），坏（Neg）}

通过对变量和变量取值的定义，为贝叶斯网络模型的构建奠定了基础。例如，为了表示一个病人的实际年龄，我们将其划分为{婴儿、儿童、青春期、青年、中年、老年}这几个阶段，这使变量的取值更加清晰。

2.1.2　结构

如前文所述，贝叶斯网络的图形结构定性地表示了各变量之间的关系。在实际应用中，如果一个节点影响或导致另外一个节点发生时，这两个节点可以直接连接。从图2.1的医疗诊断例子中我们发现，污染和吸烟可能会导致肺癌，所以应从污染和吸烟节点各引一条有向边到肺癌节点，肺癌还会引起呼吸困难和X射线检查异常，在它们之间也需增加有向边，便得到图2.1所示的肺癌诊断网络。

在贝叶斯网络结构中，一个节点可以有多个父节点，节点与其父节点被称为一个家族（Family）。在贝叶斯网络中，家族是一个十分重要的概念，所有节点的联合概率分布被分解为各个家族的条件概率之间的乘积。仍以图2.1中的肺癌诊断网络为例，在该网络中，污染节点和吸烟节点是肺癌节点的父节点，肺癌节点是X射线节点和呼吸困难节点的父节点，这样，污染节点、吸烟节点和肺癌节点构成一个家族，X射线节点、呼吸困难节点和肺癌节点则构成了另外一个家族。

2.1.3　参数

贝叶斯网络的结构定性地描述了各变量节点之间的依赖关系，通过为每一个节点及其父节点组成的家族分配一个条件概率表，这样贝叶斯网络的参数就可以定量地刻画出依赖关系的强弱。

为了给每个节点分配一个条件概率表，首先要弄清其父节点的所有可能的组合，每种组合称为父节点集的一个实例，对每个父节点集的实例指定与其相对应的条件概率值。

以肺癌诊断网络（图2.1）中的肺癌节点为例，它的父节点是污染节点和吸烟节点，父节点集的可能取值为{(H,T),(H,F),(L,T),(L,F)}。当肺癌节点取值为真时，对应的条件概率为{0.05,0.02,0.03,0.001}，当肺癌节点取值为假时，对应的条件概率为{0.95,0.98,0.97,0.999}。在图2.1中只给出了肺癌节点取值为真时的条件概率，因为概率的归一性保证了肺癌节点取值为假时的条件概率均可直接通过节点取值为真时的概率值计算得到。实际上，由于概率的归一性，对取值个数为 p 的节点来说，对应于每个父节点的实例，只需为其指定 $p-1$ 个参数即可，这在一定程度上压缩了条件概率表的规模。此外，对于根节点，由于不存在父节点，其条件概率表只是一个普通的概率分布列。通常，该分布列是在不考虑其余节点取值时该节点取各个值的概率，即先验概率。在上面的例子中，污染节点和吸烟节点均为根节点，前者的概率分布列为{0.1,0.9}，后者的概率分布列为{0.3,0.7}。

综上所述，条件概率表的规模与父节点的个数及父节点的状态数有着直接的关系。对一个所有节点均取二值的网络来说，若某一节点有 m 个父节点，且不考虑概率的归一性，那么它的条件概率表中有 2^{m+1} 个概率值。如果网络中共有 n 个节点，且节点的父节点个数最多为 m，则最多需要存储的概率值个数为 $n2^{m+1}$，这一数字可能是非常庞大的，但是相对于直接存储 n 个节点之间的联合概率分布所需的 2^n 个值来说，贝叶斯网络的参数个数已经大大减少了。另外，可通过充分挖掘变量之间的关系得到树形条件概率表、确定性条件概率表等新的存储形式来进一步压缩条件概率表的规模[151]。

2.2 贝叶斯网络的特性

如前文所述，贝叶斯网络实现了对多个变量联合概率分布的压缩性建模，但要实现如式（2.1）所列的对联合概率分布的分解，还需做出一系列的条件独立性假设，这些条件独立性假设蕴涵于贝叶斯网络的有向无环图中，因此讨论条件独立性与有向无环图之间联系就显得尤为必要。

下面先介绍条件独立性，接着讨论几种典型图形结构所蕴含的条件独立性关系，最后通过有向分隔这一重要概念对贝叶斯网络的图论和概率论的联系进行深入讨论。

2.2.1 条件独立性

多变量概率分布中的一个重要概念是条件独立性。现考虑3个随机变量 A，B，C，若满足

$$P(A|B,C)=P(A|C) \tag{2.2}$$

则称 A 和 B 在给定 C 时条件独立。直观地说，条件独立意味着在给定 C 之后，对 B 取值的了解不影响对 A 的认知。

利用式（2.2）可得

$$P(A,B|C)=P(A|B,C)P(B|C)=P(A|C)P(B|C) \tag{2.3}$$

式（2.3）表明：若 A 和 B 在给定 C 时条件独立，则在给定 C 时，A 和 B 的联合概率分布可分解为 A 的边缘概率分布与 B 的边缘概率分布的乘积。

式（2.2）与式（2.3）是等价的，均为判定条件独立性所用的重要关系式。另外，为简洁起见，一般把这一关系记为 $A \perp B | C$。

若多变量的联合概率分布已被分解为条件概率的乘积，原则上可通过使用概率论中的基本公式测试任意的关于这些变量的条件独立性假设，但在实际中，这将非常耗时。在这种情况下，贝叶斯网络的优点就凸显了出来，贝叶斯网络的一个重要而简洁的特性是条件独立性，可以从其有向无环图中直接得到，从而避免了复杂繁琐的概率运算，该特性一般被称作有向分隔（Directed Separation）。我们将在随后深入讨论这一概念。在此之前，先分析几种典型图形结构所蕴含的条件独立性关系。

考虑两个变量 A 和 B 之间通过第 3 个变量 C 间接相连的这一基本情况，它包括顺连（Serial Connection）、分连（Diverging Connection）及汇连（Converging Connection），如图 2.2 所示。

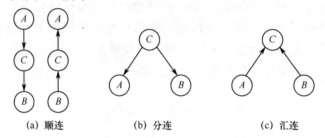

(a) 顺连   (b) 分连   (c) 汇连

图 2.2 2 个变量 A 和 B 通过第 3 个变量 C 间接连接的 3 种情况

我们先讨论顺连，因顺连的两种子情况相似，因此我们只需讨论其中的一种情况，这里不妨讨论第一种情况。由式（2.1）可得

$$P(A,B,C)=P(A)P(C|A)P(B|C) \tag{2.4}$$

由贝叶斯公式可得

$$
\begin{aligned}
P(A,B|C)&=\frac{P(A,B,C)}{P(C)}\\
&=\frac{P(A)P(C|A)P(B|C)}{P(C)}\\
&=\frac{P(A,C)P(B|C)}{P(C)}\\
&=P(A|C)P(B|C)
\end{aligned}
\tag{2.5}
$$

由条件独立性的定义可知，A 和 B 在给定 C 时条件独立。

从直观上分析，若 C 未知，则对 A 的了解会影响关于 C 的信度，进而影响对于 B 的信度，反之亦然。此时信息可以在 A 和 B 之间传递，它们相互关联。若 C 已知，则对 A 的了解就不会影响关于 C 的信度，从而也不会影响对于 B 的信度，类似地，对于 B 的了解也不会影响对于 A 的信度，所以在 C 已知时，A 和 B 之间的信息通道被 C 所阻塞，也就是说，A 和 B 关于 C 条件独立。

仍以图 2.1 中的肺癌诊断网络为例，污染节点（P）、癌症节点（C）、X 射线节点（X）构成一个顺连结构。在未知患者是否患有肺癌时，若得知患者所在地区空气污染严重，则会大大提高患者罹患肺癌这一事件的信度，进而增加患者 X 射线检查呈阳性的概率；若已知患者患有肺癌时，则对空气污染程度的了解是不会影响患者 X 射线检查的结果。因此在给定 C 时，P 与 X 条件独立。

接下来讨论分连的情况，仍采用分析顺连情况的方法，分析得到：A 和 B 在给定 C 时条件独立。在分连结构中，若 C 未知，则对 A 的了解可以影响对 C 的信度，进而影响对 B 的信度。同样，对 B 的了解也可通过相同的途径影响 A 的信度；若 C 已知，与顺连情况相似，A 和 B 之间的信息传递通道被 C 阻塞，从而 A 和 B 在给定条件 C 时独立。在图 2.1 所示的肺癌诊断网络中，癌症节点（C）、X 射线节点（X）、以及呼吸困难节点（D）组成一个分连结构。读者可自行分析其中的条件独立关系，在这里恕不赘述。

对于汇连结构，情况则与顺连结构、分连结构恰好相反。由式（2.1）可得

$$
\begin{aligned}
P(A,B) &= \sum_C P(A)P(B)P(C|A,B) \\
&= P(A)P(B)\sum_C P(C|A,B) \\
&= P(A)P(B)
\end{aligned} \tag{2.6}
$$

从式（2.6）可以看出，在 C 未知时，需要将 C 消去，即在 C 未知时，A 和 B 相互独立；而在 C 已知时，则有

$$
P(A,B|C) = \frac{P(A,B,C)}{P(C)} = \frac{P(A)P(B)P(C|A,B)}{P(C)} \tag{2.7}
$$

式（2.7）无法进一步分解为两个条件概率 $P(A|C)$ 与 $P(B|C)$ 的乘积，因而在给定 C 时，A 和 B 相互关联。

上面的分析表明，在 C 未知时，A 和 B 之间的信息传递通道被 C 阻塞，二者相互独立；而在 C 已知时，A 和 B 之间相互关联。

在图 2.1 所示的肺癌诊断网络中，污染节点（P）、吸烟节点（S）以及癌症节点（C）组成一个汇连结构。若不知患者是否罹患癌症，则污染情况与患者是否吸烟相互独立。而如果已知患者患有癌症，则污染情况严重可使得罹患肺癌这一事件得到解释，进而降低患者吸烟这一事件的信度。

2.2.2　有向分隔

2.2.1 小节通过概率公式的推导和变换讨论了基本的图形结构中蕴含的条件独立性，而更为复杂的有向无环图中所包含的条件独立性则需要借助有向分隔这一概念。

在介绍有向分隔这一概念之前，我们先给出通路这一概念。在一个贝叶斯网络中，两个节点 X 和 Y 之间的一条通路是开始于 X 结束于 Y 的一个节点序列，其中节点各异且在该序列中相邻两个节点之间都有边将它们相连。

给定一个节点集合 E，设 α 是节点 X 与 Y 之间的一条通路，Z 是该通路上的一个节点，若满足下面 3 个条件之一，则称 α 被 E 阻塞：

（1）Z 在 E 中且 Z 与通路中的相邻节点构成顺连结构；

（2）Z 在 E 中且 Z 与通路中的相邻节点构成分连结构；

（3）Z 为汇连节点，且 Z 和 Z 的后代节点均不在 E 中。

上述 3 种情况如图 2.3 所示。

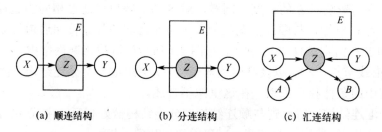

(a) 顺连结构　　　　(b) 分连结构　　　　(c) 汇连结构

图 2.3　X 和 Y 之间的通路被节点集合 E 阻塞的 3 种情况示意图

如果通路 α 被 E 阻塞，则当已知 E 中变量的取值时，信息就不能沿着 α 在 X 和 Y 之间传递。如果 X 和 Y 之间的所有通路均被 E 阻塞，则称 E 有向分隔（Directed Separate）X 和 Y，简称 d 分隔（d-Separate）X 和 Y。

如果 X 和 Y 被 E 有向分隔，那么当 E 中的变量全部被观测到时，信息就不能在 X 和 Y 之间传递，故 X 和 Y 相互独立。换言之，若 E 有向分隔 X 和 Y，那么 X 和 Y 在给定 E 时条件独立，这一性质被称为贝叶斯网络的马尔可夫性，关于该性质的详细证明，可参看文献[149]。

贝叶斯网络的马尔可夫性使得可以直接从其有向无环图中的有向分隔得到条件独立关系，而无需反复使用概率公式进行复杂的运算和变换。在图 2.1 所示的肺癌诊断网络中，污染节点（P）和 X 射线节点（X）之间通过癌症节点（C）形成一条通路，由于节点 C 与通路中的相邻两个节点 P 和 X 组成顺连结构，且 P 和 X 之间再无其他通路，由贝叶斯网络的马尔可夫性得知，P 和 X 在给定 C 时条件独立。这一结论与 2.2.1 节中的结论一致，且更为简洁。在更加复杂的网络中，有向分隔用于判定条件独立的优势将尤为凸显。

2.3 贝叶斯网络推理的基本类型

贝叶斯网络的推理是通过计算回答查询（Query）的过程。在没有获得任何节点的观测值（或者称作证据）时，查询的目的通常是计算某一节点的先验概率，原则上这可以直接计算所有节点的联合概率并将其边缘化而得到，但从随后几节的讨论中可以看到，这是在已知证据的条件下计算后验概率的一个特例。因此，本书的讨论主要集中于已知证据条件下的推理问题。

贝叶斯网络的推理问题主要包括三类：后验概率问题、最大后验假设问题以及最大可能假设问题。后验概率问题是指已知贝叶斯网络中某些变量的取值计算另外一些变量的后验分布问题。在此类问题中，已知变量通常称为证据变量，记为 E，其取值记为 e，需要计算后验概率分布的变量被称为查询变量，记为 Q，则需要计算的后验概率分布为 $P(Q|E=e)$。最大后验假设（Maximum a Posterior Hypothesis，MAP）问题，它涉及计算一些变量的后验概率最大的状态组合。最大可能解释问题（Most Probable Explanation，MPE）是指寻找概率最大的网络中全部变量与证据变量相一致的状态组合。后 2 种推理问题均非本书重点，因而不再赘述。感兴趣的读者可以查看文献[151]来获得更多关于这 2 类推理问题的细节。

对于后验概率问题，仍可进行进一步的划分。划分的依据是贝叶斯网络中蕴含的因果语义[152]。根据查询变量和证据变量所扮演的角色不同，概率推理可分为四种不同类型：诊断推理（Diagnosis Inference）、预测推理（Predictive Inference）、原因关联推理（Intercausal Inference）、混合推理（Mixed Inference）。

（1）诊断推理，意味着从结果到原因的推理。通过病症推理得出病因的过程便是一个诊断推理过程。以肺癌诊断网络为例，医生发现一个病人有呼吸困难的症状，那么医生利用他关于癌症的经验可以推断得出病人很有可能为一个吸烟者。需要注意的是，如果按照文献[152]的建议使用因果关系中原因节点必须为结果节点的祖先节点的原则建立贝叶斯网络，那么以上的推理将沿着网络弧的反方向进行，否则的话，这一结论并不一定成立。

（2）预测推理是从原因到结果的推理。例如，患者可能告诉医生说他是个吸烟者。医生即使不检查患者的身体状况，也知道患者患有癌症的概率比普通人大一些。而且，医生会很自然地猜测到该病人可能会有的其他症状，如呼吸急促或者 X 射线检测结果呈阳性等。

（3）一种更进一步形式的推理是推测造成一个共同结果的诸多原因，即原因关联推理。在肺癌诊断网络中，吸烟和污染可能造成一个共同的结果，那就是肺癌。假设已知某人患有癌症。那么这条信息就增加我们推测他吸烟和他经常身处污染环境的概率。假设我们进一步发现他是一个烟民，由于这一条新的证据能够解释他为何患有癌症，所以，此消彼长，他经常曝露于污染环境下的概率将大大降低。

（4）而混合推理则可包含多种上述类型的推理。由于任何一个节点都可看作一个查询节点，也可以看作一个证据节点，所以有的时候推理并不完全按照上述的推理类型进行。例如在肺癌诊断网络中，已知患者吸烟并且发现其呼吸困难，推断该患者患有肺癌的概率。这一过程便是一个混合推理过程，因为它既包含了从吸烟节点（S）到肺癌节点（C）的预测推理，又包含了从呼吸困难节点（D）到肺癌节点（C）的诊断推理。图 2.4 以肺癌诊断网络为例说明了不同的推理类型。图中粗线箭头所示方向为推理方向。

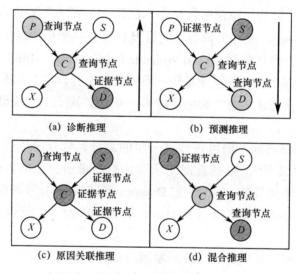

图 2.4　贝叶斯网络推理的四种类型

2.4　单连通网络的精确推理

贝叶斯网络对于联合概率的分解不仅可以压缩概率表的规模，而且在降低概率推理的复杂度方面也具有很大优势。从本节开始我们将讨论贝叶斯网络如何实现概率推理。

如 2.3 节所述，贝叶斯网络推理的基本任务是在给定一些节点的证据时，计算另外一些节点的后验概率。通常，节点的后验概率被称为信度（Belief），而这一基本任务被称作信度更新（Belief Updating）。

贝叶斯网络推理算法的复杂度与网络拓扑结构的复杂度密切相关。尽管已经有联接树（Junction Tree）算法等可以处理任意图形结构的网络推理问题的推理方法，但是针对某些较为简单的网络，消息传播（Message Passing）算法因为避免了复杂的图形变换因而更具优势。本节首先从简单的单连通网络出发，讨论消息传播算法。

2.4.1 单连通网络和多连通网络

在 2.2.2 节之中，我们给出了通路的概念。如果贝叶斯网络中任意两个节点之间最多只有一条通路，那么该网络被称作单连通网络（Singly-Connected Networks）；否则称为多连通网络（Multiply-Connected Networks）。单连通网络又被称作多树（Polytree）。图 2.5（a）中的肺癌诊断网络就是一个单连通网络，而图 2.5（b）所示的网络则是多连通网络的一个实例。

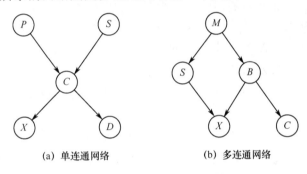

(a) 单连通网络   (b) 多连通网络

图 2.5   不同类型的网络示例

2.4.2 消息传播算法

消息传播算法是由 Kim 和 Pearl 针对单连通网络的推理而开发的。其主要的推导步骤已超出本书的范围，有兴趣的读者可参阅文献[153]。我们只介绍其主要步骤，并通过一个简单的例子说明其推理过程。

如图 2.6 所示，假设 X 是一个查询节点，E 是若干证据节点（不包括 X），则推理的目标就是要通过计算 $P(X|E)$ 来更新 X 的信度 Bel(X)。设 X 的父节点集合为 $U=\{U_1,U_2,\cdots,U_m\}$，子节点集合为 $Y=\{Y_1,Y_2,\cdots,Y_n\}$，对于 X 来说，网络中的证据分为来自父节点 U 的预测信息，以及来自子节点 Y 的诊断信息。在消息传播算法中，需要为 X 维护 $\lambda(X)$ 和 $\pi(X)$ 2 个参数，根据 $\lambda(X)$ 和 $\pi(X)$ 对 Bel(X) 进行更新，而 $\pi(X)$ 和 $\lambda(X)$ 则可分别利用从 X 的父节点和子节点收到的 π 与 λ 消息计算得到。同时，节点 X 需要分别向每个父节点 U_i 传送消息 $\lambda_X(U_i)$，需要向子节点传送消息 $\pi_{Y_j}(X)$，以更新父节点和子节点的信度。图 2.6 给出了节点 X 处的消息传播示意图。

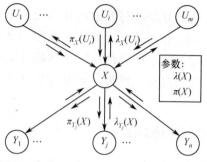

图 2.6　节点 X 处的消息传播示意图

对每个节点 X 来说，$\lambda(X)$，$\pi(X)$，$\lambda_X(U_i)$，$\pi_{Y_j}(X)$ 以及 Bel(X) 可按特定的方法进行计算。我们先给出所有的运算步骤，然后分别对各步骤的含义进行解释。注意这些步骤实际上是不分先后的。

为避免对 π 与 λ 消息的混淆，有必要对这两种消息的格式分别予以说明。

π 信息沿弧的方向传递，从父节点指向子节点，符号记为 $\pi_{接收者}$（发出者）。例如在图 2.6 中，从 X 的父节点 U_i 向其子节点 X 传递的消息为 $\pi_X(U_i)$。

λ 信息沿弧的反方向传递，从子节点指向父节点，符号记为 $\lambda_{发送者}$（接收者）。例如在图 2.6 中，从 X 的子节点 Y_j 向其父节点 X 传递的消息为 $\lambda_{Y_j}(X)$。

1. 信度更新

节点 X 的信度更新可根据来自父节点的消息 $\pi_X(U_i)$ 和来自子节点的消息 $\lambda_{Y_j}(X)$ 来进行更新。更新规则为

$$\mathrm{Bel}(X)=\alpha\lambda(X)\pi(X) \tag{2.8}$$

式中：

$$\lambda(X=x_i)=\begin{cases} 1, & \text{证据为}x_i \\ 0, & \text{证据为}x_j\text{且}x_j\neq x_i \\ \prod_j \lambda_{Y_j}(X), & X\text{没有证据输入} \end{cases} \tag{2.9}$$

$$\pi(X)=\sum_U P(X|U)\prod_i \pi_X(U_i) \tag{2.10}$$

α 是归一化因子，以保证 $\sum_X \mathrm{Bel}(X)=1$ 成立。

2. 自底向上传播

利用节点 X 计算新的 λ 并输出到它的父节点，即

$$\lambda_X(U_i)=\alpha\sum_X \lambda(X)\sum_{U\backslash\{U_i\}} P(X|U)\prod_{k\neq i}\pi_X(U_k) \tag{2.11}$$

3. 自顶向下传播

利用节点 X 计算新的 π 并输出到它的子节点，即

$$\pi_{Y_j}(X{=}x_i)=\begin{cases}1, & \text{证据为}x_i\\[2mm]0, & \text{证据为}x_j\text{且}x_j\neq x_i\\[2mm]\alpha\prod\limits_{k\neq j}\lambda_{Y_k}(X)\sum\limits_U P(X|U)\prod\limits_i\pi_X(U_i)=\dfrac{\alpha\mathrm{Bel}(X)}{\lambda_{Y_j}(X)}, & X\text{没有证据输入}\end{cases} \quad (2.12)$$

下面讨论式（2.9）～式（2.12）的含义。

首先，由式（2.9）可知如何计算参数 $\lambda(X{=}x_i)$。由 $\lambda(X)$ 的定义可知，当证据为 x_i 时，参数 $\lambda(X{=}x_i)$ 为 1；证据为 X 的其他值时，参数 $\lambda(X{=}x_i)$ 为 0；而当 X 没有证据输入时，参数 $\lambda(X{=}x_i)$ 为其所有子节点传来的 λ 消息的乘积。参数 $\pi(X)$ 为 X 的条件概率表与其父节点传来的 π 消息的乘积。

传递给父节点 U_i 的 $\lambda_X(U_i)$ 信息综合了 3 方面的信息：来自 X 的子节点并被吸收到参数 $\lambda(X)$ 中的消息；X 自身的条件概率表；从其他父节点传来的 π 消息。

传递给子节点 Y_j 的消息 $\pi_{Y_j}(X{=}x_i)$，与 X 是否有证据输入密切相关。当证据为 x_i 时，参数 $\pi_{Y_j}(X{=}x_i)$ 为 1；当证据为其他取值时，$\pi_{Y_j}(X{=}x_i)$ 为 0；而如果 X 没有证据输入，则它的值综合了除 Y_j 外的其他子节点传来的 λ 消息，以及由父节点传来的 π 消息。

而在证据输入和消息传播之前，需要将网络中所有节点 X 的自身参数 λ、传递给父节点的 λ 消息、以及传递给子节点的 π 消息初始化为 1。对于根节点，初始化其自身参数 π 等于其先验概率。在算法初始化之后，即使没有证据输入，也可进行消息传播来计算网络中任意节点的信度。在输入证据之后，需要先对证据节点的 λ 参数进行设置，设 X 的证据为 x_i，则可设定 $\lambda(X){=}\{0,\cdots,1,\cdots,0\}$，其中第 i 位为 1。

2.4.3 算例

为了更好地理解消息传播算法，我们以图 2.7 所示的贝叶斯网络为例，来说明消息传播算法的流程。

图 2.7 是对警报（Alarm）网络的扩充。其中 B，E，A，J，M 与 Pearl 在文献[5]中的描述相同，分别代表盗窃（Burglary）、地震（Earthquake）、警铃响（Alarm）、接到 John 的电话（JohnCalls）、接到 Mary 的电话（MarryCalls）。为更好地说明问题，在这里引入一个新的表示电话铃声（PhoneRings）的节点 P，用来明确的表示有时候 John 混淆了电话铃声与警铃声而误打了电话。当然在这里完全可以忽略各节点代表的意义，而在 2.6 节将会结合该网络讨论不确定性证据的问题。

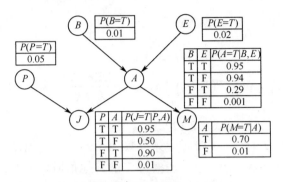

图 2.7　扩展的警报网络

在消息传递之前，需要对各个节点的参数进行初始化。对于根节点 B，由前面的讨论，设定 $\lambda(B)$ 为单位向量 $(1,1)$，$\pi(B)$ 为 B 的先验概率 $(0.01,0.99)$。其余根节点 E 和 P 的情况类似。对于节点 M，假设其为证据节点，且证据为 $M=T$，可设定其参数 $\lambda(M)=(1,0)$。对于其余节点，只需设定其参数 λ 为单位向量。图 2.8 说明了在扩展的警报网络中初始值的设定情况以及在消息传播算法中需要传播的消息。

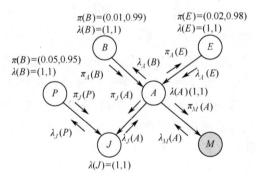

图 2.8　扩展的警报网络中消息传播算法所涉及的消息

下面，利用消息传播算法来解决扩展的警报网络的推理问题。先讨论没有证据输入的情况，再讨论有证据输入的情况。

无证据输入时的消息传播过程如图 2.9（a）所示，有证据输入时的消息传播过程如图 2.9（b）所示。需要注意的是，信度更新与消息传播的顺序并不需要通过一个特别的算法得到，但图中所示的传播顺序可在最少的步骤之内完成所有的信度更新，因此是最有效的顺序。

1. 在没有证据输入的情况下，所有的 λ 消息都是单位向量，而乘以这些单位向量不会改变其他参数的值。因此在这种情况下无需考虑 λ 消息的传播。

（1）在第一阶段，节点 B，E，P 各自的 π 参数在初始化时已设定为其先验概率，λ 参数设定为单位向量，因此可由式（2.8）计算得到 B 的信度 $\mathrm{Bel}(B)$，即

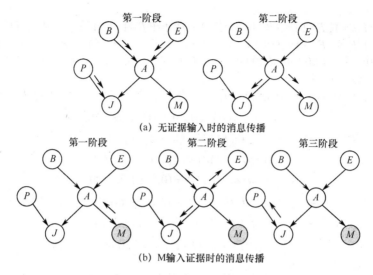

(a) 无证据输入时的消息传播

(b) M输入证据时的消息传播

图 2.9　消息传播算法的消息传播顺序

当 B=T 时

$$\text{Bel}(B=\text{T})=\alpha\lambda(B=\text{T})\pi(B=\text{T})=\alpha\times1\times0.01=0.01\alpha$$

当 B=F 时

$$\text{Bel}(B=\text{F})=\alpha\lambda(B=\text{F})\pi(B=\text{F})=\alpha\times1\times0.99=0.99\alpha$$

式中：$\alpha=\dfrac{1}{0.01+0.99}=1$，归一化得 $\text{Bel}(B)=\alpha\lambda(B)\pi(B)=(0.01,0.99)$。

同理，计算得到 $\text{Bel}(E)=(0.02,0.98)$，$\text{Bel}(P)=(0.05,0.95)$。

同时，利用式（2.12）计算输出消息 $\pi_A(B)$，$\pi_A(E)$，$\pi_J(P)$，即

$$\pi_A(B)=\alpha\pi(B)=(0.01,0.99)$$

$$\pi_A(E)=\alpha\pi(E)=(0.02,0.98)$$

$$\pi_J(P)=\alpha\pi(P)=(0.05,0.95)$$

（2）在第二阶段，节点 A 从其父节点接收到所有的 π 消息，更新 A 的信度 $\text{Bel}(A)$，即

$$\pi(A)=\sum_{\{B,E\}}P(A|B,E)\pi_A(B)\pi_A(E)$$

当 A=T 时，则有

$\pi(A=\text{T})$
$=P(A=\text{T}|B=\text{T},E=\text{T})\pi_A(B=\text{T})\pi_A(E=\text{T})+P(A=\text{T}|B=\text{T},E=\text{F})\pi_A(B=\text{T})\pi_A(E=\text{F})+$
　$P(A=\text{T}|B=\text{F},E=\text{T})\pi_A(B=\text{F})\pi_A(E=\text{T})+P(A=\text{T}|B=\text{F},E=\text{F})\pi_A(B=\text{F})\pi_A(E=\text{F})$
$=\alpha(0.95\times0.01\times0.02+0.94\times0.01\times0.98+0.29\times0.99\times0.02+0.001\times0.99\times0.98)$
$=0.0161\alpha$

当 A=F 时，则有

$$\pi(A=F)$$
$$=P(A=F|B=T, E=T)\pi_A(B=T)\pi_A(E=T)+P(A=F|B=T, E=F)\pi_A(B=T)\pi_A(E=F)+$$
$$\quad P(A=F|B=F, E=T)\pi_A(B=F)\pi_A(E=T)+P(A=F|B=F, E=F)\pi_A(B=F)\pi_A(E=F)$$
$$=\alpha(0.05\times0.01\times0.02+0.06\times0.01\times0.98+0.71\times0.99\times0.02+0.999\times0.99\times0.98)$$
$$=0.9839\alpha$$

归一化，可得 $\pi(A)=(0.0161,0.9839)$。因此可更新 A 的信度 Bel(A) 为

$$\text{Bel}(A)=\alpha\lambda(A)\pi(A)=(0.0161,0.9839)$$

计算 A 节点向其子节点 J 和 M 发送的 π 消息，即

$$\pi_J(A)=\alpha\lambda_M(A)\pi(A)=(0.0161,0.9839)$$
$$\pi_M(A)=\alpha\lambda_J(A)\pi(A)=(0.0161,0.9839)$$

在消息传播的第一阶段，J 从 P 节点得到了 $\pi_J(P)$ 消息；在消息传播的第二阶段，J 从 A 节点得到了 $\pi_J(A)$ 消息。因此可以得到

$$\pi(J)=\sum_{\{P,A\}}P(J|P,A)\pi_J(P)\pi_J(A)=(0.0485,0.9515)$$

在节点 J 收到了 π 消息后，更新 J 的信度 Bel(J)，即

$$\text{Bel}(J)=\alpha\lambda(J)\pi(J)=(0.0485,0.9515)$$

节点 M 收到的 π 消息为

$$\pi(M)=\sum_{\{A\}}P(M|A)\pi_M(A)=(0.0211,0.9789)$$

在节点 M 收到了 π 消息后，更新 M 的信度 Bel(M)，即

$$\text{Bel}(M)=\alpha\lambda(M)\pi(M)=(0.0211,0.9789)$$

2．在有证据输入的情况下，消息传播是在上述的无证据输入时的消息传播算法的基础上对网络中的参数进行更新。

假设获得关于节点 M 的证据，且 $M=T$。在初始化时，令 $\lambda(M)=(1,0)$，接着便可进行消息传播。

（1）第一阶段，计算消息 $\lambda_M(A)$ 并传给 A，依次更新 $\lambda(A)$ 和 Bel(A)。

节点 M 向 A 传播的消息为

$$\lambda_M(A)=\alpha\sum_M\lambda(M)P(M|A)$$

当 $A=T$ 时，则有

$$\lambda_M(A=T)=\alpha\big[\lambda(M=T)P(M=T|A=T)+\lambda(M=F)P(M=F|A=T)\big]$$
$$=\alpha(1\times0.7+0\times0.3)$$
$$=0.7\alpha$$

当 $A=F$ 时，则有

$$\lambda_M(A=F)=\alpha\big[\lambda(M=T)P(M=T|A=F)+\lambda(M=F)P(M=F|A=F)\big]$$
$$=\alpha(1\times0.01+0\times0.99)$$
$$=0.01\alpha$$

归一化，得到

$$\lambda_M(A)=(0.9859,0.0141)$$

由传入节点 A 的 $\lambda_M(A)$ 和 $\lambda_J(A)$ 消息，就可以计算 $\lambda(A)$，即

$$\lambda(A)=\lambda_J(A)\lambda_M(A)$$

当 A=T 时

$$\lambda(A=T)=\lambda_J(A=T)\lambda_M(A=T)=1\times0.9859=0.9859$$

当 A=F 时

$$\lambda(A=F)=\lambda_J(A=F)\lambda_M(A=F)=1\times0.0141=0.0141$$

从而，$\lambda(A)=(0.9859,0.0141)$。

更新了 $\lambda(A)$ 后，就可以计算 $\mathrm{Bel}(A)=\alpha\lambda(A)\pi(A)$ 的值。

当 A=T 时

$$\mathrm{Bel}(A=T)=\alpha\lambda(A=T)\pi(A=T)=\alpha\times0.9859\times0.0161=0.0159\alpha$$

当 A=F 时

$$\mathrm{Bel}(A=F)=\alpha\lambda(A=F)\pi(A=F)=\alpha\times0.0141\times0.9839=0.0139\alpha$$

经归一化，可得 $\mathrm{Bel}(A)=(0.5336,0.4664)$

（2）第二阶段，在更新了 A 的信度 $\mathrm{Bel}(A)$ 后，就可以计算传向节点 B，E 的 λ 消息：$\lambda_A(B)$，$\lambda_A(E)$，并传递给 A 的父节点。

根据 $\lambda_A(B)=\alpha\sum\limits_A\lambda(A)\sum\limits_{\{B,E\}\backslash\{B\}}P(A|B,E)\pi_A(E)$ 可计算

$\lambda_A(B=T)$
$=\alpha[\lambda(A=T)(P(A=T|B=T,E=T)\pi_A(E=T)+(P(A=T|B=T,E=F)\pi_A(E=F))+$
$\quad\lambda(A=F)((P(A=F|B=T,E=T)\pi_A(E=T)+P(A=F|B=T,E=F)\pi_A(E=F))]$
$=\alpha[0.9859\times(0.95\times0.02+0.94\times0.98)+0.0141\times(0.05\times0.02+0.06\times0.98)]$
$=0.9278\alpha$

$\lambda_A(B=F)$
$=\alpha[\lambda(A=T)(P(A=T|B=F,E=T)\pi_A(E=T)+(P(A=T|B=F,E=F)\pi_A(E=F))+$
$\quad\lambda(A=F)(P(A=F|B=F,E=T)\pi_A(E=T)+P(A=F|B=F,E=F)\pi_A(E=F))]$
$=\alpha[0.9859\times(0.29\times0.02+0.001\times0.98)+0.0141\times(0.71\times0.02+0.999\times0.98)]$
$=0.0207\alpha$

经归一化，可得 $\lambda_A(B)=(0.9782,0.0218)$。

同理，计算得到 $\lambda_A(E)=(0.9259,0.0741)$。

更新 $\pi_J(A)$ 消息，并发送到 A 的另外一个子节点 J。

依据 $\pi_J(A)=\alpha\lambda_M(A)\sum\limits_{\{B,E\}}P(A|B,E)\pi_A(B)\pi_A(E)=\alpha\lambda_M(A)\pi(A)$，则有

$$\pi_J(A=T)=\alpha\lambda_M(A=T)\pi(A=T)=0.9859\times0.0161\alpha=0.0159\alpha$$

$$\pi_J(A=F)=\alpha\lambda_M(A=F)\pi(A=F)=0.0141\times0.9839\alpha=0.0139\alpha$$

经归一化，可得 $\pi_J(A)=(0.5336,0.4664)$。

在得到以上这些新的消息之后，可以更新节点 B，E，J 的信度 $\mathrm{Bel}(B)$，$\mathrm{Bel}(E)$，$\mathrm{Bel}(J)$ 即

$$\lambda(B)=\lambda_A(B)=(0.9782,0.0218)$$
$$\lambda(E)=\lambda_A(E)=(0.9259,0.0741)$$
$$\lambda(J)=(1,1)$$
$$\pi(J)=\sum_{\{P,A\}}P(J|P,A)\pi_J(P)\pi_J(A)=(0.4977,0.5023)$$

从而有

$$\mathrm{Bel}(B)=\alpha\lambda(B)\pi(B)=(0.3121,0.6879)$$
$$\mathrm{Bel}(E)=\alpha\lambda(E)\pi(E)=(0.2031,0.7969)$$
$$\mathrm{Bel}(J)=\alpha\lambda(J)\pi(J)=(0.4977,0.5023)$$

（3）第三阶段，计算从 J 输出到其父节点 P 的消息 $\lambda_J(P)$，并更新 P 的信度 $\mathrm{Bel}(P)$。

$$\lambda_J(P)=\alpha\sum_J\lambda(J)\sum_{\{P,A\}\backslash\{P\}}P(J|P,A)\pi_J(A)=(0.5,0.5)$$
$$\lambda(P)=\lambda_J(P)=(0.5,0.5)$$
$$\mathrm{Bel}(P)=\alpha\lambda(P)\pi(P)=(0.05,0.95)$$

在获得证据后，每个节点的信度得到了更新，至此消息传播完毕。距离证据最远的节点 P 与证据节点 M 之间的路径长度为 3，因此该例中证据最少需要传播的步骤也为 3。

消息传播算法中的所有计算都是局部的：信度更新与新的传出信息都是根据传入信息和参数来进行计算的。由于这种局部特性适合并行分布式实现，因此该算法在某种意义上是高效的。不过，从前面的计算公式中可以看到，该算法需要对某一节点的父节点的所有实例进行求和，而这是与节点的个数成指数关系的。因此，当父节点过多时，该算法是不可行的。距离证据节点越远的节点，更新所需的消息传播的步骤越多。

2.5 多连通网络的精确推理

2.4 节对单连通网络中的概率推理算法进行了详细地介绍，但是工程实践中的许多贝叶斯网络的图形结构并非简单的树形结构，而是多连通网络。对于多连通网络来说，消息传播算法将在网络的无向环中陷入无限循环，最终导致推理引擎的失效。直观地说，在多连通网络中，对于存在多条无向通路的两个节点来说，相同的证据将在两个节点之间沿着不同的路径进行多次传递。因此，对于多连通网络，必须采用与单连通网络不同的策略来进行推理。目前在多连通网络中广泛采用的精确推理算法是联接树（Junction Tree）算法，亦称为团树算法。

2.5.1 联接树算法基本流程

联接树算法的基本思路是通过合并多连通网络节点，为网络构建一个等价的单连通网络，在所得到的单连通网络上进行消息传播，以实现多连通网络中的精确推理。

联接树算法的基本流程为：

步骤 1：构建贝叶斯网络结构对应的端正图。

步骤 2：将步骤 1 中所得的端正图进行三角化，得到三角图。

步骤 3：创建联接树。

步骤 4：给联接树中的簇分配参数。

步骤 5：信度更新。在加入证据后，使用消息传播算法对联接树中的信度进行更新。

下面对联接树算法各步骤予以详细说明。

步骤 1 中的端正图（Moral Graph）就是将网络中拥有共同子节点但二者之间并未直接相连的节点进行连接，且除去所有边的方向而得到的图。该步骤操作相对简单。

步骤 2 涉及将端正图进行三角化（Triangulate）这一过程。这里需要说明图论中的几个概念。在无向图中，环（Cycle）是一个节点序列，其中节点各异、且每对相邻节点之间都有一条边直接相连。连接环中 2 个不相邻节点的边称为弦（Chord）。如果在一个无向图中每个包含 3 个以上节点的环至少有一条弦，那么该无向图被称作一个三角图（Triangulated Graph）。将无向图化为三角图的过程称为三角化。

从直观上来说，可以直接在端正图中添加边得到三角图。不同的添加方法可产生不同的三角图，进而影响联接树中簇的构造和推理算法的复杂度。但是，寻找一个最优的三角图是一个 NP 问题。因此，通常采用启发式方法来构造三角图。启发式方法通过构造一个节点顺序，然后按节点顺序逐个进行处理来进行三角化。构造节点顺序可采用最大势搜索算法（Maximum Cardinality Search）[154]。最大势搜索算法对图中所有节点按如下规则编号：在第 i 步中，选择拥有最多已编号相邻节点的未编号节点，其标号为 $n-i+1$，若这样的节点有多个，就任选其一。在确定节点顺序之后，依照节点编号由 1 到 n 的升序，对每个节点按照如下方法进行操作：确定与当前节点相邻的编号大的节点，对这些节点进行相互连接。

步骤 3 在步骤 2 的基础上进行。无向图中的团指的是两两之间互相连接的一组节点，极大团则是指不能被无向图中其他团所包含的团。在三角图中识别出所有的极大团，对每个极大团所包含的节点进行合并，作为一个新的节点，称为簇（Cluster）。将簇作为树节点，便可进行联接树的构造。在联接树的构造过程中，需要不断地在两个簇之间插入分离集，其中，分离集（Separator）是指两个簇的交集。设簇的个数为 m，则联接树的构造算法如下：

步骤（1）令每个簇为一棵树，由 m 棵树组成一个森林，令 S 为空集。

步骤（2）对每对簇 X 和 Y，建立候选分离集 $S_{XY}=\{X,Y\}$，并将其加入集合 S。

步骤（3）在 S 中，按照一定的准则选择一个分离集 S_{XY}，同时在 S 中删除 S_{XY}。

步骤（4）若 X 和 Y 之间不存在通路，则将 S_{XY} 插入到簇 X 和 Y 之间，也就是将 S_{XY} 分别与 X 和 Y 相连；否则，不作任何操作。

步骤（5）重复步骤（3）～（4）直至所有簇均在同一棵树上。

其中，步骤（3）中提到选择分离集需要一定的准则。为了介绍该准则，需要先定义 2 个概念：分离集 S_{XY} 的质量是指 S_{XY} 中所含变量的个数；S_{XY} 的代价则等于 X 中所有节点组合状态数与 Y 中所有节点组合状态数之和。选择分离集的标准是：在集合 S 中，优先选择具有最大质量的分离集；当多个分离集具有相同的质量时，优先选择具有最小代价的分离集。

步骤（4）要求为每个簇和分离集分配参数。由于所谓的簇与分离集实际上都是节点集，因此这里的参数实际上是将节点集中节点所有状态组合对应于一个实数的概率表，通常记作 ϕ。在初始化时，设定表中的每个元素为 1。接着，需要在联接树中为贝叶斯网络中的每个变量指定一个包含该变量及其所有父节点的簇，被指定给某一簇的变量称为该簇的委托变量。最后，对原始网络中的每个变量 X，将其条件概率表 $P(X|\pi(X))$ 乘到为其指定的簇的概率表上，$P(X|\pi(X))$ 表示初始网络给定的条件概率。

步骤（5）要求处理证据，并进行消息传播。在联接树中添加证据比较容易。假设对于节点 X 得到了证据 e。如果 e 是一个确定性的证据，也就是 $X=x_i$，那么就构造一个证据向量使得该向量的第 i 个元素为 1，而其余元素为 0。然后将证据向量与为 X 指派的簇的概率表相乘。其结果是，簇的概率表中与证据 x_i 相一致的状态组合所对应的条目保持不变，而其余条目变为 0。在证据处理完成之后，便可在联接树中进行消息传播了。

联接树算法的消息传播过程的基本操作称作吸收（Absorption）。设联接树中簇 V 与 W 通过分离集 S 相连，其对应的概率表分别为 $\phi(V)$，$\phi(W)$，$\phi(S)$，则消息自 V 传至 W 的过程中，需要对 $\phi(S)$ 和 $\phi(W)$ 按照如下方法进行更新，即

$$\phi^*(S)=\sum_{V\backslash S}\phi(V) \tag{2.13}$$

$$\phi^*(W)=\phi(W)\frac{\phi^*(S)}{\phi(S)} \tag{2.14}$$

式中：$\phi(S)$ 通过边缘化发送信息的簇的概率表来实现；$\phi(W)$ 则是将其旧表乘

以分离集的新表并除以分离集的旧表来实现更新。

在明确两个相邻簇通过分离集进行消息传播这一基本操作之后，我们接着讨论如何在联接树中进行消息的传播。设查询节点为 Q，在联接树中任选一个包含 Q 的簇 C，对 C 分别调用收集证据（Collect Evidence）子程序和分发证据（Distribute Evidence）子程序，如图 2.10 所示。另外，为了防止重复传播，在调用分发证据子程序和收集证据子程序之前，需要将所有的簇设置为未标记状态。

ColleetEvidence（C）	DistributeEvidence （C）
标记 C;	标记 C;
if（C 存在未标记的邻簇 C_i）	if（C 存在未标记的邻簇 C_i）
CollectEvidence（C_i）	从 C 到 C_i 传播消息
从 C 到调用该程序的簇传播消息	DistributeEvidence（C_i）
(a) 收集证据子程序	(b) 分发证据子程序

图 2.10　联接树的消息传播算法

完成消息传播之后，对联接树中任意包含查询节点 Q 的簇 C 所存储的概率表进行边缘化和归一化，便可得到查询节点的后验概率。即

$$P(Q,e)=\sum_{C\backslash Q}\phi(C) \tag{2.15}$$

$$P(Q|e)=\frac{P(Q,e)}{P(e)} \tag{2.16}$$

2.5.2　算例

由于如何构造联接树是联接树算法的重点和难点，因而本节将利用图 2.11(a) 所示的贝叶斯网络来具体说明如何为一个多连通网络构造联接树。为简便起见，假设其中所有节点均为二值变量。

在创建端正图时，通过观察发现节点 T 和节点 L 拥有共同的子节点 R，但是二者之间并未相连，因此应连接 T 和 L。同样的道理，连接 R 和 B。接着，去除边的方向，得到端正图如图 2.11（b）所示。

然后，需要从端正图中构造三角图。在这之前，可根据最大势搜索算法对节点进行编号。随机选择节点 B 并将其编号为 8，其余节点的编号结果如图 2.11（c）所示。在编号结束之后，从编号为 1 的 A 节点开始，逐个检查与其相邻的编号大的节点是否两两连接。对于编号为 4 的 L 节点，与其相邻的编号更大的节点 S 和 R 之间没有边相连，因此在二者之间添加一条无向边。得到的三角图如图 2.11（c）所示。

接着，需要从三角图中得到所有的极大团并为它们构造联接树。在图 2.11（c）中可以看出，AT，TLR，XR，LRS，BRS，BRD 各构成一个极大团。将其

37

组成一个森林，如图 2.11（d）所示。将各个团之间的交集作为分离集，根据上一节选择分离集的原则，优先选择质量更大的分离集 LR，RS，BR。然后分别划去 LRS，BRS，BRD 所在的列，以免不必要的为已在同一棵树上的簇选择分离集。之后，可供选择的分离集只剩 T 和 R，分别选择这 2 个分离集以构造完整的联接树。所得的联接树如图 2.11（e）所示。

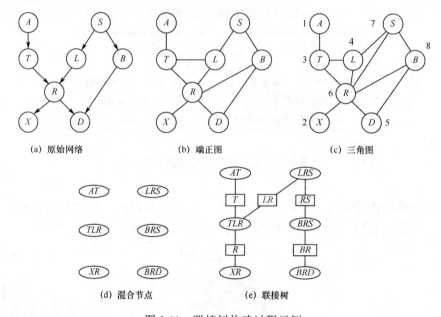

| (a) 原始网络 | (b) 端正图 | (c) 三角图 |

| (d) 混合节点 | (e) 联接树 |

图 2.11　联接树构建过程示例

联接树算法除了联接树的构造之外，其余运算主要涉及概率表的边缘化，以及概率表的乘除法。下面以几个实例来说明概率表运算的方法。

在概率表 $\phi(X,Y)$ 中边缘化 X，则需将 $\phi(X,Y)$ 中 X 状态组合相同的条目进行相加。图 2.12 展示了如何对一个 3 变量的概率表进行边缘化的过程。图中指向右方概率表中同一表项的所有概率值相加。

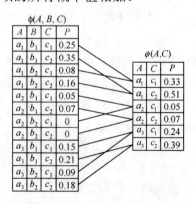

图 2.12　概率表边缘化操作示例

概率表 $\phi(X)$ 和 $\phi(Y)$ 的乘法则是将节点集 $X\cap Y$ 中组合状态相同的项对应的概率值进行相乘。若 C_1 和 C_2 相同，则概率表的运算将更为简单，因为不需要为概率表添加新的条目。图 2.13 是概率表乘法的一个例子，图中指向右方概率表中同一表项的所有概率值相乘。

概率表 $\phi(X,Y)$ 与 $\phi(X)$ 的除法和乘法类似，而且更为简单。因为分子上概率表所对应的变量集合必须为分母上概率表所对应变量集合的子集，因而无需为概率表添加新的条目。为避免除数为 0 时算法失效，通常约定 0/0=0。图 2.14 是概率表除法的一个例子，图中指向右方概率表中同一表项的所有概率值相除。

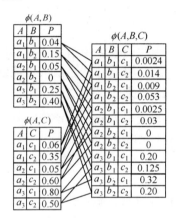 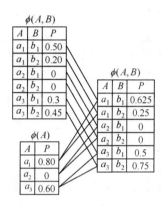

图 2.13　概率表乘法操作示例　　　图 2.14　概率表除法操作示例

2.5.3　算法分析

使用联接树算法进行概率推理的代价主要由联接树中簇的状态空间的大小决定。假设网络已经被转化为一个包含簇 $C_i(i=1,2,\cdots,n)$ 的联接树，则该联接树的代价函数被定义为

$$\sum_{C_i\in\{C_1,C_2,\cdots,C_n\}}\left(K_i\prod_{X\in C_i}|\Omega_X|\right)$$

式中：K_i 为 C_i 涉及的分离集，亦即 C_i 中包含的父节点和子节点的数目；Ω_X 为 X 的状态数。因此，联接树的代价等于对每个簇求出其所有委托节点及委托节点的父节点的状态数进行求积，然后对所有簇的代价进行求和。联接树代价函数提供了一个对通过不同三角化方法得到的不同联接树进行比较的度量标准。

联接树算法的簇的规模不管从计算代价还是内存占用来说都可能是十分惊人的，但在许多情况下，条件概率表中会出现大量的零值，压缩技术可以通过剔除零值来更有效地存储这些条件概率表。

2.6　不确定证据的推理

前面的讨论假设所观测到的证据信息是确定性证据，即所有的证据都是变量的某一状态的值。然而，在实际的应用中，观测到的证据种类是多种多样的。对于这些类型的证据，如何进行概率推理将是本节讨论的重点。

2.6.1　证据类型

如前所述，确定性证据（Specific Evidence）是对变量取特定值的明确描述。例如在图 2.1 所示的肺癌诊断网络中，如果得知患者的确是个吸烟者，那么则有 $S=T$。这就是一个确定性证据。

如果获得的证据是对变量某些值的否定，则称该证据为消极证据。例如，一个变量 Y 的取值可能为 y_1 或 y_2，从而排除了 Y 取其他状态值的可能性。再比如，节点 Y 的取值不是 y_1，但是可能取任何其他的状态值。

如果获得的证据信息仅仅是关于某一变量的概率分布，则该证据称为不确定性证据（Uncertain Evidence），也称为软证据（Soft Evidence）。例如，假设放疗人员对于患者的 X 射线透视结果并不确定，他认为 X 射线透视结果为阳性，但是他只有 80% 的把握。

在 2.4.2 节，我们已经看到，消息传播算法在处理证据是确定性证据时，需要构造一个证据向量。该向量在与证据相吻合的位置上为 1，而在其余位置为 0。而在消息传播过程中，一旦确定性证据被输入给某一个节点，无论将来其他节点收集到任何证据，该节点的信度都将保持不变。而对于不确定性证据来说，情况则有些不同。例如，在 2.4.3 节中介绍过的警报网络（Alarm），假如得到地震发生的概率为 80%，那么可以直接设定地震节点 E 的信度为 $\mathrm{Bel}(E)=(0.8,0.2)$。我们不希望只是保持这个信度，而是希望结合将来可能得到的其他证据来更新这一信度。因此，如何在不确定条件下进行概率推理具有重要意义。

2.6.2　虚拟节点

首先来考虑在最简单的情况下处理不确定的观测信息。设一个具有均匀先验的布尔变量 X，即有 $P(X=T)=P(X=F)=0.5$。为其添加一个值域为 $\{T,F\}$ 的虚拟节点 V，它是 X 的子节点，如图 2.15 所示。X 观测值的不确定性用一个条件概率表表示，则一个具有 80% 确定性的观测值可以描述为 $P(V=T|X=T)=0.8$，以及 $P(V=T|X=F)=0.2$。应用贝叶斯公式进行推理，可得

$$\mathrm{Bel}(X=T)=\alpha P(V=T|X=T)P(X=T)=\alpha 0.8 \times 0.5$$
$$\mathrm{Bel}(X=F)=\alpha P(V=T|X=F)P(X=F)=\alpha 0.2 \times 0.5$$

归一化可得 Bel(X=T)=0.8， Bel(X=F)=0.2，与期望的一致。

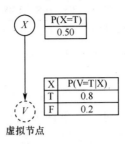

图 2.15　加入虚拟节点处理不确定性证据

值得注意的是，由于要对结果进行归一化，因此并非 $P(V\text{=T}|X\text{=T})$ 和 $P(V\text{=T}|X\text{=F})$ 的数值而是二者之间的比值决定新的信度，通常将这一比值称为似然比。

通过添加虚拟节点，可以用似然比来描述观测值中的不确定性。然而，所考虑的仅仅是一个没有父节点的，具有均匀先验的节点。如果先验信息不是均匀的，那么如上所述简单地把不确定性映射为似然比并不合适。举例来说，对于上面的具有布尔值的节点 X，如果其先验概率 $P(X)=(0.02,0.98)$，那么

$$\text{Bel}(X\text{=T})=\alpha P(V\text{=T}|X\text{=T})P(X\text{=T})=\alpha 0.8 \times 0.02$$
$$\text{Bel}(X\text{=F})=\alpha P(V\text{=T}|X\text{=F})P(X\text{=F})=\alpha 0.2 \times 0.98$$

由归一化可得，$\alpha\approx 4.72$，从而 Bel(X=T)=0.075， Bel(X=F)=0.925。此时 X 的后验概率只有 7.5%，也就是说，在非均匀先验下，4:1 的似然比对于信度的改变微乎其微。

如果确实想通过不确定证据把 X 的信度从 0.02 转变为 0.8，依然可以使用虚拟节点和似然比方法，但需要计算合适的似然比。为此，引入赔率（Fair Odds）这一概念。在证据理论中，h 的赔率指的是事件 h 为真的概率与 h 为假的概率之间的比值，亦即

$$O(h)=\frac{P(h)}{P(1-h)}$$

赔率与概率是完全可交换的概念。对赔率仍有贝叶斯公式

$$O(h|e)=\frac{P(e|h)}{P(e|\neg h)}O(h)$$

下面采用赔率来研究前面的例子。$P(X\text{=T}|V\text{=T})=0.8$，则 $O(X\text{=T}|V\text{=T})=4$。由

$$O(X\text{=T}|V\text{=T})=\frac{P(V\text{=T}|X\text{=T})}{P(V\text{=T}|X\text{=F})}O(X\text{=T})$$

以及上面例子中非均匀先验 $P(X)=(0.02,0.98)$ 所对应的赔率

$$O(X\text{=T})=0.02/0.98$$

可得所需似然比为

$$\frac{P(V=\mathrm{T}|X=\mathrm{T})}{P(V=\mathrm{T}|X=\mathrm{F})}=\frac{0.8}{0.2}\times\frac{0.98}{0.02}=196$$

也就是说，为把信度从非常低的 0.02 提高到 0.8，所需的似然比远远大于均匀先验条件时的似然比。

另外，在某些情况下，同一个变量的证据可能是一个集合，一个序列，或者多重不确定观测值。例如，对同一事件可能有多重的观测，传感器也可能在不同的时间返回不同的测量值。解决这一问题的一个直接的思路是对每个观测值使用一个虚拟节点，如图 2.16（a）所示。推理算法可采用相同的方法，向上传播每个虚拟节点的似然比组成的向量。但是，如果观测值不独立的话，必须通过实际的节点显式描述观测值之间的依赖关系。图 2.16（b）是依赖性建模的一个例子，其中第一个观测者告知其他观测者他所看到的。

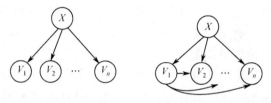

(a) 证据之间相互独立   (b) 证据之间存在依赖

图 2.16　多重不确定证据通过虚拟节点处理

2.6.3　消息传播算法中不确定证据的推理

当执行消息传播推理算法时，实际上并不需要添加虚拟节点，而是把虚拟节点作为一个子节点与观测节点通过虚拟的边进行连接。在消息传播算法中，这些边是单向传播信息的，也就是从虚拟节点向观测节点。仍以扩展的警报网络为例，在图 2.17 中，虚拟节点 V 代表 E 的虚拟证据，它没有参数 $\lambda(V)$，但是向 E 发送消息 $\lambda_V(E)$，其值为一个似然比组成的向量，假如观察者认为 80% 发生了地震，也即图中的 $E=\mathrm{T}$，则似然比向量为 (4,1)。

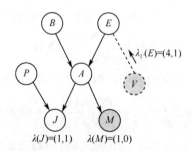

图 2.17　虚拟节点在消息传播算法中的应用示例

42

2.6.4 联接树算法中不确定证据的推理

对于多连通网络推理的联接树算法来说，如 2.5.1 节所述，如果关于任一节点 X 的证据为确定性证据 x_i，则证据向量的第 i 个元素为 1，其余元素为 0。而对于反面证据，假设得到的证据是对状态 x_j 的否定，那么在证据向量中第 j 个元素为 0，而其余元素则为 1。如果所得证据为不确定证据向量，则可使用似然比向量作为证据向量。在所有这些情况下，证据向量都将被乘到为 X 所指定的簇的概率表上。

第 3 章　离散动态贝叶斯网络及其精确推理

第 2 章介绍了贝叶斯网络的基本理论。讨论的仅是静态贝叶斯网络，它无法对时序问题进行建模。为了能够处理动态的不确定性问题，需要将贝叶斯网络扩展成带有时间参数的动态贝叶斯网络。在本章中，先引入动态贝叶斯网络的基本概念、定义及推理任务，继而介绍几种动态贝叶斯网络的推理算法。

3.1　动态贝叶斯网络

在实际中，许多现象都涉及一些随时间变化的随机变量，如植物的生长、语音的产生以及连续变化的视觉图像等。为了对这类动态时变随机过程进行表达和推理，就需要引入动态贝叶斯网络的概念。这一概念最早是由 Dean 和 Kanazawa 于 1989 年提出的[156]，而在此之前，作为动态贝叶斯网络的特例，隐马尔科夫模型和卡尔曼滤波已得到广泛而深入的研究。在利用动态贝叶斯网络处理不确定问题的过程中，概率推理是其中要解决的关键问题之一。

3.1.1　动态贝叶斯网络的定义及表示

动态贝叶斯网络是从贝叶斯网络发展而来的，在每一个时间点上，环境的每一个因素都用一个随机变量表示，通过这种方式对变化的环境进行建模。这些变量之间的关系描述了状态是如何随时间演化的。状态的改变过程可以被视为一系列快照，其中每一个快照都描述了环境在某个特定时刻的状态，每个快照被称为一个时间片（Time Slice），都包含了一个随机变量集合，其中一部分是可观测的，称为观测变量，另一部分则是不可观测的，称为隐藏变量。每个时间片可看作一个静态贝叶斯网络。为了避免给每个时间片指定条件概率表，假设环境状态是由一个稳态过程引起的，即变化的过程是由本身不随时间变化的规律支配的。因此，在稳态假设下，每个时间片的网络结构都相同，只需要为某个"代表性的"时间片中的变量指定条件概率就可以了。

动态贝叶斯网络综合了静态贝叶斯网络和隐马尔可夫模型的一类概率图模型，通常由初始网络和转移网络构成。整个网络有限个时间片，每个时间片由一个有向无环图和条件概率表组成。DBN 的一个标准定义如下[157]：

定义 3.1　一个动态贝叶斯网络可以被定义为 $(B_1, B_\rightarrow)$，其中 B_1 是一个贝叶斯网络，定义了初始时刻的概率分布 $P(Z_1)$，$B_\rightarrow$ 是一个包含 2 个时间片的贝叶斯网络，定义了 2 个相邻时间片各变量之间的条件分布，即

$$P(Z_t \mid Z_{t-1}) = \prod_{i=1}^{N} P(Z_t^i \mid \mathrm{Pa}(Z_t^i)) \tag{3.1}$$

式中：Z_t^i 为第 t 个时间片上的第 i 个节点；$\mathrm{Pa}(Z_t^i)$ 为 Z_t^i 的父节点；$B_\rightarrow$ 中前一个时间片中的节点可以不给出参数，第二个时间片中的每个节点都有一个条件概率分布 $P(Z_t^i \mid \mathrm{Pa}(Z_t^i))$，$t > 0$。节点 Z_t^i 的父节点 $\mathrm{Pa}(Z_t^i)$ 可以和 Z_t^i 在同一个时间片内，也可以在前一个时间片内。位于同一个时间片内的边可以理解为瞬时作用，而跨越时间片的边可以理解为时变作用，反映了时间的流逝。在图 3.1 中，图 3.1（a）表示一个动态贝叶斯网络；图 3.1（b）表示初始贝叶斯网络 B_1；图 3.1（c）表示包含两个时间片的贝叶斯网络 $B_\rightarrow$。

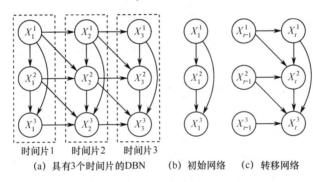

(a) 具有3个时间片的DBN　　(b) 初始网络　　(c) 转移网络

图 3.1　动态贝叶斯网络表示图

动态贝叶斯网络包含两个假设：

假设 3.1　一阶马尔科夫假设，即各节点之间的边或者位于同一个时间片内，或者位于相邻时间片之间，不能跨越时间片。

假设 3.2　齐次性，即 $B_\rightarrow$ 中的参数不随时间而发生变化，根据初始分布和相邻时间片之间的条件分布，可以将动态贝叶网路展开到第 T 个时间片，结果得到一个跨越多个时间片的联合概率分布，即

$$P(Z_{1:T}) = \prod_{t=1}^{T} \prod_{i=1}^{N} P(Z_t^i \mid \mathrm{Pa}(Z_t^i)) \tag{3.2}$$

式中：$Z_{1:T} = \{Z_1, Z_2, \cdots, Z_T\}$。

由上述的动态贝叶斯网络的定义可知，动态贝叶斯网络的动态并不是指网络结构和参数随着时间的推移而发生变化，而是样本数据，或者说观测数据是随着时间的推移而变化。在不特别声明的情况下，本书所说的动态贝叶斯网络都指这种网络。而把网络结构或参数随时间的推移而发生变化的动态贝叶斯网络称之为变结构动态贝叶斯网络，有关这方面的内容将在第 5 章中详述。

由动态贝叶斯网络的定义可知，要完全描述一个动态贝叶斯网络，一是要

确定动态贝叶斯网络的结构，二是要确定动态贝叶斯网络的参数。

如图 3.2 所示的隐马尔科夫模型，它的每个时间片是由一个隐藏变量 X_t 和一个观测变量 Y_t 组成，它是一个简单的动态贝叶斯网络，其中

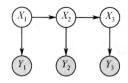

图 3.2　隐马尔科夫模型

初始时刻的概率分布 B_1 为

$$P(Z_1) = P(X_1, Y_1) = P(X_1)P(Y_1 \mid X_1)$$

两个相邻时间片各变量之间的条件分布 $B_\rightarrow$ 为

$$P(Z_t \mid Z_{t-1}) = P(X_t, Y_t \mid X_{t-1}, Y_{t-1}) = P(X_t \mid X_{t-1})P(Y_t \mid X_t)$$

这个动态贝叶斯网络描述的是一阶马尔科夫过程，描述状态如何随时间演化的规律完全包含在条件概率分布中 $P(X_t \mid X_{t-1})$ 内，这个分布被称为一阶过程的转移模型。它是在给定上一时刻的变量状态时下一时刻相关变量的条件分布，反映的是上一时刻的变量对下一时刻的变量的影响或控制。条件分布 $P(Y_t \mid X_t)$ 被称为传感器模型（或观察模型）。它描述了证据变量是如何受到世界的真实状态的影响，世界的状态造成了传感器具有特定的取值。在稳态过程的假设下，转移模型和传感器模型是不会随着时间的推移而变化的。

与第 2 章中的静态贝叶斯网络类似，动态贝叶斯网络根据其节点的状态，可分为以下 3 种类型：

（1）如果一个动态贝叶斯网络的所有节点都是连续变量，则把该动态贝叶斯网络称为连续动态贝叶斯网络。

（2）如果一个动态贝叶斯网络的所有节点都是离散变量，则把该动态贝叶斯网络称为离散动态贝叶斯网络。在一般的定性推理中，基本采用的是离散动态贝叶斯网络。

（3）如果一个动态贝叶斯网络的节点中，既有连续变量，又有离散变量，则把该动态贝叶斯网络称为混合动态贝叶斯网络。

本书主要涉及离散动态贝叶斯网络。

3.1.2　动态贝叶斯网络推理的基本任务

在一个动态贝叶斯网络的结构和参数都已知的情况下，获得证据之后，就可以对网络进行信度更新，这就要涉及 DBN 的推理问题，推理的基本任务包括：

（1）滤波。到目前为止，在所有给定的证据条件下，计算当前状态的后验概率分布 $P(X_t | y_{1:t})$，就是在整个环节中追踪随机变量。

（2）预测。到目前为止，在所有给定的证据条件下，计算未来某个状态的后验概率分布，即我们希望对某个 $k > 0$，计算 $P(X_{t+k} | y_{1:t})$。因此对于评价可能的行动过程，预测是非常有用的。

（3）平滑。到目前为止，在所有给定的证据条件下，计算过去某一状态的后验概率，即我们希望对某个满足 $0 \leqslant k < t$ 的 k 计算 $P(X_k | y_{1:t})$。平滑为该状态提供了一个比当时能得到结果的更好估计，因为它结合了更多的证据。

（4）最可能解释。给定了一系列观测结果，希望找到最可能生成这些观测结果的状态序列，即希望计算 $x_{1:t}^* = \underset{x_{1:t}}{\arg\max}\, P(x_{1:t} | y_{1:t})$。这个算法在很多应用中都非常有用，例如在语音识别中，其目标是要在给定的声音序列下找到最可能的单词序列，来重构通过噪声信道传输的比特串。

（5）分类。依据观测数据 $y_{1:t}$ 判断那一种模式最适合观测数据，就是要计算 $C^*(y_{1:T}) = \underset{C}{\arg\max}\, P(y_{1:T} | C)P(C)$，其中 $P(y_{1:T} | C)$ 表示观测数据与模式 C 匹配的程度，$P(C)$ 为模式 C 的先验概率。

下面将介绍几种动态贝叶斯网络的推理算法。

3.2 前向后向算法

3.2.1 算法描述

在图 3.2 所示的隐马尔科夫模型中，设共有 T 个时间片，它的每个时间片是由一个隐藏变量 X 和一个观测变量 Y 组成。用 X_t（$t = 1, 2, \cdots, T$）表示第 t 个时间片的隐藏变量，它有 n 个状态，即 $\{1, 2, \cdots, n\}$。用 Y_t（$t = 1, 2, \cdots, T$）表示第 t 个时间片的观测变量，用 y_t 表示在第 t 个时间片的观测值。状态转移矩阵为 $A = (a_{ij})_{n \times n}$，其中 $a_{ij} = P(X_{t+1} = j | X_t = i)$，$\sum\limits_{j=1}^{n} a_{ij} = 1$，$i, j = 1, 2, \cdots, n$。

前向后向算法进行推理的基本操作是信息传播，主要是通过计算局部概率模型的边缘概率分布来实现。首先在每个时间片上独立地执行推理，然后通过相邻时间片的网络连接进行信息传播，按照信息传播方向可分为前向传播过程和后向传播过程。信息的向前传播过程是通过前向算法来实现，信息的后向传播过程是通过后向算法来实现。

1. 前向算法
前向算子定义为 $\alpha_t(i) = P(X_t = i | y_1, y_2, \cdots, y_t)$，前向公式可描述为：

（1）初始化。

$$\alpha_1(i) = P(X_1 = i \mid Y_1 = y_1)$$

$$= \frac{P(X_1 = i)P(Y_1 = y_1 \mid X_1 = i)}{P(Y_1 = y_1)} \qquad (3.3)$$

$$= \eta \pi(i) P(Y_1 = y_1 \mid X_1 = i)$$

式中：$\pi(i) = P(X_1 = i)$ 为先验概率，且 $\sum\limits_{i=1}^{n} \pi(i) = 1$，$i = 1, 2, \cdots, n$。$\eta = 1/P(Y_1 = y_1)$ 为归一化因子，使得 $\sum\limits_{i=1}^{n} \alpha_1(i) = 1$。

（2）递归计算。

$$\alpha_t(j) = P(X_t = j \mid y_1, y_2, \cdots, y_t)$$

$$= \frac{P(Y_t = y_t \mid X_t = j)\sum\limits_{i=1}^{n} P(X_t = j \mid X_{t-1} = i)P(X_{t-1} = i \mid y_1, \cdots, y_{t-1})P(y_1, \cdots, y_{t-1})}{P(y_1, \cdots, y_t)}$$

$$\qquad (3.4)$$

$$= \frac{P(Y_t = y_t \mid X_t = j)\sum\limits_{i=1}^{n} P(X_t = j \mid X_{t-1} = i)P(X_{t-1} = i \mid y_1, \cdots, y_{t-1})}{P(y_t \mid y_1, \cdots, y_{t-1})}$$

$$= \eta P(Y_t = y_t \mid X_t = j)\sum\limits_{i=1}^{n} a_{ij}\alpha_{t-1}(i)$$

式中：$j = 1, 2, \cdots, n$；$t = 1, 2, \cdots, T$；$\eta = 1/P(y_t \mid y_1, \cdots, y_{t-1})$。

2. 后向算法

后向算子定义为 $\beta_t(i) = P(y_{t+1}, y_{t+2}, \cdots, y_T \mid X_t = i)$，后向公式可描述为：

（1）初始化。

$$\beta_T(i) = 1 \qquad (3.5)$$

式中：$i = 1, 2, \cdots, n$。

（2）递归计算。

$$\beta_t(i) = P(y_{t+1}, y_{t+2}, \cdots, y_T \mid X_t = i)$$

$$= \sum\limits_{j=1}^{n} P(y_{t+2}, \cdots, y_T, X_{t+1} = j, y_{t+1} \mid X_t = i)$$

$$\qquad (3.6)$$

$$= \sum\limits_{j=1}^{n} P(y_{t+2}, \cdots, y_T \mid X_{t+1} = j)P(y_{t+1} \mid X_{t+1} = j)P(X_{t+1} = j \mid X_t = i)$$

$$= \sum\limits_{j=1}^{n} \beta_{t+1}(j)P(y_{t+1} \mid X_{t+1} = j)a_{ij}$$

式中：$i = 1, 2, \cdots, n$；$t = 1, 2, \cdots, T$。

3. 前向后向算法

利用 $\alpha_t(i)$ 和 $\beta_t(i)$ 算子递归计算出所有结果后，综合前向、后向的计算结果就可以推理得到在所有观测证据条件下的每一个隐藏节点的后验概率，即

$$\gamma_t(i) = P(X_t = i \mid y_1, y_2, \cdots, y_T)$$

$$= \frac{P(X_t = i, y_1, \cdots, y_t, y_{t+1}, \cdots, y_T)}{P(y_1, y_2, \cdots, y_T)}$$

$$= \frac{P(X_t = i \mid y_1, \cdots, y_t)P(y_{t+1}, \cdots, y_T \mid X_t = i, y_1, \cdots, y_t)P(y_1, \cdots, y_t)}{P(y_1, y_2, \cdots, y_T)} \quad (3.7)$$

$$= \eta P(X_t = i \mid y_1, \cdots, y_t)P(y_{t+1}, \cdots, y_T \mid X_t = i)$$

$$= \eta \alpha_t(i)\beta_t(i)$$

式中：$i = 1, 2, \cdots, n$；$t = 1, 2, \cdots, T$；$\eta = 1/P(y_{t+1}, \cdots, y_T \mid y_1, y_2, \cdots, y_t)$，在本书中归一化因子都用同一个字母表示。

对一般的离散动态贝叶斯网络，只要我们把它转换成隐马尔科夫模型，就可以利用前向后向算法进行推理。

上述经典的前向后向算法只能处理确定性证据信息，而对于不确定性证据信息就需要用 3.3 节中所述的改进的前向后向算法。

3.2.2　算例

下面我们通过一个简单的算例来说明前向后向算法的计算过程。给定的隐马尔科夫模型如图 3.2 所示。隐藏变量 X 和观测变量 Y 都有两个状态，其中 X 可取 a 或 b，Y 可取 s 或 r，先验概率为 $p(X_1 = a) = p(X_1 = b) = 0.5$。

条件概率为
$$p(Y_t = s \mid X_t = a) = 0.7, \quad p(Y_t = r \mid X_t = a) = 0.3, \qquad t = 1, 2$$
$$p(Y_t = s \mid X_t = b) = 0.2, \quad p(Y_t = r \mid X_t = b) = 0.8,$$

状态转移概率为
$$p(X_2 = a \mid X_1 = a) = 0.9, \quad p(X_2 = b \mid X_1 = a) = 0.1$$
$$p(X_2 = a \mid X_1 = b) = 0.1, \quad p(X_2 = b \mid X_1 = b) = 0.9$$

假定观察了 2 个时间片，观测值分别为 $Y_1 = s, Y_2 = s$，获得的是确定性证据，其含义为 $p(Y_1 = s) = 1, p(Y_1 = r) = 0, p(Y_2 = s) = 1, p(Y_2 = r) = 0$。

第一步，计算第一个时间片的前向因子 $\alpha_1(a), \alpha_1(b)$，即

$$\alpha_1(a) = P(X_1 = a \mid Y_1 = s) = \eta P(X_1 = a)P(Y_1 = s \mid X_1 = a) = \eta 0.5 \times 0.7 = 0.35\eta$$

$$\alpha_1(b) = P(X_1 = b \mid Y_1 = s) = \eta P(X_1 = b)P(Y_1 = s \mid X_1 = b) = \eta 0.5 \times 0.2 = 0.1\eta$$

式中：η 为归一化因子，因此有 $\eta = 1/(0.35 + 0.1) = 1/0.45$，可得 $\alpha_1(a) = 0.35/0.45 = 0.77778$，$\alpha_1(b) = 0.1/0.45 = 0.22222$。

计算第二个时间片的前向因子 $\alpha_2(a), \alpha_2(b)$，即

$$\alpha_2(a) = \eta[\alpha_1(a)P(X_2 = a \mid X_1 = a)P(Y_2 = s \mid X_2 = a) +$$
$$\alpha_1(b)P(X_2 = a \mid X_1 = b)P(Y_2 = s \mid X_2 = a)]$$
$$= \eta[0.77778 \times 0.9 \times 0.7 + 0.22222 \times 0.1 \times 0.7]$$
$$= 0.50556\eta$$

$$\alpha_2(b) = \eta[\alpha_1(a)P(X_2 = b \,|\, X_1 = a)P(Y_2 = s \,|\, X_2 = b) +$$
$$\alpha_1(b)P(X_2 = b \,|\, X_1 = b)P(Y_2 = s \,|\, X_2 = b)]$$
$$= \eta[0.77778 \times 0.1 \times 0.2 + 0.22222 \times 0.9 \times 0.2]$$
$$= 0.05556\eta$$

式中：归一化因子 $\eta = 1/(0.50556 + 0.05556) = 1/0.56112$，从而 $\alpha_2(a) = 0.50556/0.56112 = 0.90098$，$\alpha_2(b) = 0.05556/0.56112 = 0.09902$。

第二步，设第二个时间片的后向因子 $\beta_2(a) = 1, \beta_2(b) = 1$。

计算第一个时间片的后向因子 $\beta_1(a), \beta_1(b)$，即

$$\beta_1(a) = \beta_2(a)P(X_2 = a \,|\, X_1 = a)P(Y_2 = s \,|\, X_2 = a) +$$
$$\beta_2(b)P(X_2 = b \,|\, X_1 = a)P(Y_2 = s \,|\, X_2 = b)$$
$$= 1 \times 0.9 \times 0.7 + 1 \times 0.1 \times 0.2$$
$$= 0.65$$
$$\beta_1(b) = \beta_2(a)P(X_2 = a \,|\, X_1 = b)P(Y_2 = s \,|\, X_2 = a) +$$
$$\beta_2(b)P(X_2 = b \,|\, X_1 = b)P(Y_2 = s \,|\, X_2 = b)$$
$$= 1 \times 0.1 \times 0.7 + 1 \times 0.9 \times 0.2$$
$$= 0.25$$

第三步，计算第一个时间片的 $\gamma_1(a), \gamma_1(b)$，即

$$\gamma_1(a) = \eta\alpha_1(a)\beta_1(a) = \eta 0.77778 \times 0.65 = 0.50556\eta$$
$$\gamma_1(b) = \eta\alpha_1(b)\beta_1(b) = \eta 0.22222 \times 0.25 = 0.05556\eta$$

归一化可得 $\gamma_1(a) = 0.9010$，$\gamma_1(b) = 0.0990$。

计算第二个时间片的 $\gamma_2(a), \gamma_2(b)$，即

$$\gamma_2(a) = \eta\alpha_2(a)\beta_2(a) = \eta 0.90098 \times 1 = 0.90098\eta$$
$$\gamma_2(b) = \eta\alpha_2(b)\beta_2(b) = \eta 0.09902 \times 1 = 0.09902\eta$$

归一化可得 $\gamma_2(a) = 0.9010$，$\gamma_2(b) = 0.0990$。

3.3 改进的前向后向算法及复杂度分析

上述的前向后向算法只能处理确定性证据信息，不能处理不确定性证据信息。下面给出的改进的前向后向算法既能处理确定性证据信息，又能处理不确定性证据信息。改进的前向后向算法实际上是对经典的前向后向算法的适用范围进行了拓展，经典的前向后向算法处理的证据信息其实是改进的前向后向算法处理的证据信息的一种特殊形式，因此，改进的前向后向算法更具有一般性。下面介绍改进的前向后向算法。

改进的前向后向算法的推导过程分为 3 步：第一步，推导改进的前向算法；第二步，推导改进的后向算法；第三步，综合改进的前向算法和后向算法推导改进的前向后向算法。

3.3.1 算法描述

1. 改进的前向算法

对于图 3.3 所示的离散动态贝叶斯网络，需对 3.2.1 节的前向算子的定义修正为 $\alpha_t(i) = P(X_t = i \mid y_1^{1:mo}, y_2^{1:mo}, \cdots, y_t^{1:mo})$，其中隐藏变量 X_t 具有 n 个状态，即 $i = 1, 2, \cdots, n$，$y_t^{1:mo} = \{y_t^{1o}, y_t^{2o}, \cdots, y_t^{mo}\}$，$y_p^{ko}(p = 1, 2, \cdots, t, k = 1, 2, \cdots, m)$ 表示第 p 个时间片上第 k 个观测变量 Y_p^k 所处的状态，则改进的前向公式如下：

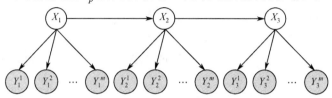

图 3.3　离散动态贝叶斯网络

（1）初始化。

$$\alpha_1(i) = P(X_1 = i \mid y_1^{1:mo})$$

$$= \eta \sum_{y_1^{1s}, y_1^{2s}, \cdots, y_1^{ms}} P(X_1 = i) \prod_{v=1}^{m} \left[P(Y_1^v = y_1^{vs} \mid X_1 = i) P(Y_1^v = y_1^{vs}) \right] \quad (3.8)$$

$$= \eta \sum_{y_1^{1s}, y_1^{2s}, \cdots, y_1^{ms}} \pi(i) \prod_{v=1}^{m} \left[P(Y_1^v = y_1^{vs} \mid X_1 = i) P(Y_1^v = y_1^{vs}) \right]$$

式中：$y_1^{vs}(v = 1, 2, \cdots, m)$ 表示观测变量 Y_1^v 处于它的第 s 个状态。$P(Y_1^v = y_1^{vs})$ 表示观测变量 Y_1^v 的观测值属于它的第 s 个状态 y_1^{vs} 的概率。

（2）递归计算。

$$\alpha_t(j) = P(X_t = j \mid y_1^{1:mo}, y_2^{1:mo}, \cdots, y_t^{1:mo})$$

$$= \eta \sum_{y_t^{1s}, y_t^{2s}, \cdots, y_t^{ms}} \prod_{v=1}^{m} \left[P(Y_t^v = y_t^{vs} \mid X_t = j) P(Y_t^v = y_t^{vs}) \right] \cdot$$

$$\sum_{i=1}^{n} P(X_t = j \mid X_{t-1} = i) P(X_{t-1} = i \mid y_1^{1:mo}, y_2^{1:mo}, \cdots, y_{t-1}^{1:mo}) \quad (3.9)$$

$$= \eta \sum_{y_t^{1s}, y_t^{2s}, \cdots, y_t^{ms}} \prod_{v=1}^{m} \left[P(Y_t^v = y_t^{vs} \mid X_t = j) P(Y_t^v = y_t^{vs}) \right] \sum_{i=1}^{n} a_{ij} \alpha_{t-1}(i)$$

式中：y_t^{vs} 为观测变量 Y_t^v 处在它的第 s 个状态；$P(Y_t^v = y_t^{vs})$ 为观测值属于状态 y_t^{vs} 的概率；$t = 1, 2, \cdots, T$，$j = 1, 2, \cdots, n$。

改进的前向算法是一种在线算法，它是利用到目前为止所有观测到的证据来计算当前状态的后验概率分布 $P(X_t \mid y_1^{1:mo}, y_2^{1:mo}, \cdots, y_t^{1:mo})$，可以通过递归估计的方式将 t 时刻的状态向前投影到 $t + 1$ 时刻，在获得 $t + 1$ 时刻的证据 $y_{t+1}^{1:mo}$ 后，就可以计算隐藏变量 X_{t+1} 的后验概率。

2. 改进的后向算法

对 3.2.1 节的后向算子定义修正为 $\beta_t(i) = P(y_{t+1}^{1:mo}, y_{t+2}^{1:mo}, \cdots, y_T^{1:mo} \mid X_t = i)$。

（1）初始化不需要修正，即

$$\beta_T(i) = 1 \tag{3.10}$$

式中：$i = 1, 2, \cdots, n$。

（2）递归计算。

$$
\begin{aligned}
\beta_t(i) &= P(y_{t+1}^{1:mo}, y_{t+2}^{1:mo}, \cdots, y_T^{1:mo} \mid X_t = i) \\
&= \sum_{j=1}^n P(y_{t+2}^{1:mo}, \cdots, y_T^{1:mo}, X_{t+1} = j, y_{t+1}^{1:mo} \mid X_t = i) \\
&= \sum_{j=1}^n P(y_{t+2}^{1:mo}, \cdots, y_T^{1:mo} \mid X_{t+1} = j) P(y_{t+1}^{1:mo} \mid X_{t+1} = j) P(X_{t+1} = j \mid X_t = i) \\
&= \sum_{j=1}^n \beta_{t+1}(j) a_{ij} \sum_{y_{t+1}^{1s}, \cdots, y_{t+1}^{ms}} \prod_{v=1}^m P(Y_{t+1}^v = y_{t+1}^{vs} \mid X_{t+1} = j) P(Y_{t+1}^v = y_{t+1}^{vs})
\end{aligned} \tag{3.11}
$$

式中：y_{t+1}^{vs} 为在第 $t+1$ 个时间片上第 v 个观测变量 Y_{t+1}^v 的第 s 个状态；$P(Y_{t+1}^v = y_{t+1}^{vs})$ 为观测值属于它的第 s 个状态 y_{t+1}^{vs} 的概率。

3. 改进的前向后向算法

把改进的前向算法与改进的后向算法综合起来就得到改进的前向后向算法，即

$$
\begin{aligned}
\gamma_t(i) &= P(X_t = i \mid y_1^{1:mo}, y_2^{1:mo}, \cdots, y_T^{1:mo}) \\
&= P(X_t = i \mid y_1^{1:mo}, y_2^{1:mo}, \cdots, y_t^{1:mo}, y_{t+1}^{1:mo}, y_{t+2}^{1:mo}, \cdots, y_T^{1:mo}) \\
&= \eta P(X_t = i \mid_1^{1:mo}, y_2^{1:mo}, \cdots, y_t^{1:mo}) P(y_{t+1}^{1:mo}, y_{t+2}^{1:mo}, \cdots, y_T^{1:mo} \mid X_t = i, y_2^{1:mo}, \cdots, y_t^{1:mo}) \\
&= \eta P(X_t = i \mid y_2^{1:mo}, \cdots, y_t^{1:mo}) P(y_{t+1}^{1:mo}, y_{t+2}^{1:mo}, \cdots, y_T^{1:mo} \mid X_t = i) \\
&= \eta \alpha_t(i) \beta_t(i)
\end{aligned} \tag{3.12}
$$

式中：$i = 1, 2, \cdots, n$；$t = 1, 2, \cdots, T$；η 为归一化因子。

改进的前向算法是一种在线算法，改进的后向算法是在获得所有 T 个时间片的证据之后才能进行递归计算，改进的前向后向算法是利用了改进的前向算法和后向算法的计算结果依次计算出每个时间片上隐藏变量在所有观测证据条件下的后验概率，因此改进的前向后向算法是一种离线算法。

改进的前向后向算法的计算步骤为：

步骤 1：用条件概率和证据信息初始化网络。

步骤 2：前向过程初始化，计算 α_1。

步骤 3：递归计算 α_t，令 $t = t + 1$。

步骤 4：若 $t \leqslant T$，则转入步骤 3。

步骤 5：后向过程初始化，$\beta_T(i) = 1$。

步骤 6：计算 γ_T。

步骤 7：递归计算 β_t，令 $t = t-1$。

步骤 8：计算 γ_t。

步骤 9：若 $t \geq 1$，则转入步骤 7，否则结束程序。

图 3.4 给出了改进的前向后向算法计算过程的流程图。

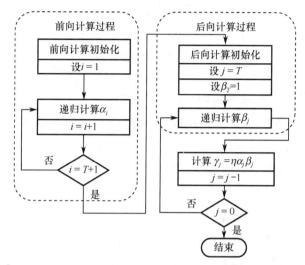

图 3.4　改进的前向后向算法计算过程的流程图

3.3.2　复杂度分析

假设具有 T 个时间片的离散动态贝叶斯网络，在每个时间片上只有一个隐藏节点，m 个观测节点，且节点变量的最大状态数为 N。每个时间片观测节点的所有组合状态共有 N^m 个。因此，按照式（3.9），为单个时间片的单个状态计算前向因子的复杂度为 $O(mN^m)$，对 T 个时间片的所有状态计算前向因子的复杂度为 $O(mN^{m+1}T)$。后向因子的计算与前向因子类似，复杂度也为 $O(mN^{m+1}T)$。前向后向因子综合得到推理结果的复杂度为 $O(NT)$。从而改进的前向后向算法的复杂度为 $O(mN^{m+1}T)$。

3.3.3　算例

下面我们通过一个简单的算例来说明改进的前向后向算法的计算过程。仍采用图 3.2 所示的隐马尔科夫模型，设隐藏变量 X 和观测变量 Y 都有两个状态，其中 X 可取 a 或 b，Y 可取 s 或 r，先验概率为 $p(X_1 = a) = p(X_1 = b) = 0.5$。

给定的条件概率为

$$p(Y_t = s | X_t = a) = 0.7, \quad p(Y_t = r | X_t = a) = 0.3, \quad t = 1,2,3$$
$$p(Y_t = s | X_t = b) = 0.2, \quad p(Y_t = r | X_t = b) = 0.8$$

状态转移概率为

$$p(X_t = a | X_{t-1} = a) = 0.9, \quad p(X_t = b | X_{t-1} = a) = 0.1$$
$$p(X_t = a | X_{t-1} = b) = 0.1, \quad p(X_t = b | X_{t-1} = b) = 0.9 \qquad , \qquad t = 2,3$$

在这个算例中，观测到的证据信息不是确定性证据，而是不确定性证据，并且证据为

$$p(Y_1 = s) = 0.8, \quad p(Y_1 = r) = 0.2;$$
$$p(Y_2 = s) = 0.7, \quad p(Y_2 = r) = 0.3;$$
$$p(Y_3 = s) = 0.9, \quad p(Y_3 = r) = 0.1.$$

计算前向因子。

计算第一个时间片的前向因子 $\alpha_1(a), \alpha_1(b)$ 即

$$\alpha_1(a) = P(X_1 = a | y_1^{lo}) = \eta[P(X_1 = a)P(Y_1 = s | X_1 = a)P(Y_1 = s) +$$
$$P(X_1 = a)P(Y_1 = r | X_1 = a)P(Y_1 = r)]$$
$$= \eta[0.5 \times 0.7 \times 0.8 + 0.5 \times 0.3 \times 0.2]$$
$$= 0.31\eta$$

$$\alpha_1(b) = P(X_1 = b | y_1^{lo}) = \eta[P(X_1 = b)P(Y_1 = s | X_1 = b)P(Y_1 = s) +$$
$$P(X_1 = b)P(Y_1 = r | X_1 = b)P(Y_1 = r)]$$
$$= \eta[0.5 \times 0.2 \times 0.8 + 0.5 \times 0.8 \times 0.2]$$
$$= 0.16\eta$$

归一化得 $\alpha_1(a) = 0.65957$，$\alpha_1(b) = 0.34043$。

计算第二个时间片的前向因子 $\alpha_2(a), \alpha_2(b)$，即

$$P(X_2 = a | y_1^{lo}) = \alpha_1(a)P(X_2 = a | X_1 = a) + \alpha_1(b)P(X_2 = a | X_1 = b)$$
$$= 0.65957 \times 0.9 + 0.34043 \times 0.1$$
$$= 0.62766$$

$$P(X_2 = b | y_1^{lo}) = \alpha_1(a)P(X_2 = b | X_1 = a) + \alpha_1(b)P(X_2 = b | X_1 = b)$$
$$= 0.65957 \times 0.1 + 0.34043 \times 0.9$$
$$= 0.37234$$

则有

$$\alpha_2(a) = P(X_2 = a | y_1^{lo}, y_2^{lo}) = \eta[P(X_2 = a | y_1^{lo})P(Y_2 = s | X_2 = a) \cdot$$
$$P(Y_2 = s) + P(X_2 = a | y_1^{lo})P(Y_2 = r | X_2 = a)P(Y_2 = r)]$$
$$= \eta[0.62766 \times 0.7 \times 0.7 + 0.62766 \times 0.3 \times 0.3] = 0.36404\eta$$

$$\alpha_2(b) = P(X_2 = b | y_1^{lo}, y_2^{lo}) = \eta[P(X_2 = b | y_1^{lo})P(Y_2 = s | X_2 = b)P(Y_2 = s) +$$
$$P(X_2 = b | y_1^{lo}) \cdot P(Y_2 = r | X_2 = b)P(Y_2 = r)]$$
$$= \eta[0.37234 \times 0.2 \times 0.7 + 0.37234 \times 0.8 \times 0.3] = 0.14149\eta$$

归一化得 $\alpha_2(a) = 0.72012$，$\alpha_2(b) = 0.27988$。

计算第三个时间片的前向因子 $\alpha_3(a), \alpha_3(b)$，即

$$P(X_3 = a \mid y_1^{1o}, y_2^{1o}) = \alpha_2(a)P(X_3 = a \mid X_2 = a) + \alpha_2(b)P(X_3 = a \mid X_2 = b)$$
$$= 0.72012 \times 0.9 + 0.27988 \times 0.1$$
$$= 0.67610$$
$$P(X_3 = b \mid y_1^{1o}, y_2^{1o}) = \alpha_2(a)P(X_3 = b \mid X_2 = a) + \alpha_2(b)P(X_3 = b \mid X_2 = b)$$
$$= 0.72012 \times 0.1 + 0.27988 \times 0.9$$
$$= 0.32390$$

则有

$$\alpha_3(a) = P(X_3 = a \mid y_1^{1o}, y_2^{1o} y_3^{1o}) = \eta[P(X_3 = a \mid y_1^{1o}, y_2^{1o})P(Y_3 = s \mid X_3 = a)P(Y_3 = s) +$$
$$P(X_3 = a \mid y_1^{1o}, y_2^{1o})P(Y_3 = r \mid X_3 = a)P(Y_3 = r)]$$
$$= \eta[0.67610 \times 0.7 \times 0.9 + 0.67610 \times 0.3 \times 0.1] = 0.44623\eta$$

$$\alpha_3(b) = P(X_3 = b \mid y_1^{1o}, y_2^{1o} y_3^{1o}) = \eta[P(X_3 = b \mid y_1^{1o}, y_2^{1o})P(Y_3 = s \mid X_3 = b)P(Y_3 = s) +$$
$$P(X_3 = b \mid y_1^{1o}, y_2^{1o})P(Y_3 = r \mid X_3 = b)P(Y_3 = r)]$$
$$= \eta[0.32390 \times 0.2 \times 0.9 + 0.32390 \times 0.8 \times 0.1] = 0.08421\eta$$

归一化得 $\alpha_3(a) = 0.84125$，$\alpha_3(b) = 0.15875$。

计算后向因子。

在第三个时间片，依据改进的前向后向算法，有 $\beta_3(a) = 1, \beta_3(b) = 1$。

计算第二个时间片的后向因子 $\beta_2(a), \beta_2(b)$，即

$$\beta_2(a) = P(Y_3^{1o} \mid X_2 = a) = \beta_3(a)P(X_3 = a \mid X_2 = a)P(Y_3 = s \mid X_3 = a)P(Y_3 = s) +$$
$$\beta_3(a)P(X_3 = a \mid X_2 = a)P(Y_3 = r \mid X_3 = a)P(Y_3 = r)] +$$
$$\beta_3(b)P(X_3 = b \mid X_2 = a)P(Y_3 = s \mid X_3 = b)P(Y_3 = s) +$$
$$\beta_3(b)P(X_3 = b \mid X_2 = a)P(Y_3 = r \mid X_3 = b)P(Y_3 = r)$$
$$= 1 \times 0.9 \times 0.7 \times 0.9 + 1 \times 0.9 \times 0.3 \times 0.1 + 1 \times 0.1 \times 0.2 \times 0.9 + 1 \times 0.1 \times 0.8 \times 0.1 = 0.62$$

$$\beta_2(b) = P(y_3^{1o} \mid X_2 = b) = \beta_3(a)P(X_3 = a \mid X_2 = b)P(Y_3 = s \mid X_3 = a)P(Y_3 = s) +$$
$$\beta_3(a)P(X_3 = a \mid X_2 = b)P(Y_3 = r \mid X_3 = a)P(Y_3 = r) +$$
$$\beta_3(b)P(X_3 = b \mid X_2 = b)P(Y_3 = s \mid X_3 = b)P(Y_3 = s) +$$
$$\beta_3(b)P(X_3 = b \mid X_2 = b)P(Y_3 = r \mid X_3 = b)P(Y_3 = r)$$
$$= 1 \times 0.1 \times 0.7 \times 0.9 + 1 \times 0.1 \times 0.3 \times 0.1 + 1 \times 0.9 \times 0.2 \times 0.9 + 1 \times 0.9 \times 0.8 \times 0.1 = 0.3$$

计算第一个时间片的后向因子 $\beta_1(a), \beta_1(b)$。

$$\beta_1(a) = P(y_2^{1o}, y_3^{1o} \mid X_1 = a) = \beta_2(a)P(X_2 = a \mid X_1 = a)P(Y_2 = s \mid X_2 = a)P(Y_2 = s) +$$
$$\beta_2(a)P(X_2 = a \mid X_1 = a)P(Y_2 = r \mid X_2 = a)P(Y_2 = r)] +$$
$$\beta_2(b)P(X_2 = b \mid X_1 = a)P(Y_2 = s \mid X_2 = b)P(Y_2 = s) +$$
$$\beta_2(b)P(X_2 = b \mid X_1 = a)P(Y_2 = r \mid X_2 = b)P(Y_2 = r)$$
$$= 0.62 \times 0.9 \times 0.7 \times 0.7 + 0.62 \times 0.9 \times 0.3 \times 0.3 + 0.3 \times 0.1 \times 0.2 \times 0.7 +$$
$$0.3 \times 0.1 \times 0.8 \times 0.3 = 0.33504$$

$$\beta_1(b) = P(y_2^{1o}, y_3^{1o} | X_1 = b) = \beta_2(a)P(X_2 = a | X_1 = b)P(Y_2 = s | X_2 = a)P(Y_2 = s) +$$
$$\beta_2(a)P(X_2 = a | X_1 = b)P(Y_2 = r | X_2 = a)P(Y_2 = r)] +$$
$$\beta_2(b)P(X_2 = b | X_1 = b)P(Y_2 = s | X_2 = b)P(Y_2 = s) +$$
$$\beta_2(b)P(X_2 = b | X_1 = b)P(Y_2 = r | X_2 = b)P(Y_2 = r)$$
$$= 0.62 \times 0.1 \times 0.7 \times 0.7 + 0.62 \times 0.1 \times 0.3 \times 0.3 + 0.3 \times 0.9 \times 0.2 \times 0.7 +$$
$$0.3 \times 0.9 \times 0.8 \times 0.3$$
$$= 0.13856$$

计算 $\gamma_1(a)$,$\gamma_1(b), \gamma_2(a)$,$\gamma_2(b), \gamma_3(a)$,$\gamma_3(b)$。

$$\gamma_1(a) = P(X_1 = a | y_1^{1o}, y_2^{1o}, y_3^{1o}) = \eta\alpha_1(a)\beta_1(a) = 0.65957 \times 0.33504\eta = 0.22098\eta,$$

$$\gamma_1(b) = P(X_1 = b | y_1^{1o}, y_2^{1o}, y_3^{1o}) = \eta\alpha_1(b)\beta_1(b) = 0.34043 \times 0.13856\eta = 0.04717\eta,$$

归一化得 $\gamma_1(a) = 0.8241$, $\gamma_1(b) = 0.1759$。

$$\gamma_2(a) = P(X_2 = a | y_1^{1o}, y_2^{1o}, y_3^{1o}) = \eta\alpha_2(a)\beta_2(a) = 0.72012 \times 0.62\eta = 0.44647\eta,$$

$$\gamma_2(b) = P(X_2 = b | y_1^{1o}, y_2^{1o}, y_3^{1o}) = \eta\alpha_2(b)\beta_2(b) = 0.27988 \times 0.3\eta = 0.08396\eta,$$

归一化得 $\gamma_2(a) = 0.8417$, $\gamma_2(b) = 0.1583$。

$$\gamma_3(a) = P(X_3 = a | y_1^{1o}, y_2^{1o}, y_3^{1o}) = \eta\alpha_3(a)\beta_3(a) = 0.84125 \times 1\eta = 0.84125\eta,$$

$$\gamma_3(b) = P(X_3 = b | y_1^{1o}, y_2^{1o}, y_3^{1o}) = \eta\alpha_3(b)\beta_3(b) = 0.15875 \times 1\eta = 0.15875\eta,$$

归一化得 $\gamma_3(a) = 0.8412$, $\gamma_3(b) = 0.1588$。

图 3.5 是 Netica 软件的仿真结果，推理结果按百分比给出的。

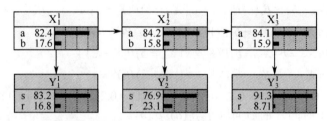

图 3.5　利用 Netica 软件仿真的结果

从上述两种方法的计算结果看，除了计算的舍入误差之外，二者的计算结果是完全一致的。

在下一节中，我们将给出一种推理效率更高的算法——快速前向后向算法，该算法避免了改进的前向后向算法的前向递归过程和后向递归过程的重复计算，因此效率更高。

3.4　快速前向后向算法

尽管改进的前向后向算法拓展了经典的前向后向算法处理证据信息的范围，但在观测变量相互独立的条件下，其前向递归计算过程和后向递归计算法过程中存在重复计算问题。快速前向后向算法主要目的是在两个过程中减少计算量：一是在信息的前向传播过程中，通过对改进的前向算法的递归推理过程进行优化，避免前向过程的重复计算；二是在信息的后向传播过程中，通过对改进的后向算法的递归推理过程进行优化，避免后向过程的重复计算，减少后向过程的计算量。

3.4.1　算法描述

1. 快速前向算法

快速前向算法分为两步进行。

（1）初始化。

$$
\begin{aligned}
\alpha_1(i) = P(X_1 = i \mid y_1^{1:mo}) &= \eta \sum_{y_1^{1s}, y_1^{2s}, \cdots, y_1^{ms}} \pi(i) \prod_{v=1}^{m} P(Y_1^v = y_1^{vs} \mid X_1 = i) \prod_{v=1}^{m} P(Y_1^v = y_1^{vs}) \\
&= \eta \sum_{y_1^{2s}, y_1^{3s}, \cdots, y_1^{ms}} \pi(i) \prod_{v=2}^{m} P(Y_1^v = y_1^{vs} \mid X_1 = i) \prod_{v=2}^{m} \\
&\quad P(Y_1^v = y_1^{vs}) \left[\sum_{k=1}^{s1} P(Y_1^1 = y_1^{1k} \mid X_1 = i) P(Y_1^1 = y_1^{1k}) \right] \\
&= \eta \sum_{y_1^{3s}, y_1^{4s}, \cdots, y_1^{ms}} \pi(i) \prod_{v=3}^{m} P(Y_1^v = y_1^{vs} \mid X_1 = i) \prod_{v=3}^{m} \\
&\quad P(Y_1^v = y_1^{vs}) \prod_{v=1}^{2} \left[\sum_{k=1}^{s_v} P(Y_1^v = y_1^{vk} \mid X_1 = i) P(Y_1^v = y_1^{vk}) \right] \\
&= \eta \pi(i) \prod_{v=1}^{m} \left[\sum_{k=1}^{s_v} P(Y_1^v = y_1^{vk} \mid X_1 = i) P(Y_1^v = y_1^{vk}) \right]
\end{aligned}
\tag{3.13}
$$

式中：η 为归一化因子；$\pi(i)$ 为先验概率，$i = 1, 2, \cdots, n$；Y_1^v 为第一个时间片的第 v 个观测节点，共有 s_v 个状态；y_1^{vs} 为它的第 s 个态；$P(Y_1^v = y_1^{vk})$ 为观测值属于它的第 k 个状态的概率。

（2）递归计算。

$$\alpha_t(j) = P(X_t = j \mid y_1^{1:mo}, y_2^{1:mo}, \cdots, y_t^{1:mo})$$

$$= \eta \sum_{y_t^{1s}, y_t^{2s}, \cdots, y_t^{ms}} \prod_{v=1}^{m} \left[P(Y_t^v = y_t^{vs} \mid X_t = j) P(Y_t^v = y_t^{vs}) \right] \sum_{i=1}^{n} a_{ij} \alpha_{t-1}(i)$$

$$= \eta \sum_{y_t^{2s}, y_t^{3s}, \cdots, y_t^{ms}} \prod_{v=2}^{m} \left[P(Y_t^v = y_t^{vs} \mid X_t = j) P(Y_t^v = y_t^{vs}) \right] \cdot$$

$$\left[\sum_{k=1}^{s_1} P(Y_t^1 = y_t^{1k} \mid X_t = j) P(Y_t^1 = y_t^{1k}) \right] \sum_{i=1}^{n} a_{ij} \alpha_{t-1}(i) \qquad (3.14)$$

$$= \eta \sum_{y_t^{3s}, y_t^{4s}, \cdots, y_t^{ms}} \prod_{v=3}^{m} \left[P(Y_t^v = y_t^{vs} \mid X_t = j) P(Y_t^v = y_t^{vs}) \right] \cdot$$

$$\prod_{v=1}^{2} \left[\sum_{k=1}^{s_v} P(Y_t^v = y_t^{vk} \mid X_t = j) P(Y_t^v = y_t^{vk}) \right] \sum_{i=1}^{n} a_{ij} \alpha_{t-1}(i)$$

$$= \eta \prod_{v=1}^{m} \left[\sum_{k=1}^{s_v} P(Y_t^v = y_t^{vk} \mid X_t = j) P(Y_t^v = y_t^{vk}) \right] \sum_{i=1}^{n} a_{ij} \alpha_{t-1}(i)$$

式中：η 为归一化因子；$j = 1, 2, \cdots, n$；a_{ij} 为第 $t-1$ 个时间片的隐藏变量 X_{t-1} 从它的第 i 个状态到第 t 时间片隐藏变量 X_t 的第 j 个状态的转移概率。

2. 快速后向算法

快速后向算法分两步进行。

（1）初始化。

$$\beta_T(i) = 1 \qquad (3.15)$$

式中：$i = 1, 2, \cdots, n$。

（2）递归计算。

$$\beta_t(i) = P(y_{t+1}^{1:mo}, y_{t+2}^{1:mo}, \cdots, y_T^{1:mo} \mid X_t = i)$$

$$= \sum_{j=1}^{n} \beta_{t+1}(j) a_{ij} \sum_{y_{t+1}^{1s}, y_{t+1}^{2s}, \cdots, y_{t+1}^{ms}} \prod_{v=1}^{m} P(Y_{t+1}^v = y_{t+1}^{vs} \mid X_{t+1} = j) P(Y_{t+1}^v = y_{t+1}^{vs})$$

$$= \sum_{j=1}^{n} \beta_{t+1}(j) a_{ij} \sum_{y_{t+1}^{2s}, y_{t+1}^{3s}, \cdots, y_{t+1}^{ms}} \prod_{v=2}^{m} P(Y_{t+1}^v = y_{t+1}^{vs} \mid X_{t+1} = j) P(Y_{t+1}^v = y_{t+1}^{vs}) \cdot$$

$$\sum_{k=1}^{s_1} P(Y_{t+1}^1 = y_{t+1}^{1k} \mid X_{t+1} = j) P(Y_{t+1}^1 = y_{t+1}^{1k}) \qquad (3.16)$$

$$= \sum_{j=1}^{n} \beta_{t+1}(j) a_{ij} \sum_{y_{t+1}^{3s}, y_{t+1}^{4s}, \cdots, y_{t+1}^{ms}} \prod_{v=3}^{m} P(Y_{t+1}^v = y_{t+1}^{vs} \mid X_{t+1} = j) P(Y_{t+1}^v = y_{t+1}^{vs}) \cdot$$

$$\prod_{v=1}^{2} \left[\sum_{k=1}^{s_v} P(Y_{t+1}^v = y_{t+1}^{vk} \mid X_{t+1} = j) P(Y_{t+1}^v = y_{t+1}^{vk}) \right]$$

$$= \sum_{j=1}^{n} \beta_{t+1}(j) a_{ij} \prod_{v=1}^{m} \left[\sum_{k=1}^{s_v} P(Y_{t+1}^v = y_{t+1}^{vk} \mid X_{t+1} = j) P(Y_{t+1}^v = y_{t+1}^{vk}) \right]$$

式中：$i = 1, 2, \cdots, n$；$t = 1, 2, \cdots, T$。

综合式（3.14）和式（3.16）就得到快速前向后向算法，如式（3.12）所示。该算法减少计算量的主要步骤在前向递归计算过程和后向递归计算过程中。

3.4.2 复杂度分析

假设具有 T 个时间片的离散动态贝叶斯网络，在每个时间片上只有一个隐藏节点，m 个观测节点，且节点变量的最大状态数为 N。式（3.14）为单个时间片的单个状态计算前向因子的复杂度为 $O(mN^2)$。对 T 个时间片的所有状态计算前向因子的复杂度为 $O(mN^3T)$。后向因子的计算与前向因子类似，复杂度也为 $O(mN^3T)$。从而快速前向后向的复杂度为 $O(mN^3T)$。通过对比可知，在观测节点数 m 较大时，采用快速前向后向算法能显著降低算法的复杂度，从而提高算法的计算效率。

3.5　基于双向计算因子的前向后向算法

对于离散动态贝叶斯网络，前向后向算法在动态网络上需要进行两次不同方向的推理，即信息的前向传播和信息的后向传播。在信息向前传播过程中，是利用前向算法递归计算来实现的；在信息向后传播过程中，是利用后向算法递归计算来实现的。传统的计算方法是把这两个过程分别单独进行计算，但这两次不同的推理之间存在着一些相同的计算，不管是经典的前向后向算法，还是前面介绍的快速前向后向算法都没有考虑两次不同方向推理的计算步骤共享问题。为了克服快速前向后向算法的这一缺陷，提高推理算法的计算效率，在前向后向算法中引入双向计算因子来实现计算步骤共享。

3.5.1 双向计算因子的定义

定义 3.2　在信息前向、后向传播的递归公式中都出现了相同的计算因子，这里把两个递归公式中出现的相同计算因子称之为双向计算因子。

利用双向计算因子减少计算量的基本思想是：在前向算法的递归计算过程中，在每个时间片上不仅要存储 α 的计算结果，还要存储双向计算因子的计算结果。而在后向算法的递归计算过程中就不必再对双向计算因子进行重复计算，而是直接调用前向过程中的计算结果，这样就避免了对前向递归公式中的双向计算因子的重复计算，从而减少了计算量。从理论上来说，引入双向计算因子的计算，是以空间换取时间。

3.5.2 算法描述

1. 信息前向传播

当获得的证据信息为不确定性证据时，双向计算因子定义为 $\kappa_t(j) = \prod\limits_{v=1}^{m}$

$$\left[\sum_{k=1}^{s_v} P(Y_t^v = y_t^{vk} \mid X_t = j) P(Y_t^v = y_t^{vk})\right]$$，式中 $j=1,2,\cdots,n$，$t \geqslant 2$。在引入双向计算因子后，前向递归公式（3.14）可修正为

$$\alpha_t(j) = P(X_t = j \mid y_1^{1:mo}, y_2^{1:mo}, \cdots, y_t^{1:mo})$$

$$= \eta \prod_{k=1}^{m} \left[\sum_{p=1}^{s_k} P(Y_t^k = y_t^{kp} \mid X_t = j) P(Y_t^k = y_t^{kp})\right] \sum_{i=1}^{n} a_{ij} \alpha_{t-1}(i) \quad (3.17)$$

$$= \eta \kappa_t(j) \sum_{i=1}^{n} a_{ij} \alpha_{t-1}(i)$$

式中：η 为归一化因子；a_{ij} 为从第 $t-1$ 个时间片 X_{t-1} 的第 i 个状态到第 t 个时间片 X_t 的第 j 个状态的转移概率；$\kappa_t(j)$ 为第 t 个时间片的双向计算因子。在前向递归计算过程中，计算并保留双向计算因子的值，在后向递归计算过程中就可直接调用这些计算结果。

2. 信息后向传播

在后向递归计算过程中，要利用前向递归过程中得到的双向计算因子的计算结果，则后向递归公式（3.16）可表示为

$$\beta_t(i) = P(y_{t+1}^{1:mo}, y_{t+2}^{1:mo}, \cdots, y_T^{1:mo} \mid X_t = i)$$

$$= \sum_{j=1}^{n} \beta_{t+1}(j) \prod_{k=1}^{m} \left[\sum_{p=1}^{s_k} P(Y_{t+1}^k = y_{t+1}^{kp} \mid X_{t+1} = j) P(Y_{t+1}^k = y_{t+1}^{kp})\right] a_{ij} \quad (3.18)$$

$$= \sum_{j=1}^{n} \beta_{t+1}(j) \kappa_{t+1}(j) a_{ij}$$

式中：$\kappa_{t+1}(j)$ 为第 $t+1$ 个时间片的双向计算因子；$i=1,2,\cdots,n$；a_{ij} 为状态转移概率。

综合式（3.17）和式（3.18），就可以得到基于双向计算因子的前向后向算法，如式（3.12）所示。

基于双向计算因子的前向后向算法的计算步骤为：

步骤 1：用条件概率、转移概率、证据信息和先验概率初始化网络。

步骤 2：递归计算 α_t，并存储双向计算因子 κ_t 的计算结果。

步骤 3：令 $t = t+1$，若 $t \leqslant T$，则转入步骤 2。

步骤 4：后向递归过程初始化，$\beta_T(i) = 1$。

步骤 5：计算 γ_T。

步骤 6：调用双向计算因子 k_{t+1} 的值，递归计算 β_t。

步骤 7：计算 γ_t。

步骤 8：令 $t = t-1$，若 $t \geqslant 1$，则转入步骤 6。

步骤 9：结束程序。

3.5.3　复杂度分析

假设具有 T 个时间片的离散动态贝叶斯网络，在每个时间片上只有一个隐

藏节点，m 个观测节点，且节点变量的最大状态数为 N。基于双向计算因子的前向后向算法与快速前向后向算法相比，前向递归计算过程的计算量是相同的，复杂度仍为 $O(mN^3T)$。不同的是在于后向递归的计算量上。由式（3.18）可知，为每个时间片的单个状态计算后向因子的复杂度为 $O(N)$，从而整个后向递归过程的计算复杂度为 $O(N^2T)$。这一复杂度低于快速前向后向算法后向递归过程的计算复杂度 $O(mN^3T)$。通过对比可知，尽管基于双向计算因子的前向后向算法的复杂度仍为 $O(mN^3T)$，但因其后向递归计算过程的复杂度低于快速前向后向算法的后向递归计算过程，因此推理的效率更高。

3.5.4 算例

本算例与 3.3.3 节算例给定的条件相同，目的在于说明基于双向计算因子的前向后向算法的计算过程。

计算双向计算因子及前向因子。

计算第一个时间片的前向因子 $\alpha_1(a), \alpha_1(b)$，即

$$
\begin{aligned}
\alpha_1(a) &= \eta P(X_1 = a)[P(Y_1 = s \mid X_1 = a)P(Y_1 = s) + P(Y_1 = r \mid X_1 = a)P(Y_1 = r)] \\
&= \eta 0.5 \times (0.7 \times 0.8 + 0.3 \times 0.2) \\
&= 0.31\eta
\end{aligned}
$$

$$
\begin{aligned}
\alpha_1(b) &= \eta P(X_1 = b)[P(Y_1 = s \mid X_1 = b)P(Y_1 = s) + P(Y_1 = r \mid X_1 = b)P(Y_1 = r)] \\
&= \eta 0.5 \times (0.2 \times 0.8 + 0.8 \times 0.2) \\
&= 0.16\eta
\end{aligned}
$$

归一化得 $\alpha_1(a) = 0.65957$，$\alpha_1(b) = 0.34043$。

计算第二个时间片的双向计算因子 $\kappa_2(a), \kappa_2(b)$，即

$$
\begin{aligned}
\kappa_2(a) &= P(Y_2 = s \mid X_2 = a)P(Y_2 = s) + P(Y_2 = r \mid X_2 = a)P(Y_2 = r) \\
&= 0.7 \times 0.7 + 0.3 \times 0.3 \\
&= 0.58
\end{aligned}
$$

$$
\begin{aligned}
\kappa_2(b) &= P(Y_2 = s \mid X_2 = b)P(Y_2 = s) + P(Y_2 = r \mid X_2 = b)P(Y_2 = r) \\
&= 0.2 \times 0.7 + 0.8 \times 0.3 \\
&= 0.38
\end{aligned}
$$

计算第二个时间片的前向因子 $\alpha_2(a), \alpha_2(b)$，即

$$
\begin{aligned}
P(X_2 = a \mid y_1^{lo}) &= \alpha_1(a)P(X_2 = a \mid X_1 = a) + \alpha_1(b)P(X_2 = a \mid X_1 = b) \\
&= 0.65957 \times 0.9 + 0.34043 \times 0.1 \\
&= 0.62766
\end{aligned}
$$

$$
\begin{aligned}
P(X_2 = b \mid y_1^{lo}) &= \alpha_1(a)P(X_2 = b \mid X_1 = a) + \alpha_1(b)P(X_2 = b \mid X_1 = b) \\
&= 0.65957 \times 0.1 + 0.34043 \times 0.9 \\
&= 0.37234
\end{aligned}
$$

由此可得

$$\alpha_2(a) = \eta P(X_2 = a \mid y_1^{lo})\kappa_2(a) = \eta 0.62766 \times 0.58 = 0.36404\eta$$

$$\alpha_2(b) = \eta P(X_2 = b \mid y_1^{lo})\kappa_2(b) = \eta 0.37234 \times 0.38 = 0.14149\eta$$

归一化得 $\alpha_2(a) = 0.72012$，$\alpha_2(b) = 0.27988$。

计算第三个时间片的双向计算因子 $\kappa_3(a), \kappa_3(b)$，即

$$\begin{aligned}\kappa_3(a) &= P(Y_3 = s \mid X_3 = a)P(Y_3 = s) + P(Y_3 = r \mid X_3 = a)P(Y_3 = r)\\ &= 0.7 \times 0.9 + 0.3 \times 0.1\\ &= 0.66\end{aligned}$$

$$\begin{aligned}\kappa_3(b) &= P(Y_3 = s \mid X_3 = b)P(Y_3 = s) + P(Y_3 = r \mid X_3 = b)P(Y_3 = r)\\ &= 0.2 \times 0.9 + 0.8 \times 0.1 = 0.26\end{aligned}$$

计算第三个时间片的前向因子 $\alpha_3(a), \alpha_3(b)$，即

$$\begin{aligned}P(X_3 = a \mid y_1^{lo}, y_2^{lo}) &= \alpha_2(a)P(X_3 = a \mid X_2 = a) + \alpha_2(b)P(X_3 = a \mid X_2 = b)\\ &= 0.72012 \times 0.9 + 0.27988 \times 0.1\\ &= 0.6761\end{aligned}$$

$$\begin{aligned}P(X_3 = b \mid y_1^{lo}, y_2^{lo}) &= \alpha_2(a)P(X_3 = b \mid X_2 = a) + \alpha_2(b)P(X_3 = b \mid X_2 = b)\\ &= 0.72012 \times 0.1 + 0.27988 \times 0.9\\ &= 0.3239\end{aligned}$$

由此可得

$$\alpha_3(a) = \eta P(X_3 = a \mid y_1^{lo}, y_2^{lo})\kappa_3(a) = \eta 0.6761 \times 0.66 = 0.44623\eta$$

$$\alpha_3(b) = \eta P(X_3 = b \mid y_1^{lo}, y_2^{lo})\kappa_3(b) = \eta 0.3239 \times 0.26 = 0.08421\eta$$

归一化得 $\alpha_3(a) = 0.84125$，$\alpha_3(b) = 0.15875$。

计算后向因子。

设第三个时间片的后向因子 $\beta_3(a) = 1, \beta_3(b) = 1$。

计算第二个时间片的后向因子 $\beta_2(a), \beta_2(b)$，即

$$\begin{aligned}\beta_2(a) &= \beta_3(a)P(X_3 = a \mid X_2 = a)\kappa_3(a) + \beta_3(b)P(X_3 = b \mid X_2 = a)\kappa_3(b)\\ &= 1 \times 0.9 \times 0.66 + 1 \times 0.1 \times 0.26\\ &= 0.62\end{aligned}$$

$$\begin{aligned}\beta_2(b) &= \beta_3(a)P(X_3 = a \mid X_2 = b)\kappa_3(a) + \beta_3(b)P(X_3 = b \mid X_2 = b)\kappa_3(b)\\ &= 1 \times 0.1 \times 0.66 + 1 \times 0.9 \times 0.26\\ &= 0.3\end{aligned}$$

计算第一个时间片的后向因子 $\beta_1(a), \beta_1(b)$，即

$$\begin{aligned}\beta_1(a) &= \beta_2(a)P(X_2 = a \mid X_1 = a)\kappa_2(a) + \beta_2(b)P(X_2 = b \mid X_1 = a)\kappa_2(b)\\ &= 0.62 \times 0.9 \times 0.58 + 0.3 \times 0.1 \times 0.38\\ &= 0.33504\end{aligned}$$

$$\beta_1(b) = \beta_2(a)P(X_2 = a \mid X_1 = b)\kappa_2(a) + \beta_2(b)P(X_2 = b \mid X_1 = b)\kappa_2(b)$$
$$= 0.62 \times 0.1 \times 0.58 + 0.3 \times 0.9 \times 0.38$$
$$= 0.13856$$

计算 $\gamma_1(a)$，$\gamma_1(b)$，$\gamma_2(a)$，$\gamma_2(b)$，$\gamma_3(a)$，$\gamma_3(b)$，即

$$\gamma_1(a) = \eta\alpha_1(a)\beta_1(a) = \eta 0.65957 \times 0.33504 = 0.22098\eta$$
$$\gamma_1(b) = \eta\alpha_1(b)\beta_1(b) = \eta 0.34043 \times 0.13856 = 0.04717\eta$$

归一化可得 $\gamma_1(a) = 0.8241$，$\gamma_1(b) = 0.1759$。

$$\gamma_2(a) = \eta\alpha_2(a)\beta_2(a) = \eta 0.72012 \times 0.62 = 0.44647\eta$$
$$\gamma_2(b) = \eta\alpha_2(b)\beta_2(b) = \eta 0.27988 \times 0.3 = 0.08396\eta$$

归一化可得 $\gamma_2(a) = 0.8417$，$\gamma_2(b) = 0.1583$。

$$\gamma_3(a) = \eta\alpha_3(a)\beta_3(a) = \eta 0.84125 \times 1 = 0.84125\eta$$
$$\gamma_3(b) = \eta\alpha_3(b)\beta_3(b) = \eta 0.15875 \times 1 = 0.15875\eta$$

归一化可得 $\gamma_3(a) = 0.8412$，$\gamma_3(b) = 0.1588$。

3.6 接口算法

接口算法（Interface Algorithm）是第 2.5 节中所介绍的联接树算法（Junction Tree Algorithm）在动态贝叶斯网络中的推广，它为一般形式下的动态贝叶斯网络推理提供了一个统一而规范的方法。

3.6.1 接口算法描述

1. 接口的定义及性质

由 3.1 节介绍的内容可知，DBN 由初始网络和转移网络构成，其中每个时间片对应一个静态贝叶斯网络。记每个时间片贝叶斯网络的有向无环图为 $G_t = (V(t), E(t))$，其中 $V(t)$ 和 $E(t)$ 分别表示第 t 个时间片的顶点集和边集。连接两个相邻时间片 $t-1$ 和 t 的边的集合，用 $E^{\mathrm{tmp}}(t)$ 表示，即

$$E^{\mathrm{tmp}}(t) = \{(a,b) \mid (a,b) \in E, a \in V(t-1), b \in V(t)\}$$

定义 3.3 接口（Interface）是包含一个时间片内所有的向下一个时间片发出弧的节点集合，它是两个时间片通信的界面和接口，形式化地描述为

$$I_t = \{u \in V(t) \mid (u,v) \in E^{\mathrm{tmp}}(t+1), v \in V(t+1)\}$$

式中：I_t 为时间片 t 的接口。

在接口定义的基础上，非接口节点集可以定义为 $N_t = V_t \setminus I_t$。

接口的一个重要性质是一个接口完全有向分隔相邻的两个时间片。这一性质对于推理的简化具有重要的意义。

接口算法的实现主要分三个步骤：第一步，构造 $1\frac{1}{2}$ 联接树；第二步，信息

前向传播；第三步，信息后向传播。

2. 构造 $1\frac{1}{2}$ 片联接树

首先，根据接口的定义确定动态贝叶斯网络的接口，再分别构造初始网络和转移网络的联接树。初始网络可以看作一个静态贝叶斯网络，因而可以利用2.2.5节所介绍的静态贝叶斯网络中的方法将其转化为一个联接树。需要注意的是，转化得到的联接树必须使得接口 I_1 内的所有节点位于同一个簇之内，为了达到这一目的，需要在三角化时为 I_1 中的节点之间添加足够的边，使得其中的任意2个节点之间均有无向边连接。

在动态贝叶斯网络中取2个时间片 $t-1$ 和 t，然后从时间片 $t-1$ 开始消除所有的非接口节点和与之连接的边，再和时间片 t 进行组合，所得到的有向无环图，我们称之 $1\frac{1}{2}$ 片 DBN。之所以被称为 $1\frac{1}{2}$ 片 DBN，是因为该网络剔除了转移网络中第一个时间片的非接口节点，所得到的网络大致为单个时间片网络大小的 $1\frac{1}{2}$ 倍。$1\frac{1}{2}$ 片 DBN 中包含的2个时间片的接口分别为 I_{t-1} 和 I_t，每个接口仍将"将来"和"过去"分开，与初始网络转化为联接树的方法类似，$1\frac{1}{2}$ 片DBN 向联接树的转化需要保证 I_{t-1} 和 I_t 内的节点分别位于同一个簇之内。转化得到的 $1\frac{1}{2}$ 片联接树记作 J_t。将接口作为分离集，便可将不同时间片的联接树粘合起来，构成一棵完整的联接树如图 3.6 所示，其中 I_t 为时间片 t 的接口，N_t 为时间片 t 的非接口节点，而 D_t 为 J_t 中包含 I_{t-1} 的簇。

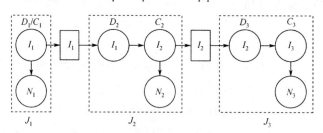

图 3.6　通过接口粘合不同联接树的示意图

图 3.7 是将一个 DBN 转化为通过接口进行粘合的联接树的具体过程。对于图 3.7（a）的动态贝叶斯网络，图 3.7（b）给出了初始网络的接口，对其进行三角化得到图 3.7（c），进而得到初始网络的联接树，如图 3.7（d）所示。图 3.7（f）给出了一个 $1\frac{1}{2}$ 片 DBN，对其进行三角化得到图 3.7（g），从而得到 $1\frac{1}{2}$ 片 DBN 对应的联接树如图 3.7（h）所示，通过接口进行粘合，就可以把动态贝叶斯网络转化为联接树图 3.7（i）。在构造了动态贝叶斯网络联接树基础上，

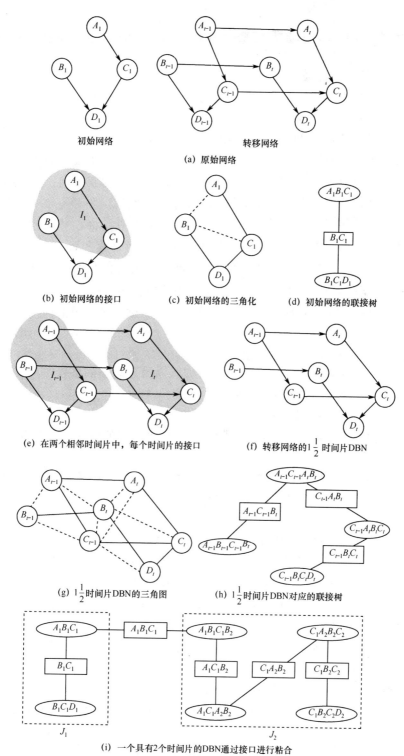

(a) 原始网络

初始网络   转移网络

(b) 初始网络的接口   (c) 初始网络的三角化   (d) 初始网络的联接树

(e) 在两个相邻时间片中，每个时间片的接口   (f) 转移网络的 $1\frac{1}{2}$ 时间片DBN

(g) $1\frac{1}{2}$ 时间片DBN的三角图   (h) $1\frac{1}{2}$ 时间片DBN对应的联接树

(i) 一个具有2个时间片的DBN通过接口进行粘合

图 3.7   DBN 转化为通过接口进行粘合的联接树的具体过程

65

就可在该联接树上进行信息传播。DBN 上的信息传播分为前向传播和向后传播两个过程。

3. 信息前向传播

如同在静态网络中进行信息传播那样，在信息前向传播过程中，也需要进行一系列的初始化操作。不过仍有 2 点不同：第一，对于联接树 J_t 的初始化操作可延迟到先验信息 $P(I_{t-1}|y_{1:t-1})$ 经由接口 I_{t-1} 到达；第二，在 J_t 中输入证据时，只需对 C_t 和 N_t 中的簇输入证据即可，D_t 则无需进行证据输入的操作。

在对 J_t 进行初始化操作之后，便可执行前向信息传播算法。首先，从 C_{t-1} 中通过边缘化操作得到分离集 I_{t-1} 上的联合分布，然后，将该概率分布作为先验分布，乘到 D_t 所对应的条件概率表上，之后在 J_t 中，将 C_t 作为根节点，进行收集证据的操作，最后，等到信息传播给 J_t 中的所有簇之后，即完成一步信息前向传播。不过对于 DBN 中的第一个时间片，情况稍有不同，D_1 的先验分布无需通过边缘化得到，它应该是初始网络中的先验分布。

综上所述，设一个 DBN 中共有 T 个时间片，则一个完整的向前传播算法的流程如下：

步骤 1：$t=1$。

步骤 2：构造 J_t，初始化 J_t 中所有的簇以及分离集的条件概率表，并根据时间片 t 的观测值为联接树输入证据。

步骤 3：若 $t=1$，转到步骤 5。

步骤 4：边缘化 C_{t-1}，得到 I_{t-1} 的概率分布，将 I_{t-1} 的概率分布作为先验分布，乘到 D_t 的条件概率表上。

步骤 5：将 C_t 作为根节点，在 J_t 中执行收集证据的操作。

步骤 6：若 $t=T$，流程结束；否则 $t=t+1$，转到步骤 2。

4. 信息后向传播

在前向信息传播给 DBN 的最后一个时间片时，方可进行后向信息传播。首先从 D_{t+1} 中通过边缘化操作得到 I_t 的条件概率分布，接着用该概率分布更新 C_t 的条件概率表，更新操作为最后将 C_t 作为联接树的根，在 J_t 中进行分发证据的操作。与前向信息传播类似，对于最后一个时间片后向传播算法无需从 D_{t+1} 通过边缘化得到 I_t。

因此，后向传播算法的流程可概括如下：

步骤 1：$t=T$。

步骤 2：若 $t=T$，转到步骤 4；否则，顺序执行。

步骤 3：边缘化 D_{t+1} 得到 I_t 的联合概率分布，通过该概率更新 C_t 的条件概率分布表。

步骤 4：在 J_t 中，以 C_t 为根节点，进行分发证据的操作。

步骤 5：若 $t=1$，结束流程；否则，$t=t-1$，转到步骤 3。

3.6.2 复杂度分析

设 I 为接口的大小，D 为每个时间片内隐藏节点的个数，K 为变量的最大状态数。在构造 $1\frac{1}{2}$ 片联接树时，每个 H_t 的节点集为 $I_{t-1} \cup V_t$，ω 为按某一消元顺序 π 消去节点时所得的联接树中的最大簇中的节点个数。由于 I_{t-1} 中的每个节点在 V_t 中至少都有一个子节点，则有 $I+1 \leqslant \omega$。而 I_{t-1} 中的节点在 V_t 中最多有 D 个子节点，从而 $\omega \leqslant I+D$。而节点的最大状态数为 K，因此接口算法的复杂度介于 $O(K^{I+1})$ 和 $O(K^{I+D})$ 之间。

3.7 离散动态贝叶斯网络的直接计算推理算法

3.7.1 直接计算推理算法基础

一个具有 n 个隐藏节点和 m 个观测节点的静态贝叶斯网络，随时间展开就得到 T 个时间片的离散动态贝叶斯网络。假定观测值只有一种组合状态 $(y_1, y_2, \cdots, y_m)$，在此观测值下隐藏变量的分布为

$$P(X_1 = x_1, X_2 = x_2, \cdots, X_n = x_n | Y_1 = y_1, Y_2 = y_2, \cdots, Y_m = y_m) \qquad (3.19)$$

将 $X_i = x_i$ 简记为 x_i，则上式可简写为

$$P(x_1, x_2, \cdots, x_n | y_1, y_2, \cdots, y_m) \qquad (3.20)$$

由贝叶斯公式

$$P(x|y) = \frac{P(x,y)}{P(y)} = \frac{P(x,y)}{\sum_x P(x,y)} \qquad (3.21)$$

可以得到

$$P(x_1, x_2, \cdots, x_n | y_1, y_2, \cdots, y_m) = \frac{P(x_1, x_2, \cdots, x_n, y_1, y_2, \cdots, y_m)}{\sum_{x_1, x_2, \cdots, x_n} P(x_1, x_2, \cdots, x_n, y_1, y_2, \cdots, y_m)} \qquad (3.22)$$

而由贝叶斯网络的条件独立性假设

$$P(x_1, x_2, \cdots, x_n, y_1, y_2, \cdots, y_m) = \prod_i P(y_i | \mathrm{Pa}(y_i)) \prod_j P(x_j | \mathrm{Pa}(x_j)) \qquad (3.23)$$

式中：$i = 1, 2, \cdots, m$；$j = 1, 2, \cdots, n$。

可得到

$$P(x_1, x_2, \cdots, x_n | y_1, y_2, \cdots, y_m) = \frac{\prod_i P(y_i | \mathrm{Pa}(y_i)) \prod_j P(x_j | \mathrm{Pa}(x_j))}{\sum_{x_1, x_2, \cdots, x_n} \prod_i P(y_i | \mathrm{Pa}(y_i)) \prod_j P(x_j | \mathrm{Pa}(x_j))} \qquad (3.24)$$

式中：$i=1,2,\cdots,m$；$j=1,2,\cdots,n$；y_i 为观测变量 Y_i 的取值；$\mathrm{Pa}(y_i)$ 为 y_i 的父节点集合。

式（3.24）的分子是一个联合概率，分母是若干个联合概率的加和，而分子是分母的一个子项，且计算分母的每一个子项时，各个子项的计算并不相关，都是依据于网络结构和节点的条件概率，因此这些子项的计算就可以以并行的方式进行，这就具备采用并行计算的基础。

对 T 个时间片的网络，假定 $\{y_1^1, y_1^2, \cdots, y_1^m, \cdots, y_T^1, y_T^2, \cdots, y_T^m\}$ 是观测变量的观测值，将 $\{y_t^1, y_t^2, \cdots y_t^m\}$ 记为 $y_t^{1:m}$，则在此观测值下隐藏变量的分布为

$$P(x_1^{1:n}, x_2^{1:n}, \cdots, x_T^{1:n} \mid y_1^{1:m}, y_2^{1:m}, \cdots, y_T^{1:m}) =$$
$$\frac{P(x_1^{1:n}, x_2^{1:n}, \cdots, x_T^{1:n}, y_1^{1:m}, y_2^{1:m}, \cdots, y_T^{1:m})}{\sum\limits_{x_1^{1:n}, x_2^{1:n}, \cdots, x_T^{1:n}} P(x_1^{1:n}, x_2^{1:n}, \cdots, x_T^{1:n}, y_1^{1:m}, y_2^{1:m}, \cdots, y_T^{1:m})} \qquad （3.25）$$

由于离散动态贝叶斯网络本身也符合贝叶斯网络的条件独立性假设，因此有

$$P(x_1^{1:n}, x_2^{1:n}, \cdots, x_T^{1:n}, y_1^{1:m}, y_2^{1:m}, \cdots, y_T^{1:m}) = \prod_{u,v} P(y_u^v \big| \mathrm{Pa}(y_u^v)) \prod_{p,q} P(x_p^q \big| \mathrm{Pa}(x_p^q)) \qquad （3.26）$$

式中：$u=1,2,\cdots,T$，$v=1,2,\cdots,m$，$p=1,2,\cdots,T$，$q=1,2,\cdots,n$。

于是有

$$P(x_1^{1:n}, x_2^{1:n}, \cdots, x_T^{1:n} \mid y_1^{1:m}, y_2^{1:m}, \cdots, y_T^{1:m}) = \frac{\prod\limits_{u,v} P(y_u^v \big| \mathrm{Pa}(y_u^v)) \prod\limits_{p,q} P(x_p^q \big| \mathrm{Pa}(x_p^q))}{\sum\limits_{x_1^{1:n}, x_2^{1:n}, \cdots, x_T^{1:n}} \prod\limits_{u,v} P(y_u^v \big| \mathrm{Pa}(y_u^v)) \prod\limits_{p,q} P(x_p^q \big| \mathrm{Pa}(x_p^q))} \qquad （3.27）$$

式中：$u=1,2,\cdots,T$；$v=1,2,\cdots,m$；$p=1,2,\cdots,T$；$q=1,2,\cdots,n$；x_p^q 为 X_p^q 的一个取值状态；$\mathrm{Pa}(y_u^v)$ 为观测变量 Y_u^v 的父节点集合。

式（3.27）的含义为：分子是每个隐藏变量和观测变量处于某一状态的条件概率乘积，而分母则是对隐藏变量所有组合状态的加和形式，每一个分项又是每个隐藏变量和观测变量处于某一状态的条件概率乘积，用的都是已知的条件概率，每一个分项（含分子）的计算，不依赖于其他分项，因此每一个分项都可以独立计算，这就存在着并行计算的可能，而且计算每一个分项，关键是查找每个变量处于某一状态，并且其父节点也处于某种组合状态的条件概率，因此算法的关键是建立合理的数据结构，合理的存储这些条件概率表。

3.7.2　传统离散动态贝叶斯网络的数据结构

一个好的算法，必然依托于一个好的数据结构，数据结构设计的合理，将为算法设计和实现带来诸多便利，下面讨论如何正确地表示离散动态贝叶斯网络结构和网络参数，使得离散动态贝叶斯网络的推理计算易于实现。

首先，要表示一个离散动态贝叶斯网络的结构，需要表示出该离散动态贝

叶斯网络有多少个节点和节点的状态数。即需要如下的数据结构：

（1）节点名称向量（按照网络拓扑序）：$(X_1^{1:n}, X_2^{1:n}, \cdots, X_T^{1:n}, Y_1^{1:m}, Y_2^{1:m}, \cdots, Y_T^{1:m})$。

（2）可观测节点向量$(Y_1^{1:m}, Y_2^{1:m}, \cdots, Y_T^{1:m})$。

（3）节点序号向量，是一组对偶，形式为$((1,1)，(1,2)，\cdots，(T, n+m))$，对偶中第一个数字代表时间片，第二个数字代表该节点在时间片内的拓扑顺序。

（4）所有节点的状态数向量$(s_1, s_2, \cdots)$，如果某节点有k个状态，则编号为$0, 1, \cdots, k-1$。

除了节点名称和序号外，还需要表明节点之间的依赖关系，即那2个节点之间存在一条边及其条件概率表。还需要如下的数据结构：

（5）表示时间片内节点之间连接关系矩阵A_1：$(n+m)$方阵，$A_1(i,j)=1$表示第i个节点到第j个节点之间有一条边。

（6）表示时间片之间节点之间连接关系矩阵A_2：$2(n+m)$方阵，$A_2(i,j)=1$表示该时间片的第$j-(n+m)$个节点是上一时间片的第i个节点的子节点。

（7）条件概率表向量，是一个数组，除第一个时间片外，该矩阵的每一行对应一个节点的条件概率表，每一行的格式为：每一个节点的条件概率表对应一行，行中元素的个数按如下确定。

假定该节点序号为i，且有k个状态，分别为$(s_{i1}, s_{i2}, \cdots, s_{ik})$，有$p$个父节点，父节点的组合状态有$q$个，分别为$(s_{z1}, s_{z2}, \cdots, s_{zq})$，则该矩阵的第$i$行向量的格式为

$$(P(s_{i1}|s_{z1}), P(s_{i1}|s_{z2}), \cdots, P(s_{i1}|s_{zq}), P(s_{i2}|s_{z1}), P(s_{i2}|s_{z2}), \cdots, P(s_{i2}|s_{zq}), \cdots,$$
$$P(s_{ik}|s_{z1}), P(s_{ik}|s_{z2}), \cdots, P(s_{ik}|s_{zq}))$$

这里的关键是这q个组合状态怎么排列，q又是多少？这里假定节点n_{ij}，表示它是第i个时间片的第j个节点，且通过时间片内节点连接关系矩阵和时间片间的连接关系矩阵可以确定它在本时间片上和上一个时间片上共有p个父节点，按照前一时间片的节点在前，把这些父节点按照拓扑序排列，构成节点序列$n_{j1}, n_{j2}, \cdots, n_{jp}$，对每一个节点按照降序赋予序号，则形成一个新的序号序列，即$p, p-1, \cdots, 1$。

这些父节点分别有$j_1, j_2, \cdots, j_p$个状态，则

$$q = j_1 \times j_2 \times \cdots \times j_p$$

以$n_{j1}, n_{j2}, \cdots, n_{jp}$的次序，按照组合多进制的形式排列它们的组合状态。

对于节点n_{ij}，指定了该节点n_{ij}的状态和它的每一个父节点的状态，则此时的条件概率就可以这样查找，首先看n_{ij}是所处时间片的第k个节点（拓扑序），则它的所有条件概率都在对应的条件概率矩阵的第k行，而且指定了该节点n_{ij}的状态为s_{ij}和它的每一个父节点的状态分别为$s_{nj1}, s_{nj2}, \cdots, s_{njp}$。每个父

节点所具有的状态数分别为 $j_1, j_2, \cdots, j_p$，则该组合状态下节点 n_{ij} 的条件概率的位置为

$$1 + s_{ij} \times q + s_{nj1}(j_2 \times \cdots \times j_p) + s_{nj2}(j_3 \times \cdots \times j_p) + \cdots + s_{njp-1}j_p + s_{njp} \quad (3.28)$$

在传统动态贝叶斯网络中可以举同样的例子，如某节点有两个父节点，且该节点有两个状态（0，1），第一个点节点有两个状态（0，1），第二个父节点有 4 个状态（0，1，2，3），则该节点的父节点的组合状态数 q 为

$$q = 2 \times 4 = 8$$

该节点对应的条件概率表的行向量为

$(p(0|0,0), \quad p(0|0,1), \quad p(0|1,0), \quad p(0|1,1), \quad p(0|2,0), \quad p(0|2,1), \quad p(0|3,0), \quad p(0|3,1),$
$p(1|0,0), \quad p(1|0,1), \quad p(1|1,0), \quad p(1|1,1), \quad p(1|2,0), \quad p(1|2,1), \quad p(1|3,0), \quad p(1|3,1))$

如查找 $p(1|2,0)$，说明第一个父节点的状态是 0，第二个父节点的状态是 2 的情况下，该节点状态是 1 的条件概率，则此行向量中的第 $1 + 1 \times 8 + 2 \times 2 + 0$ 个元素，即第 13 个元素就是此条件概率。

这样，按照这个方法来建立条件概率表时，查找某一条件概率就非常容易，程序计算也就相应的非常简单。

（8）第一个时间片的条件概率表，根节点的条件概率位于第一行，假定该节点的序号为 j，有 w 个状态，分别是 $(s_{j1}, s_{j2}, \cdots, s_{jw})$，则其条件概率表为 $(P(s_{j1}), P(s_{j2}), \cdots, P(s_{jw}))$。其与节点和时间片间的条件概率表一致。

（9）每个时间片的节点个数为 N，时间片长度为 T。

3.7.3 算法描述

有了 3.7.1 节的基础算法和 3.7.2 节的数据结构，我们就可以设计离散动态贝叶斯网络推理的直接计算算法，由

$$P(x_1^{1:n}, x_2^{1:n}, \cdots, x_T^{1:n} \mid y_1^{1:m}, y_2^{1:m}, \cdots, y_T^{1:m}) \quad (3.29)$$

$$= \frac{P(x_1^{1:n}, x_2^{1:n}, \cdots, x_T^{1:n}, y_1^{1:m}, y_2^{1:m}, \cdots, y_T^{1:m})}{\sum\limits_{x_1^{1:n}, x_2^{1:n}, \cdots, x_T^{1:n}} P(x_1^{1:n}, x_2^{1:n} \cdots, x_T^{1:n}, y_1^{1:m}, y_2^{1:m} \cdots, y_T^{1:m})}$$

可知，离散动态贝叶斯网络的推理，本质上是计算多组所有变量处于某一状态的联合概率，分子是一组，分母则是很多组，例如计算

$$P(x_1^{1:n}, x_2^{1:n}, \cdots, x_T^{1:n}, y_1^{1:m}, y_2^{1:m}, \cdots, y_T^{1:m})$$

按照贝叶斯网络的理论，上式等于

$$\prod_{u,v} P(y_u^v \mid \text{pa}(y_u^v)) \prod_{p,q} P(x_p^q \mid \text{pa}(x_p^q))$$

该式实际上就是每个变量都固定于每个状态的条件概率的乘积，对于所有 y，是观测到的状态，所有 x，则是设定的某一状态，因此只要我们根据这些

变量的状态，他们之间的依赖关系，顺利找到每一个变量对应于这些状态的条件概率，就可以计算，同理可以计算式（3.27）分母的各项，而且这些项的计算可以同时进行，不存在前后依赖关系，因此可以并行计算。

下面描述计算过程：

（1）首先根据各个变量之间的关系，按照 3.7.2 节（7）的要求建立非第一个时间片的贝叶斯网络的各个变量的条件概率表。

（2）根据各个变量之间的关系，按照 3.7.2 节（8）的要求建立第一个时间片的贝叶斯网络的各个变量的条件概率表。

（3）对节点序号向量进行扩充，形成新的节点序号及状态表，形式为 $((1,1,x),(1,2,x),\cdots,(T,n+m,x))$，括号中第一个数字代表时间片，第二个数字代表该节点在时间片内的拓扑顺序，第三个数字则代表该变量的状态，对于所有 y，是观测到的状态，所有 x，则是设定的某一状态。

（4）对于节点序号及状态表，从后至前，以此从（1）或（2）建立的条件概率表中查找出对应于本节点状态和父节点组合状态的条件概率。

（5）将这些概率相乘，就得到一组条件概率。

（6）重复进行（3），（4），（5）的工作，就可以实现离散动态贝叶斯网络推理的直接计算。

3.7.4 复杂度分析

假设离散动态贝叶斯网络的每个时间片有 n 个隐藏节点，m 个观测节点，节点最大状态数为 N，共观测了 T 个时间片。直接计算推理算法的隐藏变量的每个组合状态的计算复杂度为 $O(Tn)$，则隐藏变量的所有组合状态的计算复杂度为 $O(TnN^{Tn})$，算法的复杂度为 $O(TnN^{Tn})$。

3.7.5 算例

下面我们通过一个简单的实例来归纳总结出离散动态贝叶斯网络推理的并行计算算法，待推理的网络模型如图 3.8 所示。

基本条件为：

X 和 Y 都有两个状态，X 可取 a 或 b，Y 可取 s 或 r，先验概率为

$$P(X_1^1=a)=P(X_1^1=b)=0.5$$

条件概率为

$$P(Y_i^1=s\,|\,X_i^1=a)=0.7, P(Y_i^1=s\,|\,X_i^1=b)=0.2$$
$$P(Y_i^1=r\,|\,X_i^1=a)=0.3, P(Y_i^1=r\,|\,X_i^1=b)=0.8$$
$,i=1,2$

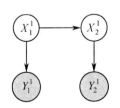

图 3.8 计算实例用的离散动态贝叶斯网络

时间片间的条件概率为

$$P(X_t^1 = a | X_{t-1}^1 = a) = 0.9, P(X_t^1 = b | X_{t-1}^1 = a) = 0.1$$

$$P(X_t^1 = a | X_{t-1}^1 = b) = 0.1, P(X_t^1 = b | X_{t-1}^1 = b) = 0.9$$

假定现在观察了两个时刻，观测值为 $Y_1^1 = s, Y_2^1 = s$，其含义为

$$P(Y_1^1 = s) = 1, P(Y_2^1 = s) = 1, P(Y_1^1 = r) = 0, P(Y_2^1 = r) = 0$$

计算在这些观测值下 X_1^1 和 X_2^1 的后验分布。

按照 3.7.2 节的描述，要计算该离散动态贝叶斯网络在观测值 $Y_1^1 = s, Y_2^1 = s$ 下，各个隐藏节点的分布，需要如下数据结构。

（1）节点名称向量，按照网络拓扑序为：$(X_1^1, Y_1^1, X_2^1, Y_2^1)$。

（2）节点序号向量，对应于拓扑序后的节点名称为：$((1,1), (1,2), (2,1), (2,2))$。

（3）可观测节点向量表为：$(Y_1^1 = s, Y_2^1 = s)$。

（4）所有节点的状态数向量为：$(2,2,2,2)$。

（5）每个节点有 2 个状态，编号为 0，1。

除了节点名称和序号外，还需要表明节点之间的依赖关系，即哪两个节点之间存在一条边及其条件概率。还需要如下的数据结构：

每个时间片只有两个节点，表示节点之间连接关系矩阵 A_1：2×2 方阵，$A_1(i, j) = 1$ 表示第 i 个节点到第个 j 节点之间有一条边，即

$$A_1 = \begin{bmatrix} 0 & 1 \\ 0 & 0 \end{bmatrix}$$

时间片间，共涉及 4 个节点，但是只有 x_1^1 到 x_2^1 之间有一条边，即

$$A_2 = \begin{bmatrix} 0 & 0 & 1 & 0 \\ 0 & 0 & 0 & 0 \\ 0 & 0 & 0 & 0 \\ 0 & 0 & 0 & 0 \end{bmatrix}$$

下面要计算

$$P(X_1^1 = a, X_2^1 = a, Y_1^1 = s, Y_2^1 = s)$$

也就是形成下列节点序号及状态表

$$((1,1,0), (1,2,0), (2,1,0), (2,2,0))$$

下面建立第二个时间片节点的条件概率表，首先看 $(2,1)$ 节点，查时间片内节点的连接关系矩阵，该节点在时间片内没有父节点，查时间片间的连接关系，该节点是该时间片的第 1 个节点，所以查找第 3 列，看出该节点有一个父节点，就是 $(1,1)$ 节点，$(1,1)$ 节点有两个状态，因此 $(2,1)$ 节点的条件概率向量是

$$(0.9, \quad 0.1, \quad 0.1, \quad 0.9)$$

再看（2,2）节点，查时间片内节点的连接关系矩阵，该节点在时间片有一个父节点，即（2,1）节点，查时间片间的连接关系，该节点是该时间片的第二个节点，所以查找第 4 列，看出该节点和上一时间片的节点没有关系。由于（2,1）节点有 2 个状态，因此（2,2）节点的条件概率向量是

$$(0.7 \quad 0.2 \quad 0.3 \quad 0.8)$$

第二个时间片的条件概率矩阵为

$$\begin{pmatrix} 0.9 & 0.1 & 0.1 & 0.9 \\ 0.7 & 0.2 & 0.3 & 0.8 \end{pmatrix}$$

同理，第一个时间片的条件概率表为：

$$\begin{pmatrix} 0.5 & 0.5 & 0 & 0 \\ 0.7 & 0.2 & 0.3 & 0.8 \end{pmatrix}$$

下面计算 $P((1,1,0),(1,2,0),(2,1,0),(2,2,0))$

首先从（2,2,0）开始，由于其是第二个时间片的第二个节点，且只有一个父节点（2,1）节点，因此其条件概率表是第二个时间片的条件概率矩阵的第二行，又由于（2,1）节点的状态是 0，因此可以计算出需要使用的条件概率为该行的第 $0 \times 2 + 1$ 个元素，也就是第一个元素 0.7。

（2,1）节点的状态是 0，它是第二个时间片的第一个节点，有一个父节点在第一个时间片内，也就是（1,1）节点，且状态也是 0，因此查找第二个时间片的第一行的第一个元素，得到 0.9。

（1,2）节点的状态是 0，它是第一个时间片的第二个节点，有一个父节点在就是（1,1）节点，且状态也是 0，因此查找第一个时间片的第二行的第一个元素，得到 0.7。

（1,1）节点的状态也是 0，因为它是第一个时间片的第一个节点，且是根节点，没有父节点，因此查找第一个时间片的第一行的第一个元素，得到 0.5。

这 4 个数值相乘，就是要计算 $P(X_1^1=a, X_2^1=a, Y_1^1=s, Y_2^1=s)$ 的数值，计算结果为 0.2205。

同理可以计算

$P(X_1^1=b, X_2^1=a, Y_1^1=s, Y_2^1=s)$，即 $P((1,1,1),(1,2,0),(2,1,0),(2,2,0))$，计算式为 $0.7 \times 0.1 \times 0.2 \times 0.5 = 0.007$。

还可计算 $P(X_1^1=a, X_2^1=b, Y_1^1=s, Y_2^1=s)$ 为

$$0.2 \times 0.1 \times 0.7 \times 0.5 = 0.007$$

$P(X_1^1=b, X_2^1=b, Y_1^1=s, Y_2^1=s)$ 为

$$0.2 \times 0.9 \times 0.2 \times 0.5 = 0.018$$

归一化得到

$$P(X_1^1=a, X_2^1=a, Y_1^1=s, Y_2^1=s) = 0.87327$$

$$P(X_1^1 = b, X_2^1 = a, Y_1^1 = s, Y_2^1 = s) = 0.027723$$
$$P(X_1^1 = a, X_2^1 = b, Y_1^1 = s, Y_2^1 = s) = 0.027723$$
$$P(X_1^1 = b, X_2^1 = b, Y_1^1 = s, Y_2^1 = s) = 0.071287$$

进而得到

$$P(X_1^1 = a \mid Y_1^1 = s, Y_2^1 = s) = 0.90099 , P(X_1^1 = b \mid Y_1^1 = s, Y_2^1 = s) = 0.09901,$$
$$P(X_2^1 = a \mid Y_1^1 = s, Y_2^1 = s) = 0.90099, P(X_2^1 = b \mid Y_1^1 = s, Y_2^1 = s) = 0.09901$$

为验证算法的正确性，采用 murphy 提供的 BNT 工具箱，利用接口算法，同样计算图 3.8 的模型，得到结果为

$$p(X_1^1 = a \mid Y_1^1 = s, Y_2^1 = s) = 0.9010 , \qquad p(X_1^1 = b \mid Y_1^1 = s, Y_2^1 = s) = 0.0990,$$
$$p(X_2^1 = a \mid Y_1^1 = s, Y_2^1 = s) = 0.9010 , \qquad p(X_2^1 = b \mid Y_1^1 = s, Y_2^1 = s) = 0.0990$$

为验证算法的正确性，再采用 Netica 软件进行仿真，得到结果如图 3.9 所示，其中概率用百分数表示。

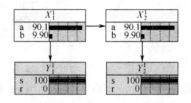

图 3.9　Netica 软件仿真结果

从上述 2 种方法的计算结果看，除了计算的舍入误差之外，二者的计算结果是完全一致的。

3.8　离散模糊动态贝叶斯网络及其推理

与第 2 章中的贝叶斯网络类似，离散动态贝叶斯网络是要求所有时间片的各个节点都是离散的，各个时刻观测到的观测节点的状态也是离散的，推理结果也是离散分布。而在现实世界中，一些观测变量获得的观测值往往是连续量。这样就出现如下的问题：

（1）在实际应用中，特别是在决策类应用中，往往出现我们待决策的变量是离散的，而某些观测值是连续的，用离散动态贝叶斯网络解决这样的问题就存在困难，这该怎么办？

（2）定性推理的结果必然是离散的，怎么把连续的观测值引入离散的动态贝叶斯网络中？

对此，我们可以采用模糊方法。首先采用模糊分类的方法将连续的观测值离散化，确定当前连续的观测值属于某个状态的程度，因为模糊分类技术就是

确定一个连续值的所属集合，离散动态贝叶斯网络中节点的状态也是反映该节点的属性和特征，将二者结合起来，就形成离散模糊动态贝叶斯网络。

3.8.1 模糊分类

模糊集理论起源于 1965 年，首先由 Zadeh 提出。经过 40 多年的研究，在模式识别、智能控制等方面都得到了广泛应用。模糊集合是相对于经典集合或传统集合定义的。在传统集合中，一个元素 x 要么属于集合 A，要么不属于集合 A。而在模糊集理论中，一个元素 x 则是以程度 $\mu_A(X)$ 属于集合 A，$0 \leqslant \mu_A(X) \leqslant 1$，这个程度就是隶属度。当 $0 \leqslant \mu_A(X) \leqslant 1$ 时，元素 x 一定还以一定的隶属度属于其他集合。模糊集 A 就是定义在 x 及其隶属于 A 的隶属度 $\mu_A(X)$ 之上。定义为

$$A = (\mu_A(x_i), x_i)$$

模糊分类就是确定一个元素属于某一个模糊集合的隶属度。其过程首先是把样本空间分成若干子集，这些子集就是模糊集。然后根据实际情况定义隶属度函数，常用的隶属度函数是 S 型函数和 π 型函数，也可以是斜坡型、三角型、梯形或者高斯型函数。

Zadeh 定义的 S 型函数为

$$\mu_{AS}(x_i, a, b, c) = \begin{cases} 0, & x_i \leqslant a \\ 2\left[(x_i - a)/(c - a)\right]^2 & a \leqslant x_i \leqslant b \\ 1 - 2\left[(x_i - c)/(c - a)\right]^2 & b \leqslant x_i \leqslant c \\ 1, & x_i \geqslant c \end{cases} \tag{3.30}$$

这里 a，b 和 c 是确定这个函数的 3 个参数，$b = (a + c)/2$，分别代表在模糊集 A 隶属度不为 0 的元素的下限、隶属度为 0.5 的点和最小的上限。这个 S 型函数，明显是一个从 0 到 1 单调增长的函数，此函数相当于一个高通滤波器。

图 3.10 是隶属度函数的一个示例。

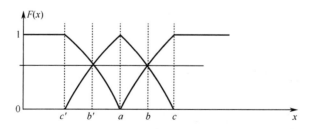

图 3.10 隶属度函数示例

在引入隶属度函数之后，便可对变量进行模糊处理。获得一个测量值 x，将 x 带入隶属度函数中，就可以得到其属于各个模糊集的隶属度。这就是模糊

分类过程。经过模糊分类之后，一个变量 x，相对于每一个模糊集，都产生一个模糊变量，这称为模糊特征。模糊特征反映的是原变量的某一个局部特性，这个局部特性往往比原变量的数值更符合人类的思维习惯。

3.8.2　算法描述

在模糊分类的基础上，我们引入离散模糊动态贝叶斯网络的概念。离散模糊动态贝叶斯网络的基本思想是，对于连续观测值，首先根据网络中变量的离散状态建立相应的模糊集合，然后对连续观测值通过模糊分类函数进行模糊分类，获得连续观测值属于各个模糊集合的隶属度。因为模糊集和变量的离散状态对应，因此获得的隶属度就等同于变量的观测值属于各个状态的概率。这使得离散模糊动态贝叶斯网络的输入证据是多状态的。

由 3.7 节，一个具有 n 个隐藏节点和 m 个观测节点的离散静态贝叶斯网络，随时间发展就得到 T 个时间片的离散动态贝叶斯网络。假定观测值只有一种组合状态，则在此观测值下隐藏变量的分布为

$$P(x_1^{1:n}, x_2^{1:n}, \cdots, x_T^{1:n}, y_1^{1:m}, y_2^{1:m}, \cdots, y_T^{1:m}) = \frac{\prod\limits_{u,v} P(y_u^v \big| \mathrm{Pa}(y_u^v)) \prod\limits_{p,q} P(x_p^q \big| \mathrm{Pa}(x_p^q))}{\sum\limits_{x_1^{1:n}, x_2^{1:n}, \cdots, x_T^{1:n}} \left[\prod\limits_{u,v} P(y_u^v \big| \mathrm{Pa}(y_u^v)) \prod\limits_{p,q} P(x_p^q \big| \mathrm{Pa}(x_p^q)) \right]} \quad (3.31)$$

式中：$u = 1, 2, \cdots, T$；$v = 1, 2, \cdots, m$；$p = 1, 2, \cdots, T$；$q = 1, 2, \cdots, n$；x_p^q 为 X_p^q 的一个取值状态；$\mathrm{Pa}(y_u^v)$ 为 y_u^v 的父节点集合。

对于离散模糊动态贝叶斯网络，连续观测值经过模糊分类后，使得观测变量的组合状态 $y_1^1, y_1^2, \cdots, y_1^m, \cdots, y_T^1, y_T^2, \cdots, y_T^m$ 不是一个，而是多个。并且 $y_1^1, y_1^2, \cdots, y_1^m, \cdots, y_T^1, y_T^2, \cdots, y_T^m$ 处于每一种组合状态的概率都不一定是 1。欲计算隐藏变量 $x_1^1, x_1^2, \cdots, x_1^n, \cdots, x_T^1, x_T^2, \cdots, x_T^n$ 的后验分布，需要进行概率加权。

仍采用 3.7.1 节的符号，并且记变量 Y_u^v 的观测状态为 y_u^{vo}，$P(Y_u^v = y_u^{vs})$ 表示 Y_u^v 的连续观测值属于它的第 s 个状态的隶属度。因此得到模糊动态贝叶斯网络的推理公式为

$$\begin{aligned}
&P(x_1^{1:n}, x_2^{1:n}, \cdots, x_T^{1:n} \mid y_1^{1:mo}, y_2^{1:mo}, \cdots, y_T^{1:mo}) \\
&= \frac{P(x_1^{1:n}, x_2^{1:n}, \cdots, x_T^{1:n}, y_1^{1:mo}, y_2^{1:mo}, \cdots, y_T^{1:mo})}{\sum\limits_{x_1^{1:n}, \cdots, x_T^{1:n}} P(x_1^{1:n}, x_2^{1:n}, \cdots, x_T^{1:n}, y_1^{1:mo}, y_2^{1:mo} \cdots, y_T^{1:mo})} \qquad (3.32) \\
&= \frac{\sum\limits_{y_1^{1:ms}, y_2^{1:ms}, \cdots, y_T^{1:ms}} \prod\limits_{p,q} P(x_p^q \big| \mathrm{Pa}(x_p^q)) \prod\limits_{u,v} \left[P(y_u^{vs} \mid \mathrm{Pa}(y_u^v)) P(Y_u^v = y_u^{vs}) \right]}{\sum\limits_{x_1^{1:n}, \cdots, x_T^{1:n}, y_1^{1:ms}, y_2^{1:ms}, \cdots, y_T^{1:ms}} \prod\limits_{p,q} P(x_p^q \big| \mathrm{Pa}(x_p^q)) \prod\limits_{u,v} \left[P(y_u^{vs} \mid \mathrm{Pa}(y_u^v)) P(Y_u^v = y_u^{vs}) \right]}
\end{aligned}$$

3.8.3 复杂度分析

假设离散动态贝叶斯网络的每个时间片有 n 个隐藏节点，m 个观测节点，节点最大状态数为 N，共观测了 T 个时间片。隐藏变量的每个组合状态的计算复杂度为 $O((2m+n)TN^{mT})$，则隐藏变量的所有组合状态的计算复杂度为 $O((2m+n)TN^{(m+n)T})$，算法的复杂度为 $O((2m+n)TN^{(m+n)T})$。

3.8.4 算例

为了验证方便，仍采用 3.7.5 节所用的结构模型和基本参数，并与 Netica 的仿真结果进行比较。

（1）离散模糊动态贝叶斯网络的接口推理算法计算。

为了验证方便，我们仍然采用图 3.8 的结构模型和基本参数。

先验概率为

$$p(X_1^1 = a) = p(X_1^1 = b) = 0.5$$

条件概率为

$$P(Y_t^1 = s \mid X_t^1 = a) = 0.7, P(Y_t^1 = s \mid X_t^1 = b) = 0.2 \quad , \quad t = 1, 2$$
$$P(Y_t^1 = r \mid X_t^1 = a) = 0.3, P(Y_t^1 = r \mid X_t^1 = b) = 0.8$$

状态转移概率为

$$P(X_2^1 = a \mid X_1^1 = a) = 0.9, P(X_2^1 = b \mid X_1^1 = a) = 0.1,$$
$$P(X_2^1 = a \mid X_1^1 = b) = 0.1, P(X_2^1 = b \mid X_1^1 = b) = 0.9$$

此时，我们将观测到的 $P(Y_1^1 = s) = 0.7, P(Y_1^1 = r) = 0.3, P(Y_2^1 = s) = 0.6, P(Y_2^1 = r) = 0.4$ 看成是连续值经过模糊分类后获得的隶属于各个状态的隶属度。

通过对这个动态贝叶斯网络的分析，知道 $\{X_1^1\}$ 就是接口，因此得到如图 3.11 的一棵通过接口形成的联接树。

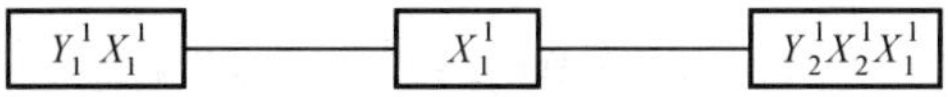

$$\boxed{Y_1^1 X_1^1} \quad\text{————}\quad \boxed{X_1^1} \quad\text{————}\quad \boxed{Y_2^1 X_2^1 X_1^1}$$

图 3.11　由图 3.8 的离散动态贝叶斯网络形成的联接树

簇 $\{Y_1^1 X_1^1\}$ 是第一个时间片的联接树，簇 $\{Y_2^1 X_2^1 X_1^1\}$ 是包含第一个时间片接口 $\{X_1^1\}$ 的簇，下面是离散动态贝叶斯网络的接口算法的计算过程。

第一步，在第一个时间片内进行推理。在获得 Y_1^1 的观测值后。对 $\phi(X_1^1)$ 进行更新。

初始化簇 $\{Y_1^1 X_1^1\}$ 的势，初值都为 1，并将 X_1^1 的先验分布和 Y_1^1 的条件分布与对应项相乘，得到

$$\phi(Y_1^1 X_1^1) = \begin{cases} 0.35, & Y_1^1 = s, X_1^1 = a \\ 0.15, & Y_1^1 = r, X_1^1 = a \\ 0.1, & Y_1^1 = s, X_1^1 = b \\ 0.4, & Y_1^1 = r, X_1^1 = b \end{cases}$$

输入证据，将 $P(Y_1^1 = s) = 0.7, P(Y_1^1 = r) = 0.3$ 乘到簇 $\{Y_1^1 X_1^1\}$ 的势上，得到

$$\phi(Y_1^1 X_1^1) = \begin{cases} 0.245, & Y_1^1 = s, X_1^1 = a \\ 0.045, & Y_1^1 = r, X_1^1 = a \\ 0.07, & Y_1^1 = s, X_1^1 = b \\ 0.12, & Y_1^1 = r, X_1^1 = b \end{cases}$$

从簇 $\{Y_1^1 X_1^1\}$ 抽取 $\phi(X_1^1)$，得到

$$\phi(X_1^1) = \begin{cases} 0.29, & X_1^1 = a \\ 0.19, & X_1^1 = b \end{cases}$$

第二步，从簇 $\{Y_2^1 X_2^1 X_1^1\}$ 开始收集证据。

初始化簇 $\{Y_2^1 X_2^1 X_1^1\}$ 的势，所有初值都是 1，即

$$\phi\{Y_2^1 X_2^1 X_1^1\} = \begin{cases} 1, & Y_2^1 = s, X_2^1 = a, X_1^1 = a \\ 1, & Y_2^1 = r, X_2^1 = a, X_1^1 = a \\ 1, & Y_2^1 = s, X_2^1 = b, X_1^1 = a \\ 1, & Y_2^1 = r, X_2^1 = b, X_1^1 = a \\ 1, & Y_2^1 = s, X_2^1 = a, X_1^1 = b \\ 1, & Y_2^1 = r, X_2^1 = a, X_1^1 = b \\ 1, & Y_2^1 = s, X_2^1 = b, X_1^1 = b \\ 1, & Y_2^1 = r, X_2^1 = b, X_1^1 = b \end{cases}$$

将 X_2^1，Y_2^1 的条件概率乘到簇 $\{Y_2^1 X_2^1 X_1^1\}$ 的势上，并将 Y_2^1 的观测概率为

$$P(Y_2^1 = s) = 0.6, P(Y_2^1 = r) = 0.4$$

乘到簇 $\{Y_2^1 X_2^1 X_1^1\}$ 的势上，得

$$\phi(Y_2^1 X_2^1 X_1^1) = \begin{cases} 0.9 \times 0.7 \times 0.6, & Y_2^1 = s, X_2^1 = a, X_1^1 = a \\ 0.9 \times 0.3 \times 0.4, & Y_2^1 = r, X_2^1 = a, X_1^1 = a \\ 0.1 \times 0.2 \times 0.6, & Y_2^1 = s, X_2^1 = b, X_1^1 = a \\ 0.1 \times 0.8 \times 0.4, & Y_2^1 = r, X_2^1 = b, X_1^1 = a \\ 0.1 \times 0.7 \times 0.6, & Y_2^1 = s, X_2^1 = a, X_1^1 = b \\ 0.1 \times 0.3 \times 0.4, & Y_2^1 = r, X_2^1 = a, X_1^1 = b \\ 0.9 \times 0.2 \times 0.6, & Y_2^1 = s, X_2^1 = b, X_1^1 = b \\ 0.9 \times 0.8 \times 0.4, & Y_2^1 = r, X_2^1 = b, X_1^1 = b \end{cases}$$

将 $\phi(X_1^1)$ 乘到簇 $\{Y_2^1 X_2^1 X_1^1\}$ 的势上，得

$$\phi\{Y_2^1 X_2^1 X_1^1\} = \begin{cases} 0.9 \times 0.7 \times 0.6 \times 0.29, & Y_2^1 = s, X_2^1 = a, X_1^1 = a \\ 0.9 \times 0.3 \times 0.4 \times 0.29, & Y_2^1 = r, X_2^1 = a, X_1^1 = a \\ 0.1 \times 0.2 \times 0.6 \times 0.29, & Y_2^1 = s, X_2^1 = b, X_1^1 = a \\ 0.1 \times 0.8 \times 0.4 \times 0.29, & Y_2^1 = r, X_2^1 = b, X_1^1 = a \\ 0.1 \times 0.7 \times 0.6 \times 0.19, & Y_2^1 = s, X_2^1 = a, X_1^1 = b \\ 0.1 \times 0.3 \times 0.4 \times 0.19, & Y_2^1 = r, X_2^1 = a, X_1^1 = b \\ 0.9 \times 0.2 \times 0.6 \times 0.19, & Y_2^1 = s, X_2^1 = b, X_1^1 = b \\ 0.9 \times 0.8 \times 0.4 \times 0.19, & Y_2^1 = r, X_2^1 = b, X_1^1 = b \end{cases}$$

此时簇 $\{Y_2^1 X_2^1 X_1^1\}$ 的势既受到 Y_1^1 的观测值的影响，又受到 Y_2^1 的观测值的影响。从上式抽取 X_2^1 的势，得

$$\phi(X_2^1) = \begin{cases} 0.1512, & X_2^1 = a \\ 0.0880, & X_2^1 = b \end{cases}$$

从上式抽取 X_1^1 的势，得

$$\phi(X_1^1) = \begin{cases} 0.1537, & X_1^1 = a \\ 0.0855, & X_1^1 = b \end{cases}$$

归一化就得到 X_1^1 和 X_2^1 在当前观测值下的分布，即

$$P(X_2^1 | y_1^{1o}, y_2^{1o}) = \begin{cases} 0.6321, & X_2^1 = a \\ 0.3679, & X_2^1 = b \end{cases}$$

$$P(X_1^1 | y_1^{1o}, y_2^{1o}) = \begin{cases} 0.6426, & X_1^1 = a \\ 0.3574, & X_1^1 = b \end{cases}$$

（2）离散模糊动态贝叶斯网络的推理算法计算。

由于 Y_1^1、Y_2^1 的观测值有四种组合状态，因此需要对原来算法进行改进，利用式（3.32）求解不确定性证据条件下的推理问题。

首先计算不确定性证据条件下的联合概率分布，即

$P(X_1^1 = a, X_2^1 = a, \ y_1^{1o}, y_2^{1o})$

$= P(X_1^1 = a)P(Y_1^1 = r \mid X_1^1 = a)P(Y_2^1 = r \mid X_2^1 = a)P(X_2^1 = a \mid X_1^1 = a)P(Y_1^1 = r)P(Y_2^1 = r) +$

$\quad P(X_1^1 = a)P(Y_1^1 = r \mid X_1^1 = a)P(Y_2^1 = s \mid X_2^1 = a)P(X_2^1 = a \mid X_1^1 = a)P(Y_1^1 = r)P(Y_2^1 = s) +$

$\quad P(X_1^1 = a)P(Y_1^1 = s \mid X_1^1 = a)P(Y_2^1 = r \mid X_2^1 = a)P(X_2^1 = a \mid X_1^1 = a)P(Y_1^1 = s)P(Y_2^1 = r) +$

$\quad P(X_1^1 = a)P(Y_1^1 = s \mid X_1^1 = a)P(Y_2^1 = s \mid X_2^1 = a)P(X_2^1 = a \mid X_1^1 = a)P(Y_1^1 = s)P(Y_2^1 = s)$

$= 0.5 \times 0.3 \times 0.3 \times 0.9 \times 0.3 \times 0.4 + 0.5 \times 0.3 \times 0.7 \times 0.9 \times 0.3 \times 0.6 + 0.5 \times 0.7 \times 0.3 \times 0.9 \times$

$\quad 0.7 \times 0.4 + 0.5 \times 0.7 \times 0.7 \times 0.9 \times 0.7 \times 0.6$

$= 0.1409$

同理，可计算

$$P(X_1^1 = a, X_2^1 = b, \ y_1^{lo}, y_2^{lo}) = 0.0128 ,$$

$$P(X_1^1 = b, X_2^1 = a, \ y_1^{lo}, y_2^{lo}) = 0.0103 ,$$

$$P(X_1^1 = b, X_2^1 = b, \ y_1^{lo}, y_2^{lo}) = 0.0752$$

对联合概率进行边缘化得以下条件概率

$$P(X_1^1 = a, X_2^1 = a | y_1^{lo}, y_2^{lo}) = 0.5890, \ P(X_1^1 = a, X_2^1 = b | y_1^{lo}, y_2^{lo}) = 0.0535,$$

$$P(X_1^1 = b, X_2^1 = a | y_1^{lo}, y_2^{lo}) = 0.0431, \ P(X_1^1 = b, X_2^1 = b | y_1^{lo}, y_2^{lo}) = 0.3144$$

进而得

$$P(X_1^1 = a | y_1^{lo}, y_2^{lo}) = 0.6425 , \quad P(X_1^1 = b | y_1^{lo}, y_2^{lo}) = 0.3575 ,$$

$$P(X_2^1 = a | y_1^{lo}, y_2^{lo}) = 0.6321 , \quad P(X_2^1 = b | y_1^{lo}, y_2^{lo}) = 0.3679$$

为验证算法的正确性，采用 Netica 软件进行仿真，得到结果如图 3.12 所示。

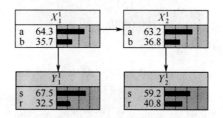

图 3.12　Netica 软件仿真结果

从上述两种方法的计算结果看，除了计算的舍入误差之外，二者的计算结果是一致的。

第4章　离散动态贝叶斯网络的近似推理

第 3 章介绍了动态贝叶斯网络的几种精确推理算法，本章将介绍动态贝叶斯网络的近似推理算法。动态贝叶斯网络的构造是通过这样的方式进行的：每获得一个时间片，就按时序耦合到现有的动态贝叶斯网络上，直到网络满足我们设定的时间片数。从理论上来说，我们可以使用贝叶斯网络的任何精确推理算法，然而，如果观测序列很长，通过展开所得到的网络需要 $O(t)$ 的存储空间，并且随着时间片的加入，所需要的存储空间将无限增长。除此之外，每当新的观测值加入时，只是简单的重新运行推理算法，因此每次更新所需的时间也以 $O(t)$ 的速度增长，其推理复杂度较高，并且造成存储空间的极大浪费，所以业界目前对近似推理算法的研究相当活跃。近似推理方法的核心是在运行时间和推理精度之间采取了一些折中，力求在较短的时间内给出一个满足精度的解。本章在建立时间窗和时间窗宽度概念的基础上，给出了 3 种动态贝叶斯网络的近似推理算法。

4.1　时间窗和时间窗宽度的基本概念

在动态贝叶斯网络中，节点之间是相互影响的，任何节点观测值的获得或对任何节点观测值的干涉都会对其他节点造成影响，而且节点之间的影响具有这样的特点：距离（这里的距离是指在动态贝叶斯网络中，一个时间片与另一个时间片之间相隔的时间片数）某一个时间片越近的证据信息，对该时间片的推理结果产生的影响越大；反之，影响越小。因此，如果要计算某一个时间片上的一个隐藏变量或若干个隐藏变量的后验概率，就可以利用该时间片上的证据信息、该时间片之前的证据信息及它后面相邻的某几个时间片的证据信息来计算它的后验概率。由于不是利用所有的观测证据信息，所以得到的结果是一种近似的推理结果。

基于以上事实，在介绍本章两个动态贝叶斯网络近似推理算法之前，需要定义两个基本概念：时间窗和时间窗宽度。

定义 4.1　在一个动态贝叶斯网络中，每次仅利用连续的几个时间片构成的网络以及向该网络传播的前向信息来进行推理，我们就把由这几个时间片组成的动态贝叶斯网络称为时间窗。

这里所说的时间窗实际上就是指动态贝叶斯网络的几个相邻时间片，它仅仅是整个动态贝叶斯网络的一部分。

定义 4.2　在动态贝叶斯网络的一个时间窗内，把所能容纳的最多时间片数称之为时间窗宽度。

在定义了时间窗和时间窗宽度的基础上，我们以图 4.1 说明基于时间窗的动态贝叶斯网络的近似推理过程。设定时间窗宽度为 l，每个长方体表示一个时间窗，它最多容纳 l 个小长方体，每个小长方体表示一个时间片，当动态贝叶斯网络的时间片个数不超过时间窗宽度时，每增加一个时间片就对推理结果更新一次，并输出所有时间片的推理结果。当时间片的个数等于时间窗宽度时，如果再增加一个时间片，新的时间片进入时间窗，最早进入时间窗的时间片就被新进入的时间片从时间窗中排挤出去（用灰色的小长方体表示），被排挤出时间窗的时间片的推理结果作为近似推理结果输出，并且对这个推理结果将不再进行更新。每当时间窗内有新的时间片进入时，就要对时间窗内各个时间片的推理结果重新更新，并且输出更新后的推理结果，不断重复这一过程。当最后一个时间片进入时间窗后，更新时间窗内各个时间片的推理结果，这时时间窗内输出的推理结果不再是近似推理的结果，而是精确推理的结果。所以在近似推理结束后，它的推理结果是由近似推理结果和精确推理结果两部分组成。

通过调节时间窗宽度，能在推理精度和推理时间之间找到折中，该近似推理的最大优点在于它的灵活性，可根据具体问题，选定合适的时间窗宽度，在线更新时间窗内的推理结果。

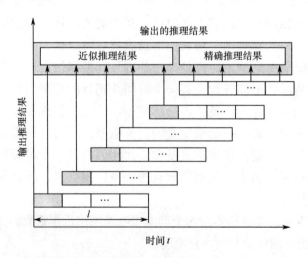

图 4.1　基于时间窗的动态贝叶斯网络近似推理过程示意图

4.2 基于时间窗的直接计算推理算法

4.2.1 算法的基本思想

我们把时间窗与直接计算推理算法结合起来，得到了一种基于时间窗的直接计算推理算法，它是一种近似推理算法。

下面以图 4.2 来说明基于时间窗的直接计算推理算法的基本原理。设定时间窗宽度为 l（正整数），白色节点表示隐藏节点，灰色节点表示观测节点。对时间窗内时间片的推理结果的在线更新分为两个阶段：①如果时间窗内的时间片数小于时间窗宽度，在获得下一个时间片后，按时序把它耦合到最后一个时间片上，依据直接计算推理算法对时间窗内的网络的推理结果进行在线更新，输出更新推理结果，若窗内的时间片数仍小于时间窗宽度，则重复这一过程，直到时间窗内的时间片数等于时间窗宽度；②当时间窗内的时间片数等于时间窗宽度时，在得到下一个时间片后，先把时间窗内最早输入的时间片从时间窗内输出（A 区域都是从时间窗输出的时间片），在该时间片上的推理结果将不再更新，作为近似结果输出。再把最新得到的时间片按时序耦合到时间窗内的动态贝叶斯网络上。通过接口把时间窗外的信息前向传递给时间窗内的贝叶斯网络，再利用直接计算推理算法对时间窗内的网络进行推理，对推理结果进行在线更新，每增加一个新的时间片，则重复这一过程。这是一种基于时间窗的在线推理算法。

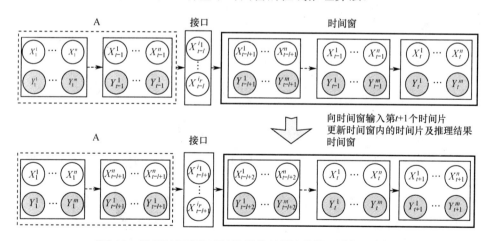

图 4.2　基于时间窗的直接计算推理算法的推理过程示意图

4.2.2 算法描述

下面我们从理论上推导基于时间窗的直接计算推理算法。

假设时间窗宽度为 l，单个时间片内的隐藏节点个数为 n 个，观测节点个数为

m 个，第 p 个时间片的第 q 个隐藏节点用 X_p^q ($p=1,2,\cdots,t$, $q=1,2,\cdots,n$) 表示，第 u 个时间片的第 v 个观测节点用 Y_u^v ($u=1,2,\cdots,t$, $v=1,2,\cdots,m$) 表示，它仅与本时间片的变量有关联。$t-l$ 和 $t-l+1$ 两个时间片之间的接口包括的隐藏变量为 $\left\{X_{t-l}^{i_1}, X_{t-l}^{i_2}\cdots, X_{t-l}^{i_r}\right\}$，共 r 个隐藏变量。

当时间窗内的时间片数小于时间窗宽度时，从时间窗内并不输出时间片，只把最新得到的时间片按时序耦合到时间窗内的动态贝叶斯网络上，并且用式（4.1）计算时间窗内的动态贝叶斯网络隐藏变量的后验概率，即

$$
\begin{aligned}
& P(x_1^{1:n}, x_2^{1:n}, \cdots, x_t^{1:n} \mid y_1^{1:m}, y_2^{1:m} \cdots, y_t^{1:m}) \\
&= \frac{P(x_1^{1:n}, x_2^{1:n}, \cdots, x_t^{1:n}, y_1^{1:m}, y_2^{1:m}, \cdots, y_t^{1:m})}{\displaystyle\sum_{x_1^{1:n}, x_2^{1:n}, \cdots, x_t^{1:n}} P(x_1^{1:n}, x_2^{1:n}, \cdots, x_t^{1:n}, y_1^{1:m}, y_2^{1:m}, \cdots, y_t^{1:m})} \\
&= \frac{\displaystyle\prod_{p,q} P(x_p^q \mid \mathrm{Pa}(X_p^q)) \prod_{u,v} P(Y_u^v = y_u^v \mid \mathrm{Pa}(Y_u^v))}{\displaystyle\sum_{x_1^{1:n}, x_2^{1:n}, \cdots, x_t^{1:n}} \prod_{p,q} P(x_p^q \mid \mathrm{Pa}(X_p^q)) \prod_{u,v} P(Y_u^v = y_u^v \mid \mathrm{Pa}(Y_u^v))}
\end{aligned}
\tag{4.1}
$$

式中：$x_t^{1:n} = \left\{x_t^1, x_t^2, \cdots, x_t^n\right\}$，$x_t^k$ 表示隐藏变量 X_t^k 的某一状态；$p=1,2,\cdots,t$；$q=1,2,\cdots,n$；$u=1,2,\cdots,t$；$v=1,2,\cdots,m$。

根据式（4.1）的计算结果计算时间窗内单个时间片隐藏变量的后验概率，即

$$
P(x_p^{1:n} \mid y_1^{1:m}, y_2^{1:m}, \cdots, y_t^{1:m}) = \sum_{x_1^{1:n}, x_2^{1:n}, \cdots, x_t^{1:n} \backslash x_p^{1:n}} P(x_1^{1:n}, x_2^{1:n}, \cdots, x_t^{1:n} \mid y_1^{1:m}, y_2^{1:m}, \cdots, y_t^{1:m})
\tag{4.2}
$$

式中：$p=1,2,\cdots,t$。

根据式（4.2）的计算结果就可以计算出第 p 个时间片的某一个隐藏节点的后验概率，即

$$
P(x_p^q \mid y_1^{1:m}, y_2^{1:m}, \cdots, y_t^{1:m}) = \sum_{x_p^{1:n} \backslash x_p^q} P(x_p^{1:n} \mid y_1^{1:m}, y_2^{1:m}, \cdots, y_t^{1:m})
\tag{4.3}
$$

式中：$p=1,2,\cdots,t$；$q=1,2,\cdots,n$。

每获得一个新的时间片后，利用式（4.1）～式（4.3）对时间窗的推理结果进行更新。

在 $p=t$ 时，依据式（4.2）的计算结果，利用式（4.4）得到第 t 个时间片向下一个时间片传递的信息，即

$$
P(x_t^{i_1:i_r} \mid y_1^{1:m}, y_2^{1:m}, \cdots, y_t^{1:m}) = \sum_{x_t^{1:n} \backslash x_t^{i_1:i_r}} P(x_t^{1:n} \mid y_1^{1:m}, y_2^{1:m}, \cdots, y_t^{1:m})
\tag{4.4}
$$

式中：$x_t^{i_1:i_r}$ 为第 t 个时间片到 $t+1$ 个时间片的接口节点集合。

当时间片数大于时间窗宽度时，我们只能利用通过接口传递到时间窗的信息和时间窗内的动态贝叶斯网络来进行推理。它是由两步组成的：第一步，推导更

新时间窗内网络推理结果的推理算法；第二步，推导时间窗内最后一个时间片向下一个时间片通过接口传递的信息。

第一步，计算时间窗内隐藏变量的后验概率，即

$$P(x_{t-l+1}^{1:n}, x_{t-l+2}^{1:n}, \cdots, x_t^{1:n} \mid y_1^{1:m}, y_2^{1:m}, \cdots, y_t^{1:m})$$

$$= \frac{\displaystyle\sum_{x_{t-l}^{h:i_r}} P(x_{t-l}^{h:i_r}, x_{t-l+1}^{1:n}, x_{t-l+2}^{1:n}, \cdots, x_t^{1:n}, y_{t-l+1}^{1:m}, y_{t-l+2}^{1:m}, \cdots, y_t^{1:m} \mid y_1^{1:m}, y_2^{1:m}, \cdots, y_{t-l}^{1:m})}{\displaystyle\sum_{x_{t-l}^{h:i_r}, x_{t-l+1}^{1:n}, x_{t-l+2}^{1:n}, \cdots, x_t^{1:n}} P(x_{t-l}^{h:i_r}, x_{t-l+1}^{1:n}, x_{t-l+2}^{1:n}, \cdots, x_t^{1:n}, y_{t-l+1}^{1:m}, y_{t-l+2}^{1:m}, \cdots, y_t^{1:m} \mid y_1^{1:m}, y_2^{1:m}, \cdots, y_{t-l}^{1:m})}$$

$$= \frac{\displaystyle\sum_{x_{t-l}^{h:i_r}} P(x_{t-l+1}^{1:n}, x_{t-l+2}^{1:n}, \cdots, x_t^{1:n}, y_{t-l+1}^{1:m}, y_{t-l+2}^{1:m}, \cdots, y_t^{1:m} \mid x_{t-l}^{h:i_r}) P(x_{t-l}^{h:i_r} \mid y_1^{1:m}, y_2^{1:m}, \cdots, y_{t-l}^{1:m})}{\displaystyle\sum_{x_{t-l}^{h:i_r}, x_{t-l+1}^{1:n}, x_{t-l+2}^{1:n}, \cdots, x_t^{1:n}} P(x_{t-l+1}^{1:n}, x_{t-l+2}^{1:n}, \cdots, x_t^{1:n}, y_{t-l+1}^{1:m}, y_{t-l+2}^{1:m}, \cdots, y_t^{1:m} \mid x_{t-l}^{h:i_r}) P(x_{t-l}^{h:i_r} \mid y_1^{1:m}, y_2^{1:m}, \cdots, y_{t-l}^{1:m})}$$

$$= \frac{\displaystyle\sum_{x_{t-l}^{h:i_r}} \prod_{p,q} P(x_p^q \mid \mathrm{Pa}(X_p^q)) \prod_{u,v} P(y_u^v \mid \mathrm{Pa}(Y_u^v)) P(x_{t-l}^{h:i_r} \mid y_1^{1:m}, y_2^{1:m}, \cdots, y_{t-l}^{1:m})}{\displaystyle\sum_{x_{t-l}^{h:i_r}, x_{t-l+1}^{1:n}, x_{t-l+2}^{1:n}, \cdots, x_t^{1:n}} \prod_{p,q} P(x_p^q \mid \mathrm{Pa}(X_p^q)) \prod_{u,v} P(y_u^v \mid \mathrm{Pa}(Y_u^v)) P(x_{t-l}^{h:i_r} \mid y_1^{1:m}, y_2^{1:m}, \cdots, y_{t-l}^{1:m})}$$

(4.5)

式中：$p = t-l+1, \cdots, t$；$q = 1, 2, \cdots, n$；$u = t-l+1, \cdots, t$；$v = 1, 2, \cdots, m$。

计算时间窗内单个时间片隐藏变量的后验概率，即

$$P(x_p^{1:n} \mid y_1^{1:m}, y_2^{1:m}, \cdots, y_t^{1:m}) = \sum_{x_{t-l+1}^{1:n}, x_{t-l+2}^{1:n}, \cdots, x_t^{1:n} \backslash x_p^{1:n}} P(x_{t-l+1}^{1:n}, x_{t-l+2}^{1:n}, \cdots, x_t^{1:n} \mid y_1^{1:m}, y_2^{1:m}, \cdots, y_t^{1:m}) \quad (4.6)$$

式中：$p = t-l+1, t-l+2, \cdots, t$。

再利用式（4.3）的推理结果对时间窗内的网络的推理结果进行更新。

第二步，利用式（4.4）计算通过时间窗的接口向下一个时间片传递的信息。

以上推导的基于时间窗的直接计算推理算法只能处理确定性证据，而在实际的应用中，不确定性证据也是很常见的，为了能处理一般情况下的证据信息，需要对上述算法进行修正。

依据概率加权，将式（4.1）修正为

$$P(x_1^{1:n}, x_2^{1:n}, \cdots, x_t^{1:n} \mid y_1^{1:mo}, y_2^{1:mo}, \cdots, y_t^{1:mo})$$

$$= \frac{\displaystyle\sum_{y_1^{1:mk}, y_2^{1:mk}, \cdots, y_t^{1:mk}} \prod_{p,q} P(x_p^q \mid \mathrm{Pa}(X_p^q)) \prod_{u,v} \left[P(y_u^{vk} \mid \mathrm{Pa}(Y_u^v)) P(Y_u^v = y_u^{vk}) \right]}{\displaystyle\sum_{x_1^{1:n}, x_2^{1:n}, \cdots, x_t^{1:n}, y_1^{1:mk}, y_2^{1:mk}, \cdots, y_t^{1:mk}} \prod_{p,q} P(x_p^q \mid \mathrm{Pa}(X_p^q)) \prod_{u,v} \left[\sum_{k=1}^{s_v} P(y_u^{vk} \mid \mathrm{Pa}(Y_u^v)) P(Y_u^v = y_u^{vk}) \right]}$$

(4.7)

式中：y_u^{vo} 为第 u 个时间片的第 v 个观测变量 Y_u^v 的状态；$P(Y_u^v = y_u^{vk})$ 为第 u 个时间片的第 v 个观测节点的观测值属于它的第 k 个状态的概率。

在式（4.7）的基础上，就可以计算时间窗内每个时间片隐藏变量的后验概率为

$$P(x_p^{1:n} \mid y_1^{1:mo}, y_2^{1:mo}, \cdots, y_t^{1:mo}) = \sum_{x_1^{1:n}, x_2^{1:n}, \cdots, x_t^{1:n} \setminus x_p} P(x_1^{1:n}, x_2^{1:n}, \cdots, x_t^{1:n} \mid y_1^{1:mo}, y_2^{1:mo}, \cdots, y_t^{1:mo}) \quad (4.8)$$

式中：$p = 1, 2, \cdots, t$。

将式（4.4）修正为

$$P(x_t^{i_1:i_r} \mid y_1^{1:mo}, y_2^{1:mo}, \cdots, y_t^{1:mo}) = \sum_{x_t^{1:n} \setminus x_t^{i_1:i_r}} P(x_t^{1:n} \mid y_1^{1:mo}, y_2^{1:mo}, \cdots, y_t^{1:mo}) \quad (4.9)$$

依据概率加权，对式（4.5）修正为

$$P(x_{t-l+1}^{1:n}, x_{t-l+2}^{1:n}, \cdots, x_t^{1:n} \mid y_1^{1:mo}, y_2^{1:mo}, \cdots, y_t^{1:mo})$$

$$= \frac{\displaystyle\sum_{x_{t-l}^{i_1:i_r}} P(x_{t-l}^{i_1:i_r}, x_{t-l+1}^{1:n}, x_{t-l+2}^{1:n}, \cdots, x_t^{1:n}, y_{t-l+1}^{1:mo}, y_{t-l+2}^{1:mo}, \cdots, y_t^{1:mo} \mid y_1^{1:mo}, y_2^{1:mo}, \cdots, y_{t-l}^{1:mo})}{\displaystyle\sum_{x_{t-l}^{i_1:i_r}, x_{t-l+1}^{1:n}, x_{t-l+2}^{1:n}, \cdots, x_t^{1:n}} P(x_{t-l}^{i_1:i_r}, x_{t-l+1}^{1:n}, x_{t-l+2}^{1:n}, \cdots, x_t^{1:n}, y_{t-l+1}^{1:mo}, y_{t-l+2}^{1:mo}, \cdots, y_t^{1:mo} \mid y_1^{1:mo}, y_2^{1:mo}, \cdots, y_{t-l}^{1:mo})} =$$

$$= \frac{\displaystyle\sum_{x_{t-l}^{i_1:i_r}} P(x_{t-l+1}^{1:n}, x_{t-l+2}^{1:n}, \cdots, x_t^{1:n}, y_{t-l+1}^{1:mo}, y_{t-l+2}^{1:mo}, \cdots, y_t^{1:mo} \mid x_{t-l}^{i_1:i_r}) P(x_{t-l}^{i_1:i_r} \mid y_1^{1:mo}, y_2^{1:mo}, \cdots, y_{t-l}^{1:mo})}{\displaystyle\sum_{x_{t-l}^{i_1:i_r}, x_{t-l+1}^{1:n}, x_{t-l+2}^{1:n}, \cdots, x_t^{1:n}} P(x_{t-l+1}^{1:n}, x_{t-l+2}^{1:n}, \cdots, x_t^{1:n}, y_{t-l+1}^{1:mo}, y_{t-l+2}^{1:mo}, \cdots, y_t^{1:mo} \mid x_{t-l}^{i_1:i_r}) P(x_{t-l}^{i_1:i_r} \mid y_1^{1:mo}, y_2^{1:mo}, \cdots, y_{t-l}^{1:mo})}$$

$$= \frac{\displaystyle\sum_{x_{t-l}^{i_1:i_r}, y_{t-l+1}^{mk}, y_{t-l+2}^{1:mk}, \cdots, y_t^{1:mk}} \prod_{p,q} P(x_p^q \mid \mathrm{Pa}(X_p^q)) \prod_{u,v} \left[P(y_u^{yk} \mid \mathrm{Pa}(Y_u^v)) P(y_u^{vk}) \right]}{\displaystyle\sum_{x_{t-l}^{i_1:i_r}, x_{t-l+1}^{1:n}, x_{t-l+2}^{1:n}, \cdots, x_t^{1:n}, y_{t-l+1}^{1:mk}, y_{t-l+2}^{1:mk}, \cdots, y_t^{1:mk}} \prod_{p,q} P(x_p^q \mid \mathrm{Pa}(X_p^q)) \prod_{u,v} \left[P(y_u^{yk} \mid \mathrm{Pa}(Y_u^v)) P(y_u^{vk}) \right]}$$

$$\frac{P(x_{t-l}^{i_1:i_r} \mid y_1^{1:mo}, y_2^{1:mo}, \cdots, y_{t-l}^{1:mo})}{P(x_{t-l}^{i_1:i_r} \mid y_1^{1:mo}, y_2^{1:mo}, \cdots, y_{t-l}^{1:mo})}$$

$$(4.10)$$

依据概率加权，将式（4.6）修正为

$$P(x_p^{1:n} \mid y_1^{1:mo}, y_2^{1:mo}, \cdots, y_t^{1:mo}) = \sum_{x_{t-l+1}^{1:n}, \cdots, x_t^{1:n} \setminus x_p^{1:n}} P(x_{t-l+1}^{1:n}, x_{t-l+2}^{1:n}, \cdots, x_t^{1:n} \mid y_1^{1:mo}, y_2^{1:mo}, \cdots, y_t^{1:mo})$$

$$(4.11)$$

式中：$p = t - l + 1, p = t - l + 2, \cdots, t$。

在式（4.11）基础上，将式（4.3）修正为

$$P(x_p^q \mid y_1^{1:mo}, y_2^{1:mo}, \cdots, y_t^{1:mo}) = \sum_{x_p^{1:n} \setminus x_p^q} P(x_p^{1:n} \mid y_1^{1:mo}, y_2^{1:mo}, \cdots, y_t^{1:mo}) \quad (4.12)$$

式中：$q = 1, 2, \cdots, n$；当时间窗内时间片数小于时间窗宽度时，$p = 1, 2, \cdots, t$；当时间窗内的时间片数等于时间窗宽度时，$p = t - l + 1, t - l + 2, \cdots, t$。

基于时间窗的直接计算推理算法的实现步骤如下。

步骤1：初始化离散动态贝叶斯网络，设定时间窗宽度为 l 和离散动态贝叶斯网络的时间片总数为 T；

步骤 2：当时间窗内的时间片数小于时间窗宽度时，依式（4.12）计算每个隐藏变量的后验概率，更新推理结果；

步骤 3：在获得一组新的证据后，令 $t=t+1$，若 $t \leqslant l$ 时，则转入步骤 2，否则转入第下一步；

步骤 4：把最早进入时间窗内的时间片输出，它的推理结果就是近似推理结果，不再更新。把最新获得的时间片按时序耦合到时间窗内的离散动态贝叶斯网络上，利用式（4.12）的计算结果更新时间窗的推理结果。利用式（4.9）计算通过接口向前传递的信息；

步骤 5：在获得一组新的证据后，令 $t=t+1$，若 $t \leqslant T$，则转入步骤 4，否则结束。

4.2.3 复杂度分析

设离散动态贝叶斯网络的每个时间片有 n 个隐藏节点，m 个观测节点，时间窗宽度为 l，接口中的隐藏变量个数为 r，节点最大状态数为 N。式（4.10）的计算复杂度为 $O((2m+n)lN^{(m+n)l})$。式（4.11）中边缘化操作的计算复杂度为 $O(N^{nl})$。式（4.12）中边缘化操作的计算复杂度为 $O(N)$。从而基于时间窗的直接计算推理算法的复杂度为 $O((2m+n)lN^{(m+n)l})$。

4.3 基于时间窗的前向后向算法

4.3.1 算法的基本思想

上一节将直接推理算法与时间窗相结合实现了离散动态贝叶斯网络的近似推理，而在本节中，将把前向后向算法与时间窗结合，得到基于时间窗的前向后向推理算法，该算法利用证据信息的基本思想与基于时间窗的直接计算推理算法相同，也是一种在线的推理算法。

以图 4.3 来说明基于时间窗的前向后向算法的基本原理。设定时间窗宽度为 l，从时间窗输出的时间片放在 A 区域。把时间窗划分为两个区域：B 区域和 C 区域，其中在 B 区域只有一个时间片，C 区域最多包含 $l-1$ 个时间片。离散动态贝叶斯网络的白色节点表示隐藏节点，灰色节点表示观测节点。

为了便于阐述该算法的在线推理过程，我们人为地把整个在线推理过程分为两个阶段：

在第一阶段的推理过程中，获得的时间片数如果不大于时间窗宽度，时间窗输出的不是近似推理结果，而是精确推理结果，那么在获得下一个时间片的证据信息后，把该时间片输入时间窗内，按时序耦合到时间窗内的离散动态贝叶斯网络上，根据前向算法的递推公式计算新增加时间片的前向递推结果，再根据后向算法的递推公式计算出时间窗内每个时间片的后向递推结果，然后根据前向后向算法把前向递推结果和后向递推结果综合起来，得到的是离散动态贝叶斯网络的精确推理结果，以此更新原来的推理结果。如果此时时间窗内的时间片数仍小于时间窗宽度，则在获得下一个时间片的证据信息后，重复这一过程。当获得的时间片数等于时间窗宽度时，并且对时间窗内的推理结果更新完毕，那么就进入第二阶段的推理过程。

在第二阶段的推理过程中，当获得一个新的时间片时，则把时间窗内 B 区域的时间片从时间窗中输出（如图 4.3（a）中的 B 区域的第 $t-l+1$ 时间片），输出的时间片放在 A 区域（如图 4.3（b）中的 A 区域的第 $t-l+1$ 时间片），它的推理结果就是从时间窗输出的近似推理结果。同时，把新的时间片耦合到时间窗的离散动态贝叶斯网络上，利用前向算法的递归公式递归计算新增时间片的前向算子，利用后向算法的递归公式重新计算时间窗内离散动态贝叶斯网络的后向算子，把前向算法的计算结果和后向算法的计算结果进行综合，更新时间窗的推理结果。在得到下一组证据信息后，则重复第二阶段的推理过程。最后一次对时间窗内的推理结果的更新，不是作为近似结果输出，而是作为精确结果输出。因此，基于时间窗的前向后向算法的推理结果是由近似推理结果和精确推理结果组成的。

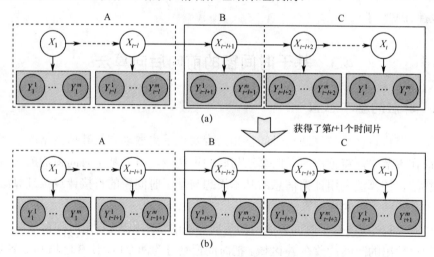

图 4.3　基于时间窗的前向后向算法的推理过程示意图

4.3.2　算法描述

对于如图 4.3 所示的离散动态贝叶斯网络模型，设时间窗宽度为 l。在时间窗内，它的第 t 个时间片有一个隐藏节点和 m 个观测节点，隐藏节点用 X_t 表示，有 n 个状态，即 $\{1,2,\cdots,n\}$；用 $Y_t^v(v=1,2,\cdots,m)$ 表示第 t 个时间片上的第 v 个观测节点，它仅与本时间片的其他变量有依赖关系，把该时间片上的观测证据记为

88

$y_t^{1:mo} = \left\{ y_t^{1o}, y_t^{2o}, \cdots, y_t^{mo} \right\}$。用 $a_{ij} = P(X_{t+1} = j \mid X_t = i)$ 表示从第 t 个时间片的隐藏变量 X_t 的第 i 个状态到 $t+1$ 个时间片的隐藏变量 X_{t+1} 的第 j 个状态的状态转移概率。

结合上述离散动态贝叶斯网络模型，基于时间窗的前向后向算法的推导分三个步骤进行：第一步，定义前向算子，推导前向算法的递推公式；第二步，定义后向算子，推导后向算法的递推公式；第三步，在时间窗宽度的限制下，把前向算法和后向算法结合起来就推导出基于时间窗的前向后向算法。

前向算子定义为 $\alpha_t(i) = P(X_t = i \mid y_1^{1:mo}, y_2^{1:mo}, \cdots, y_t^{1:mo})$，$i = 1, 2, \cdots, n, t = 1, 2, \cdots, T$。

前向算法可按如下的两个步骤迭代计算。

（1）初始化。

$$\alpha_1(i) = P(X_1 = i \mid y_1^{1:mo}) = \eta \sum_{y_1^{1k}, y_1^{2k}, \cdots, y_1^{mk}} P(X_1 = i) \cdot$$

$$\prod_{v=1}^{m} \left[P(Y_1^v = y_1^{vk} \mid \mathrm{Pa}(Y_1^v)) P(Y_1^v = y_1^{vk}) \right] \qquad (4.13)$$

$$= \eta \sum_{y_1^{1k}, y_2^{2k}, \cdots, y_1^{mk}} \pi(i) \prod_{v=1}^{m} \left[P(Y_1^v = y_1^{vk} \mid \mathrm{Pa}(Y_1^v)) P(Y_1^v = y_1^{vk}) \right]$$

式中：$\pi(i) = P(X_1 = i)$ 为先验概率，且 $\sum_{i=1}^{n} \pi(i) = 1$，$i = 1, 2, \cdots, n$；$y_1^{vk}$ 为第一个时间片的第 v 个观测变量处于它的第 k 个状态；$\mathrm{Pa}(Y_1^v)$ 为第一个时间片的观测变量 Y_1^v 的父节点集合，η 为归一化因子。

（2）递归计算。

$$\alpha_t(j) = P(X_t = j \mid y_1^{1:mo}, y_2^{1:mo}, \cdots, y_t^{1:mo})$$

$$= \eta \sum_{y_t^{1k}, y_t^{2k}, \cdots, y_t^{mk}} \prod_{v=1}^{m} \left[P(Y_t^v = y_t^{vk} \mid \mathrm{Pa}(Y_t^v)) P(Y_t^v = y_t^{vk}) \right] \sum_{i=1}^{n} P(X_t = j \mid X_{t-1} = i) \cdot$$

$$P(X_{t-1} = i \mid y_1^{1:mo}, y_2^{1:mo}, \cdots, y_{t-1}^{1:mo})$$

$$= \eta \sum_{y_t^{1k}, y_t^{2k}, \cdots, y_t^{mk}} \prod_{v=1}^{m} \left[P(Y_t^v = y_t^{vk} \mid \mathrm{Pa}(Y_t^v)) P(Y_t^v = y_t^{vk}) \right] \sum_{i=1}^{n} a_{ij} \alpha_{t-1}(i)$$

$$(4.14)$$

式中：$j = 1, 2, \cdots, n$；$t = 1, 2, \cdots, T_0$；η 为归一化因子。

每获得一个新的时间片，前向算子就递归计算一次。

时间窗内的后向算子定义为 $\beta_t^l(i) = P(y_{t+1}^{1:mo}, y_{t+2}^{1:mo}, \cdots, y_T^{1:mo} \mid X_t = i)$，其中，$i = 1, 2, \cdots, n$。如果 $T \leqslant l$，则 $1 \sim T$ 个时间片都在时间窗内，且 $1 \leqslant t \leqslant T$；如果 $T > l$，则 $(T - l + 1) \sim T$ 个时间片都在时间窗内，且 $(T - l + 1) \leqslant t \leqslant T$。在时间窗内的后向递归过程中，从最后一个时间片向后迭代计算。

时间窗内的后向算法可按如下两个步骤迭代计算。

（1）初始化。

$$\beta_T^l(i)=1 \tag{4.15}$$

式中：$i=1,2,\cdots,n$。这里的 T 并不是一个恒定的值，而是一个变量，每获得一个新的时间片，就令 $T=T+1$。

（2）迭代计算。

$$
\begin{aligned}
\beta_t^l(i)&=P(y_{t+1}^{1:mo},y_{t+2}^{1:mo},\cdots,y_T^{1:mo}\mid X_t=i)\\
&=\sum_{j=1}^{n}P(y_{t+2}^{1:mo},y_{t+3}^{1:mo},\cdots,y_T^{1:mo},X_{t+1}=j,y_{t+1}^{1:mo}\mid X_t=i)\\
&=\sum_{j=1}^{n}P(y_{t+2}^{1:mo},y_{t+3}^{1:mo},\cdots,y_T^{1:mo}\mid X_{t+1}=j)\sum_{y_{t+1}^{1k},y_{t+1}^{2k},\cdots,y_{t+1}^{mk}}\prod_{v=1}^{m}[P(Y_{t+1}^v=y_{t+1}^{vk}\mid \mathrm{Pa}(Y_{t+1}^v))\\
&\quad P(Y_{t+1}^v=y_{t+1}^{vk})]\cdot P(X_{t+1}=j\mid X_t=i)\\
&=\sum_{j=1}^{n}\beta_{t+1}^l(j)\sum_{y_{t+1}^{1k},y_{t+1}^{2k},\cdots,y_{t+1}^{mk}}\prod_{v=1}^{m}\Big[P(Y_{t+1}^v=y_{t+1}^{vk}\mid \mathrm{Pa}(Y_{t+1}^v))P(Y_{t+1}^v=y_{t+1}^{vk})\Big]a_{ij}
\end{aligned}
$$

$$\tag{4.16}$$

式中：$i=1,2,\cdots,n$。

每获得一个新的时间片，就要对时间窗内的离散动态贝叶斯网络的后向算子重新递归计算一遍。

综合式（4.14）和式（4.16），就得到基于时间窗的前向后向算法，即

$$
\begin{aligned}
\gamma_t^l(i)&=P(X_t=i\mid y_1^{1:mo},y_2^{1:mo},\cdots,y_T^{1:mo})\\
&=P(X_t=i\mid y_1^{1:mo},y_2^{1:mo},\cdots,y_t^{1:mo},\cdots,y_T^{1:mo})\\
&=\eta\,P(X_t=i\mid y_1^{1:mo},y_2^{1:mo},\cdots,y_t^{1:mo})P(y_{t+1}^{1:mo},y_{t+2}^{1:mo},\cdots,y_T^{1:mo}\mid X_t=i)\\
&=\eta\alpha_t(i)\beta_t^l(i)
\end{aligned}
\tag{4.17}
$$

其中：η 为归一化因子。

基于时间窗的前向后向算法的实现步骤：

步骤 1：初始化：输入先验概率、条件概率、时间窗宽度 l 和时间片总数 T_0；

步骤 2：向时间窗输入第 T 个时间片，若 $T\leqslant l$，利用前向算法的递归公式计算 α_T，利用后向算法的递归公式计算 $\beta_T^l,\beta_{T-1}^l,\cdots,\beta_1^l$，然后计算 $\gamma_1^l,\gamma_2^l,\cdots,\gamma_T^l$，更新时间窗内动态贝叶斯网络的推理结果。

步骤 3：向时间窗输入新的时间片，令 $T=T+1$，如果 $T\leqslant l$，重复步骤 2，这时得到的是精确推理结果，并没有近似推理结果输出；如果 $T>l$，则执行步骤 4；

步骤 4：从时间窗中输出近似推理结果；

步骤 5：利用前向算法计算 α_T，利用后向算法计算 $\beta_T^l,\beta_{T-1}^l,\cdots,\beta_{T+1-l}^l$，然后计算 $\gamma_{T+1-l}^l,\gamma_{T+2-l}^l,\cdots,\gamma_T^l$，对时间窗的推理结果进行在线更新。若 $T+1\leqslant T_0$，则转入步骤 6，否则结束；

步骤 6：从时间窗输出近似推理结果 γ_{T+1-l}^l，向时间窗输入下一个时间片，且

令 $T = T + 1$ ，转入步骤 5。

图 4.4 给出了基于时间窗的前向后向算法的流程图。

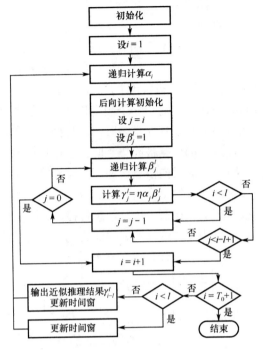

图 4.4 基于时间窗的前向后向算法流程图

4.3.3 复杂度分析

假定每个时间片有一个隐藏节点和 m 个观测节点，节点的最大状态数为 N ，时间窗宽度为 l ，且时间窗内的时间片数等于时间窗宽度 l 。根据式（4.14），计算单个状态前向因子的复杂度为 $O(mN^m)$ 。因此，一步前向递推过程的计算复杂度为 $O(mN^{m+1})$ 。后向递推过程的情况与前向过程相同，只不过需要递推 l 步，因此，后向递推过程的复杂度为 $O(mN^{m+1}l)$ 。从而，基于时间窗的前向后向算法更新一次的复杂度为 $O(mN^{m+1}l)$ 。由复杂度分析可知，需要的运算量主要由时间窗内的后向递归过程决定。在离散动态贝叶斯网络的结构、节点状态已知的情况下，算法的计算量与时间窗宽度呈线性关系。

4.4 基于时间窗的接口算法

4.4.1 算法描述

时间窗约束了动态贝叶斯网络信息后向传播的时间片数，为近似推理提供了一个框架，而窗口中所使用的具体推理方法则可以是已有的任意方法。本节将接口算法与时间窗相结合，推导基于时间窗的接口算法。

接口算法是静态贝叶斯网络中联合树算法的一种扩展。联合树算法作为概率图模型中被广泛使用的精确推理算法，首先将网络结构转化为一个由簇节点组成的多树结构，然后在该多树上更新各簇节点的后验概率。类似地，接口算法将不同时间片的网络结构转化为连接树，并使用一种称作接口的结构对各时间片的联合树进行连接（接口算法参见 3.6 节）。在动态系统中，当收到新的观测值时，运行接口算法更新之前所有时间片状态估计量。对于一个最终长度为 T 的观测序列来说，接口算法共被执行了 T 次，当网络中时间片非常多时，这将会是非常耗时的。然而，在基于时间窗的接口算法中，当新的证据被收集到时，仅需执行当前时间片的前向消息传递和当前窗口中所有时间片的后向信息传递。图 4.5 给出了基于时间窗的接口算法的消息传播过程，设定时间窗的宽度为 2，如图 4.5（a）所示，当采集到新的证据时，基于时间窗的接口算法只在窗内进行信息传播，如图 4.5（b）所示，接口算法在所有时间片上进行信息传播，这里的虚线箭头代表了消息传播的方向。

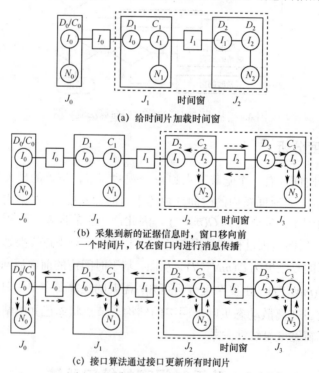

(a) 给时间片加载时间窗

(b) 采集到新的证据信息时，窗口移向前
一个时间片，仅在窗口内进行消息传播

(c) 接口算法通过接口更新所有时间片

图 4.5　基于时间窗的接口算法与接口算法的传递消息对比

从图 4.5 中可以看出，当第 t 个时间片被添加到网络中时间窗的具体操作：构建联合树 J_t 并通过 I_{t-1} 将其与 J_{t-1} 进行连接，从 C_{t-1} 吸收消息并更新 J_t，最后对 $i = t-l+1, t-l+2, \cdots, t$ 的所有 J_i 执行后向消息传播算法。因此，使用图 4.6 所

92

给出的滤波子程序和图 4.7 所给出的 Smoothing 子程序，即可实现基于时间窗的接口算法。

基于窗口方法的滤波操作

输入 t_n

输出 $P(X_{t_n} | y_{t_0:t_n})$

步骤 1　确定接口 I_{t_n} ；

步骤 2　构造联接树 J_{t_n} ；

步骤 3　初始化 J_{t_n} 中所有的势，并输入证据 y_{t_n} ；

步骤 4　如果 $n \neq 0$ ；

步骤 5　通过接口 $I_{t_{n-1}}$ ，将 J_{t_n} 与 J_{t_n} 连接；

步骤 6　D_{t_n} 通过 $I_{t_{n-1}}$ 从 $C_{t_{n-1}}$ 中吸收信息；

步骤 7　结束 if 循环；

步骤 8　将 C_{t_n} 作为根节点，在 J_{t_n} 中执行收集证据的操作；

步骤 9　返回到 J_{t_n} 中所有分类和分离集的势。

图 4.6　基于时间窗接口算法时的滤波操作

基于窗口方法的平滑操作

输入 t_m ，t_n

输出 $P(X_{t_m:t_n} | y_{t_0:t_n})$

步骤 1　开始 for 循环，当 i 从 $n-1$ 依次取值到 m ；

步骤 2　如果 $i \geqslant 0$ ，开始 if 循环；

步骤 3　C_{t_i} 通过 I_{t_i} 从 $D_{t_{i+1}}$ 获取信息；

步骤 4　从根节点 C_{t_i} 分发证据到 J_{t_i} ；

步骤 5　返回 J_{t_i} 中所有簇和分离集的势；

步骤 6　结束 if 循环；

步骤 7　结束 for 循环。

图 4.7　基于时间窗接口算法的平滑操作

4.4.2　复杂度分析

接口算法的复杂度在 $\Omega(N^{I+1})$ 和 $O(N^{I+1})$ 之间。其中，I 为接口的大小，N 为隐藏节点的最大状态数。实际上，基于时间窗的接口算法并不能降低相邻 2 个时间片内接口算法的复杂度，而且在时间窗内仍需执行联合树中的推理算法和前向消息传播算法。基于时间窗的接口算法和接口算法的主要不同在于只需在当前的时间窗内进行消息传播。因此，对于最终长度为 T 的观测序列来说，如果窗口宽度为 l，需基于时间窗的接口算法执行 $O(Tl)$ 次后向消息传播。然而在接口算法中，当第 t 个时间片被加入网络时，需执行 $t-1$ 次后向消息传播算法。对于长度为 T 的观测序列来说，共需执行约 $T(T-1)/2$ 次后向消息传播算法。通过对比可以看出，基于时间窗的接口算法的推理效率远高于接口算法。

在基于时间窗的接口算法中，与后向消息传播相比，前向传播的时间消耗可以忽略不计。因此，更新时间窗内所有簇节点的势函数所需的时间几乎与窗口宽度呈现线性关系。

4.5 算　例

图 4.8 是 Water 动态贝叶斯网络[158]，它被污水处理厂用于监控污水处理，网络的每一个时间片共 12 个节点，其中 8 个白色节点是隐藏节点，4 个灰色节点是观测节点。

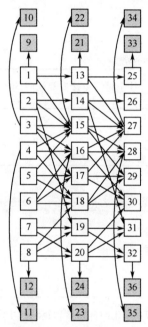

图 4.8　Water 网络（灰色节点表示观测节点，白色节点表示隐藏节点）

为了比较计算近似推理结果和精确推理结果的近似程度，按文献[159]给出的 L_1 误差函数来度量。L_1 误差函数定义如下：

$$\Delta = \sum_{t=1}^{T} \sum_{i=1}^{N_t} \sum_{s=1}^{Q_{it}} \left| P(X_t^i = s \mid y_{1:t}) - \hat{P}(X_t^i = s \mid y_{1:t}) \right| \qquad (4.18)$$

式中：N_t 是时间片 t 中隐节点的个数；Q_{ti} 是节点 X_t^i 的取值个数；$P(\cdot)$ 是精确推理结果，$\hat{P}(\cdot)$ 是近似推理结果。

使用 Matlab 进行仿真。取 50 个时间片，对观测节点进行采样，时间窗宽度分别取为 2，3，4，5，6，7，8，9，10，采用基于时间窗的接口算法，按式（4.18）计算不同时间窗宽度条件下近似推理算法与精确推理算法的误差，所得结果如

94

图 4.9 所示。

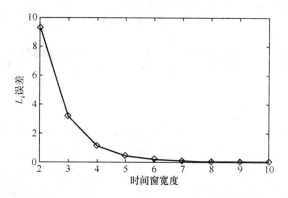

图 4.9　在不同时间窗宽度条件下，近似推理算法与精确推理算法的推理结果误差

从图 4.9 可以得到这样的结论：时间窗宽度选取的越大，近似推理结果就越接近精确推理结果。在时间窗宽度取 2，3，4，5，6 时，得到的误差的差异是比较大，当时间窗宽度超过 6 时，精确推理与近似推理的误差较小，精确推理结果与近似推理结果非常接近。

第 5 章　变结构动态贝叶斯网络的推理

在第 3 章和第 4 章中，分别介绍了动态贝叶斯网络的精确推理算法和近似推理算法，所涉及的动态贝叶斯网络反映的随机过程是一个稳态过程，把基于此假设条件下的动态贝叶斯网络称为传统的动态贝叶斯网络。在本章中，将介绍反映非稳态过程的动态贝叶斯网络，称为变结构动态贝叶斯网络（Structure-Variable Dynamic Bayesian Networks，SVDBN）。本章先给出了变结构动态贝叶斯网络的定义、性质，然后介绍了变结构动态贝叶斯网络的精确推理算法和近似推理算法，最后对数据缺失动态贝叶斯网络模型及变结构 DDBN 的自适应参数产生算法进行了介绍。

5.1　概　　述

到目前为止，人们研究的是基于稳态假设的动态贝叶斯网络。在稳态假设下，每个时间片的网络结构和参数均相同，只需要为某个"代表性的"时间片中的变量指定条件概率分布即可。

对于非稳态过程，它的整个过程可以看作是由若干个不同的稳态过程组成的，如图 5.1 所示。对于其中的每一个稳态过程，都可以为其构建传统的动态贝叶斯网络。从一个稳态过程到另一个稳态过程，反映了环境状态的突变。对于整个非稳态过程，每个时间片的网络结构可能不相同，不存在一个"代表性的"的时间片，因此，传统的动态贝叶斯网络的假设前提就得不到完全满足。为了解决这类推理问题，通过放宽传统动态贝叶斯网络的假设条件，提出了变结构动态贝叶斯网络

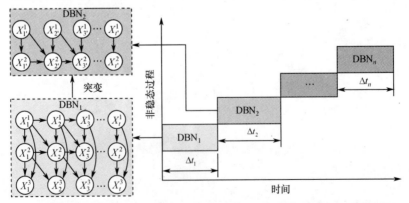

图 5.1　非稳态过程是由若干个稳态过程组成，在每个稳态过程可以构建传统的 DBN

的框架。该框架允许各个时间片上的网络结构或参数不相同。从广义上看，传统的动态贝叶斯网络实际上是变结构动态贝叶斯网络的一个特例，适合变结构动态贝叶斯网络的推理算法自然也适用于传统的动态贝叶斯网络的推理问题，也就是说，变结构动态贝叶斯网络的推理算法更具有一般性。

5.2　变结构动态贝叶斯网络的定义及其性质

5.2.1　变结构动态贝叶斯网络的定义

变结构动态贝叶斯网络是对传统动态贝叶斯网络的进一步拓展，可定义如下：

定义 5.1　具有 T 个时间片的变结构动态贝叶斯网络定义为 $(B^1, B^2_\rightarrow, B^3_\rightarrow, \cdots, B^T_\rightarrow)$，其中 B^1 是一个初始贝叶斯网络，定义了初始时刻的概率分布 $P(Z_1)$。$B^t_\rightarrow$ 是一个包含了两个相邻时间片的贝叶斯网络，定义了两个相邻时间片的各变量之间的条件分布，即

$$P(Z_t \mid Z_{t-1}) = \prod_{i=1}^{n_t} P(Z_t^i \mid \mathrm{Pa}(Z_t^i)) \tag{5.1}$$

式中：Z_t^i 为位于第 t 个时间片的第 i 个节点；$\mathrm{Pa}(Z_t^i)$ 为 Z_t^i 的父节点；n_t 为第 t 个时间片的节点数目。

变结构动态贝叶斯网络定义的 $B^t_\rightarrow$ 与传统的动态贝叶斯网络定义的 $B_\rightarrow$ 的不同点在于：

（1）$B^t_\rightarrow$ 所包含的两个时间片的贝叶斯网络结构可能随着时间 t 的推移而不同。

（2）放宽了对动态贝叶斯网络关于时齐性的前提假设，即不再要求 $B^t_\rightarrow$ 中的参数相同。

图 5.2 所示是一个简单的变结构动态贝叶斯网络，其中图 5.2（a）是初始贝叶斯网络 B^1，定义了初始时刻的分布 $P(Z_1)$，图 5.2（b）是 $B^t_\rightarrow$ 网络，定义了某一结构发生变化的时刻与前一时刻的条件概率 $P(Z_t \mid Z_{t-1})$。其中，第 t 个时间片中的节点数增加了 1 个，同时，网络的拓扑结构也发生了变化。

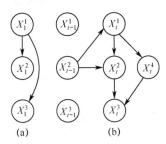

图 5.2　一个简单的变结构动态贝叶斯网络
(a) B^1 网络；(b) $B^t_\rightarrow$ 网络。

根据初始分布和相邻时间片之间的条件分布，可以将变结构动态贝叶斯网络展开到第 T 个时间片，因此可以得到一个跨越多个时间片的联合概率分布

$$P(Z_{1:T}) = \prod_{t=1}^{T} \prod_{i=1}^{n_t} P(Z_t^i \mid \mathrm{Pa}(Z_t^i)) \tag{5.2}$$

5.2.2 变结构动态贝叶斯网络的性质

变结构动态贝叶斯网络反映的是非稳态过程，它具有如下性质：

（1）非平稳性，即随着时间的变化，$B_→^t$ 的网络结构或参数可能发生变化。

（2）一阶马尔科夫性，即各节点之间的边，或者位于同一时间片，或者位于相邻时间片，但不能跨越时间片。

由变结构动态贝叶斯网络的定义和性质可知，变结构动态贝叶斯网络与传统的动态贝叶斯网络相比，可能有如下差异：

（1）结构相似，但是变量的状态数发生了变化，或者参数大小发生了变化。

（2）各个时间片内的网络结构发生了变化，即节点个数发生变化或变量之间的依赖关系发生了变化。

（3）相邻时间片之间变量的依赖关系发生了变化。

（4）前三种情况的某几种组合。

因此要完全表示一个 T 个时间片的变结构动态贝叶斯网络，需要如下的数据结构：

（1）表示各个时间片的动态贝叶斯网络的 T 个有向无环图 $G_1, G_2, \cdots, G_T$ 和各个时间片的贝叶斯网络的条件概率表 $\text{IntraCPT}_1, \text{IntraCPT}_2, \cdots, \text{IntraCPT}_T$。

（2）表示下一个时间片的贝叶斯网络与上一个时间片的贝叶斯网络之间的依赖关系的 $T-1$ 个概率表 $\text{InterCPT}_1, \text{InterCPT}_2, \cdots, \text{InterCPT}_{T-1}$。

从上述对变结构动态贝叶斯网络描述可知，与传统的动态贝叶斯网络相比，变结构动态贝叶斯网络的数据结构比较复杂。

5.3 变结构离散动态贝叶斯网络推理算法

5.3.1 算法描述

不失一般性，我们假定一个变结构离散动态贝叶斯网络（Discrete Dynamic Bayesian Networks，DDBN）共有 T 个时间片，每个时间片对应的贝叶斯网络的结构为 $\text{BN}_t (t = 1, 2, \cdots, T)$，参数为为 $\text{IntraCPT}_t (t = 1, 2, \cdots, T)$，具有 n_t 个隐藏节点和 m_t 个观测节点，分别用 $X_p^q (p = 1, 2, \cdots, T, q = 1, 2, \cdots, n_t)$ 和 $Y_u^v (u = 1, 2, \cdots, T, v = 1, 2, \cdots, m_t)$ 表示，其中，下标表示变量所在的时间片，上标表示该时间片的隐藏变量集或观测变量集的序号。相邻 2 个时间片的条件概率表为 $\text{InterCPT}_t (t = 1, 2, \cdots, T-1)$。变结构离散动态贝叶斯网络的推理，就是计算在所有的观测证据条件下某一个隐藏变量的后验分布，这个推理过程被分为 2 个步骤：第一步，计算在所有证据条件下的隐藏变量的联合概率分布；第二步，是在第一步的基础上，通过边缘化就可以求出在所有的证据条件下某一个隐藏变量的后验概率。

当任意一个可观测节点获取的证据是确定性证据时，在所有观测证据条件下隐藏变量的联合概率分布为

$$
P(x_1^{1:n_1}, x_2^{1:n_2}, \cdots, x_T^{1:n_T} \mid y_1^{1:m_1}, y_2^{1:m_2}, \cdots, y_T^{1:m_T})
$$

$$
= \frac{P(x_1^{1:n_1}, x_2^{1:n_2}, \cdots, x_T^{1:n_T}, y_1^{1:m_1}, y_2^{1:m_2}, \cdots, y_T^{1:m_T})}{\displaystyle\sum_{x_1^{1:n_1}, x_2^{1:n_2}, \cdots, x_T^{1:n_T}} P(x_1^{1:n_1}, x_2^{1:n_2}, \cdots, x_T^{1:n_T}, y_1^{1:m_1}, y_2^{1:m_2}, \cdots, y_T^{1:m_T})} \tag{5.3}
$$

$$
= \frac{\displaystyle\prod_{p,q} P(x_p^q \mid \mathrm{Pa}(X_p^q)) \prod_{u,v} P(y_u^v \mid \mathrm{Pa}(Y_u^v))}{\displaystyle\sum_{x_1^{1:n_1}, x_2^{1:n_2}, \cdots, x_T^{1:n_T}} \prod_{p,q} P(x_p^q \mid \mathrm{Pa}(X_p^q)) \prod_{u,v} P(y_u^v \mid \mathrm{Pa}(Y_u^v))}
$$

式中：$p = 1, 2, \cdots, T$，$q = 1, 2, \cdots, n_p$，$u = 1, 2, \cdots, T$，$v = 1, 2, \cdots, m_u$，且 p, q, u, v 都是正整数；y_u^v 为在第 u 个时间片上的第 v 个观测变量的观测值，把第 u 个时间片上的观测值记为 $y_u^{1:m_u} = \{y_u^1, y_u^2, \cdots, y_u^{m_u}\}$；$x_p^q$ 为隐藏变量 X_p^q 的某一状态，$x_p^{1:n_p} = \{x_p^1, x_p^2, \cdots, x_p^{n_p}\}$ 为第 p 个时间片上隐藏变量的某一个组合状态；$\mathrm{Pa}(X_p^q)$ 为第 p 个时间片上第 q 个隐藏变量 X_p^q 的父节点集合，$\mathrm{Pa}(Y_u^v)$ 表示第 u 个时间片上第 v 个观测变量的父节点集合。

所有隐藏变量的组合状态数就等于所有隐藏节点状态数的乘积。通过式（5.3）计算出所有组合状态的联合概率分布之后，就可以采用求和计算出某一个隐藏变量在所有证据条件下的后验概率，即

$$
P(X_p^q = x_p^q \mid y_1^{1:m_1}, y_2^{1:m_2}, \cdots, y_T^{1:m_T}) = \sum_{x_1^{1:n_1}, x_2^{1:n_2}, \cdots, x_T^{1:n_T} \setminus x_p^q}
$$

$$
P(x_1^{1:n_1}, x_2^{1:n_2}, \cdots, x_T^{1:n_T} \mid y_1^{1:m_1}, y_2^{1:m_2}, \cdots, y_T^{1:m_T}) \tag{5.4}
$$

式中：$p = 1, 2, \cdots, T$；$q = 1, 2, \cdots, n_p$。

接下来，我们考虑证据信息不确定的情况。需对上面的推理算法进行修正，以实现不确定证据条件下的变结构 DDBN 推理。算法描述如下：

这里，我们用 y_u^{vs} 表示第 u 个时间片上的观测变量 Y_u^v 的第 s 个状态，因此通过概率加权，对式（5.3）进行修正，则有

$$
P(x_1^{1:n_1}, x_2^{1:n_2}, \cdots, x_T^{1:n_T} \mid y_1^{1:m_1 o}, y_2^{1:m_2 o}, \cdots, y_T^{1:m_T o})
$$

$$
= \frac{P(x_1^{1:n_1}, x_2^{1:n_2}, \cdots, x_T^{1:n_T}, y_1^{1:m_1 o}, y_2^{1:m_2 o}, \cdots, y_T^{1:m_T o})}{\displaystyle\sum_{x_1^{1:n_1}, x_2^{1:n_2}, \cdots, x_T^{1:n_T}} P(x_1^{1:n_1}, x_2^{1:n_2}, \cdots, x_T^{1:n_T}, y_1^{1:m_1 o}, y_2^{1:m_2 o}, \cdots, y_T^{1:m_T o})} \tag{5.5}
$$

$$
= \frac{\displaystyle\sum_{y_1^{1:m_1 s}, y_2^{1:m_2 s}, \cdots, y_T^{1:m_T s}} \prod_{p,q} P(x_p^q \mid \mathrm{Pa}(X_p^q)) \prod_{u,v} \left[P(y_u^{vs} \mid \mathrm{Pa}(Y_u^v)) P(Y_u^v = y_u^{vs}) \right]}{\displaystyle\sum_{x_1^{1:n_1}, x_2^{1:n_2}, \cdots, x_T^{1:n_T}} \sum_{y_1^{1:m_1 s}, y_2^{1:m_2 s}, \cdots, y_T^{1:m_T s}} \prod_{p,q} P(x_p^q \mid \mathrm{Pa}(X_p^q)) \prod_{u,v} \left[P(y_u^{vs} \mid \mathrm{Pa}(Y_u^v)) P(Y_u^v = y_u^{vs}) \right]}
$$

式中：$p=1,2,\cdots,T$；$q=1,2,\cdots,n_p$；$u=1,2,\cdots,T$；$v=1,2,\cdots,m_u$；y_u^{vo} 为观测变量 Y_u^v 所处的状态；$P(Y_u^v=y_u^{vs})$ 为观测变量 Y_u^v 的观测值属于它的第 s 个状态的隶属度。

通过概率加权，式（5.4）被修正为

$$
\begin{aligned}
P(X_p^q=x_p^q\mid y_1^{1:m_1o},y_2^{1:m_2o},\cdots,y_T^{1:m_To})=&\sum_{x_1^{1:n_1},x_2^{1:n_2},\cdots,x_T^{1:n_T}\setminus x_p^q}\\
P(x_1^{1:n_1},x_2^{1:n_2},\cdots,x_T^{1:n_T}\mid y_1^{1:m_1o},y_2^{1:m_2o},\cdots,y_T^{1:m_To})&
\end{aligned}
\tag{5.6}
$$

式中：$p=1,2,\cdots,T$；$q=1,2,\cdots,n_p$。

5.3.2 复杂度分析

假设离散动态贝叶斯网络的第 i 个时间片有 n_i 个隐藏节点，m_i 个观测节点，共观测了 T 个时间片，取 $m=\max\{m_1,m_2,\cdots,m_T\}$，$n=\max\{n_1,n_2,\cdots,n_T\}$，节点最大状态数为 N。式（5.5）的复杂度为 $O((2m+n)TN^{(m+n)T})$，式（5.6）的复杂度为 $O(nTN^{nT})$，则算法的复杂度为 $O((2m+n)TN^{(m+n)T})$。

5.4 变结构离散动态贝叶斯网络的快速推理算法

5.4.1 算法描述

能够处理硬证据的式（5.3）利用链式乘积规则和条件独立性，将联合概率分解为一系列参数化的条件概率的乘积，而能够处理不确定性证据的式（5.5）则增加了期望求和的过程，使得计算量显著增大。为了克服变结构离散动态贝叶斯网络推理算法计算量大的缺陷，本节将介绍变结构 DDBN 的快速推理算法，在观测变量相互独立的条件下，它是通过改变式（5.5）的计算方式来实现的，即由原来的先乘积后求和改为先求和后乘积的方式，即

$$
\begin{aligned}
&P(x_1^{1:n_1},x_2^{1:n_2},\cdots,x_T^{1:n_T}\mid y_1^{1:m_1o},y_2^{1:m_2o},\cdots,y_T^{1:m_To})\\[4pt]
&=\frac{P(x_1^{1:n_1},x_2^{1:n_2},\cdots,x_T^{1:n_T},y_1^{1:m_1o},y_2^{1:m_2o},\cdots,y_T^{1:m_To})}{\displaystyle\sum_{x_1^{1:n_1},x_2^{1:n_2},\cdots,x_T^{1:n_T}}P(x_1^{1:n_1},x_2^{1:n_2},\cdots,x_T^{1:n_T},y_1^{1:m_1o},y_2^{1:m_2o},\cdots,y_T^{1:m_To})}\\[10pt]
&=\frac{\displaystyle\prod_{p,q}P(x_p^q\mid\mathrm{Pa}(X_p^q))\prod_{u,v}\left[\sum_{k=1}^{s_u^v}P(y_u^{vk}\mid\mathrm{Pa}(Y_u^v))P(Y_u^v=y_u^{vk})\right]}{\displaystyle\sum_{x_1^{1:n_1},x_2^{1:n_2},\cdots,x_T^{1:n_T}}\prod_{p,q}P(x_p^q\mid\mathrm{Pa}(X_p^q))\prod_{u,v}\left[\sum_{k=1}^{s_u^v}P(y_u^{vk}\mid\mathrm{Pa}(Y_u^v))P(Y_u^v=y_u^{vk})\right]}
\end{aligned}
\tag{5.7}
$$

式中：$p=1,2,\cdots,T$；$q=1,2,\cdots,n_p$；$u=1,2,\cdots,T$；$v=1,2,\cdots,m_u$；y_u^{vo} 为 Y_u^v 所处

的状态；y_u^{vk} 为观测变量 Y_u^v 的第 k 个状态；$P(Y_u^v = y_u^{vk})$ 为观测变量 Y_u^v 的观测值属于它的第 k 个状态的隶属度。

结合式（5.6）和式（5.7）便可计算得到每个隐藏变量的后验概率。

5.4.2 复杂度分析

设变结构离散动态贝叶斯网络的一个时间片最多有 n 个隐藏节点、m 个观测节点，节点的最大状态数为 N，共观测 T 个时间片。对于快速直接推理算法，隐藏变量组合状态个数为 N^{nT}，计算隐藏变量的一种组合的联合概率分布的复杂度为 $O(NmT)$，则计算出所有组合状态的复杂度为 $O(mTN^{nT+1})$，在此基础上，计算出式（5.7）的分母的复杂度为 $O(N^{nT})$。从而变结构离散动态贝叶斯网络的快速推理算法的复杂度为 $O(mTN^{nT+1})$。

5.5 变结构离散动态贝叶斯网络的递推推理算法

为了与前面的变结构推理算法的命名进行区别，文献[160]提出的变结构 DDBNs 的推理算法在本书中命名为变结构 DDBN 的递推推理算法。

5.5.1 算法的基本思想

从变结构离散动态贝叶斯网络的数据结构可以看出，尽管它与传统的离散动态贝叶斯网络有很大的不同，但都属于动态贝叶斯网络，且都遵从相同的信息传播规则，因此信息的传递过程是相同的，即信息既可以沿动态贝叶斯网络从前向后传递，也可以沿动态贝叶斯网络从后向前传递。因此，在借鉴经典的前向后向算法基本思想的基础上，在本节我们将给出一种变结构离散动态贝叶斯网络的递推推理算法。通过定义变结构离散动态贝叶斯网络的前向算子，推导变结构离散动态贝叶斯网络的前向算法；再通过定义变结构离散动态贝叶斯网络的后向算子，推导变结构离散动态贝叶斯网络的后向算法，然后把变结构离散动态贝叶斯网络的前向算法和后向算法进行结合，就得到了变结构离散动态贝叶斯网络的递推推理算法。

5.5.2 算法描述

对于如图 5.3 所示的变结构离散动态贝叶斯网络，假定网络涵盖了 T 个时间片，它的第 $t(t = 1, 2, \cdots, T)$ 个时间片的贝叶斯网络结构为 BN_t，有一个隐藏节点和 m_t 个观测节点，隐藏节点用 X_t 表示，有 n_t 个状态，即 $\{1, 2, \cdots, n_t\}$；用 $Y_t^v (v = 1, 2, \cdots, m_t)$

表示第 t 个时间片的第 v 个观测变量，它仅与本时间片的其它变量有依赖关系，其观测值为 y_t^v，这里把第 t 时间片上的观测数据记为 $y_t^{1:m_t} = \{y_t^1, y_t^2, \cdots, y_t^{m_t}\}$，第 t 个时间片的条件概率表为 IntraCPT_t。

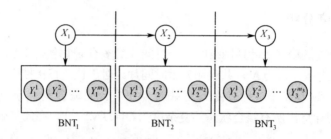

图 5.3　变结构离散动态贝叶斯网络

用 $a_t^{ij} = P(X_{t+1} = j \mid X_t = i)$ 表示第 t 个时间片的隐藏变量 X_t 的第 i 个状态到 $t+1$ 个时间片的隐藏变量 X_{t+1} 的第 j 个状态的转移概率，设由这样的状态转移概率组成的状态转移概率表为 InterCPT_t。

定义前向算子为 $\alpha_t(i) = P(X_t = i \mid y_1^{1:m_1}, y_2^{1:m_2}, \cdots, y_t^{1:m_t})$，$i = 1, 2, \cdots, n_t$，$t = 1, 2, \cdots, T$。

变结构离散动态贝叶斯网络的前向算法可按以下两个步骤进行迭代计算：

（1）初始化。

$$
\begin{aligned}
\alpha_1(i) = P(X_1 = i \mid y_1^{1:m_1}) &= \frac{P(X_1 = i, y_1^{1:m_1})}{\sum_i P(X^1 = i, y_1^{1:m_1})} \\
&= \frac{P(X_1 = i) \prod\limits_{v=1}^{m_1} P(y_1^v \mid \text{Pa}(Y_1^v))}{\sum_i P(X_1 = i) \prod\limits_{v=1}^{m_1} P(y_1^v \mid \text{Pa}(Y_1^v))} = \eta \pi(i) \prod_{v=1}^{m_1} P(y_1^v \mid \text{Pa}(Y_1^v))
\end{aligned} \tag{5.8}
$$

式中：$\pi(i) = P(X_1 = i)$ 为先验概率，且 $\sum\limits_{i=1}^{n_1} \pi(i) = 1$；$\text{Pa}(Y_1^v)$ 为第一个时间片的观测变量 Y_1^v 的父节点集合；η 为归一化因子。

（2）迭代计算。

$$
\begin{aligned}
\alpha_t(j) = P(X_t = j \mid y_1^{1:m_1}, y_2^{1:m_2}, \cdots, y_t^{1:m_t}) &= \eta \prod_{v=1}^{m_t} P(y_t^v \mid \text{Pa}(Y_t^v)) \sum_{i=1}^{n_{t-1}} a_{t-1}^{ij} \cdot \\
P(X_{t-1} = i \mid y_1^{1:m_1}, y_2^{1:m_2}, \cdots, y_{t-1}^{1:m_{t-1}}) &= \eta \prod_{v=1}^{m_t} P(y_t^v \mid \text{Pa}(Y_t^v)) \sum_{i=1}^{n_{t-1}} a_{t-1}^{ij} \alpha_{t-1}(i)
\end{aligned} \tag{5.9}
$$

式中：η 为归一化因子，$j = 1, 2, \cdots, n_t$，$t = 1, 2, \cdots, T$。

同时，定义后向算子为 $\beta_t(i) = P(y_{t+1}^{1:m_{t+1}}, y_{t+2}^{1:m_{t+2}}, \ldots, y_T^{1:m_T} \mid X_t = i)$，$i = 1, 2, \cdots, n_t$，

$t = 1, 2, \cdots, T$ 。

变结构离散动态贝叶斯网络的后向算法可按如下两个步骤进行迭代计算：

（1）初始化。

$$\beta_T(i) = 1 \tag{5.10}$$

式中：$i = 1, 2, \cdots, n_T$ 。

（2）迭代计算。

$$
\begin{aligned}
\beta_t(i) &= P(y_{t+1}^{1:m_{t+1}}, y_{t+2}^{1:m_{t+2}}, \cdots, y_T^{1:m_T} \mid X_t = i) \\
&= \sum_{j=1}^{n_{t+1}} P(y_{t+2}^{1:m_{t+2}}, \cdots, y_T^{1:m_T}, X_{t+1} = j, y_{t+1}^{1:m_{t+1}} \mid X_t = i) \\
&= \sum_{j=1}^{n_{t+1}} P(y_{t+2}^{1:m_{t+2}}, \cdots, y_T^{1:m_T} \mid X_{t+1} = j) \cdot \\
&\quad \prod_{v=1}^{m_{t+1}} P(y_{t+1}^v \mid \mathrm{Pa}(Y_{t+1}^v)) P(X_{t+1} = j \mid X_t = i) \\
&= \sum_{j=1}^{n_{t+1}} \beta_{t+1}(j) \prod_{v=1}^{m_{t+1}} P(y_{t+1}^v \mid \mathrm{Pa}(Y_{t+1}^v)) a_t^{ij}
\end{aligned} \tag{5.11}
$$

式中：$i = 1, 2, \cdots, n_t$ ；$t = 1, 2, \cdots, T$ ；$\mathrm{Pa}(Y_{t+1}^v)$ 为第 $t+1$ 个时间片的观测变量 Y_{t+1}^v 的父节点集合。

综合上面的前向算法和后向算法，就能得到变结构离散动态贝叶斯网络的递推推理算法，即

$$
\begin{aligned}
\gamma_t(i) &= P(X_t = i \mid y_1^{1:m_1}, y_2^{1:m_2}, \cdots, y_T^{1:m_T}) \\
&= P(X_t = i \mid y_1^{1:m_1}, y_2^{1:m_2}, \cdots, y_t^{1:m_t}, y_{t+1}^{1:m_{t+1}}, \cdots, y_T^{1:m_T}) \\
&= \eta P(X_t = i \mid y_1^{1:m_1}, y_2^{1:m_2}, \cdots, y_t^{1:m_t}) \cdot \\
&\quad P(y_{t+1}^{1:m_{t+1}}, y_{t+2}^{1:m_{t+2}}, \cdots, y_T^{1:m_T} \mid X_t = i, y_1^{1:m_1}, \cdots, y_t^{1:m_t}) \\
&= \eta P(X_t = i \mid y_1^{1:m_1}, y_2^{1:m_2}, \cdots, y_t^{1:m_t}) P(y_{t+1}^{1:m_{t+1}}, \cdots, y_T^{1:m_T} \mid X_t = i) \\
&= \eta \alpha_t(i) \beta_t(i)
\end{aligned} \tag{5.12}
$$

式中：$i = 1, 2, \cdots, n_t$ ；$t = 1, 2, \cdots, T$ ；η 为归一化因子。

根据变结构离散动态贝叶斯网络的前向迭代公式计算出 $\alpha_1, \alpha_2, \cdots, \alpha_T$ 和后向迭代公式计算出 $\beta_1, \beta_2, \cdots, \beta_T$ 后，就可以根据变结构离散动态贝叶斯网络的推理算法计算出 $\gamma_1, \gamma_2, \cdots, \gamma_T$ 。

如果观测到的证据是不确定性证据，则必须对上述的前向、后向算子及推导结果进行修正。

重新定义前向算子为 $\alpha_t(i) = P(X_t = i \mid y_1^{1:m_1o}, y_2^{1:m_2o}, \cdots, y_T^{1:m_To})$ ，$i = 1, 2, \cdots, n_t$ ，$t = 1, 2, \cdots, T$ 。

依据概率加权，式（5.8）被修正为

103

$$\alpha_1(i) = P(X_t = i \mid y_1^{1:m_1o}) = \frac{P(X_t = i) \displaystyle\sum_{y_1^{1k}, y_1^{2k}, \cdots, y_1^{m_1k}} \prod_{v=1}^{m_1} \left[P(Y_1^v = y_1^{vk} \mid \mathrm{Pa}(Y_1^v)) P(Y_1^v = y_1^{vk}) \right]}{\displaystyle\sum_{i=1}^{n_1} P(X_t = i) \sum_{y_1^{1k}, y_1^{2k}, \cdots, y_1^{m_1k}} \prod_{v=1}^{m_1} \left[P(Y_1^v = y_1^{vk} \mid \mathrm{Pa}(Y_1^v)) P(Y_1^v = y_1^{vk}) \right]}$$

$$= \eta P(X_t = i) \sum_{y_1^{1k}, y_1^{2k}, \cdots, y_1^{m_1k}} \prod_{k=1}^{m_1} \left[P(Y_1^v = y_1^{vp} \mid \mathrm{Pa}(Y_1^v)) P(Y_1^v = y_1^{vk}) \right]$$

$$= \eta \pi(i) \sum_{y_1^{1k}, y_1^{2k}, \cdots, y_1^{m_1k}} \prod_{v=1}^{m_1} \left[P(Y_1^v = y_1^{vk} \mid \mathrm{Pa}(Y_1^v)) P(Y_1^v = y_1^{vk}) \right]$$

(5.13)

式中：y_1^{vo} 为第一个时间片上的第 v 个观测节点 Y_1^v 所处的状态；$i = 1, 2, \cdots, n_1$；η 为归一化因子。

依据概率加权，式（5.9）被修正为

$$\alpha_t(j) = P(X_t = j \mid y_1^{1:m_1o}, y_2^{1:m_2o}, \cdots, y_t^{1:m_to})$$

$$= \eta \sum_{i=1}^{n_{t-1}} a_{t-1}^{ij} P(X_{t-1} = i \mid y_1^{1:m_1o}, y_2^{1:m_2o}, \cdots, y_{t-1}^{1:m_{t-1}o}) \cdot$$

$$\sum_{y_t^{1k}, y_t^{2k}, \cdots, y_t^{m_tk}} \prod_{v=1}^{m_t} \left[P(Y_t^v = y_t^{vk} \mid \mathrm{Pa}(Y_t^v)) P(Y_t^v = y_t^{vk}) \right]$$

(5.14)

$$= \eta \sum_{y_t^{1k}, y_t^{2k}, \cdots, y_t^{m_tk}} \prod_{v=1}^{m_t} \left[P(Y_t^v = y_t^{vk} \mid \mathrm{Pa}(Y_t^v)) P(Y_t^v = y_t^{vk}) \right] \sum_{i=1}^{n_{t-1}} a_{t-1}^{ij} \alpha_{t-1}(i)$$

式中：$j = 1, 2, \cdots, n_t$；$t = 1, 2, \cdots, T$。

对变结构离散动态贝叶斯网络的后向算子重新定义为 $\beta_t(i) = P(y_{t+1}^{1:m_{t+1}o}, y_{t+2}^{1:m_{t+2}o}, \cdots, y_T^{1:m_To} \mid X_t = i)$。

依据概率加权，式（5.11）被修正为

$$\beta_t(i) = P(y_{t+1}^{1:m_{t+1}o}, y_{t+2}^{1:m_{t+2}o}, \cdots, y_T^{1:m_To} \mid X_t = i)$$

$$= \sum_{j=1}^{n_{t+1}} P(y_{t+2}^{1:m_{t+2}o}, \cdots, y_T^{1:m_To}, X_{t+1} = j, y_{t+1}^{1:m_{t+1}o} \mid X_t = i)$$

$$= \sum_{j=1}^{n_{t+1}} P(y_{t+2}^{1:m_{t+2}o}, \cdots, y_T^{1:m_To} \mid X_{t+1} = j) P(X_{t+1} = j \mid X_t = i) \cdot$$

(5.15)

$$\sum_{y_{t+1}^{1k}, y_{t+1}^{2k}, \cdots, y_{t+1}^{m_{t+1}k}} \prod_{v=1}^{m_{t+1}} \left[P(Y_{t+1}^v = y_{t+1}^{vk} \mid \mathrm{Pa}(Y_{t+1}^v)) P(Y_{t+1}^v = y_{t+1}^{vk}) \right]$$

$$= \sum_{j=1}^{n_{t+1}} \beta_{t+1}(j) a_t^{ij} \sum_{y_{t+1}^{1k}, y_{t+1}^{2k}, \cdots, y_{t+1}^{m_{t+1}k}} \prod_{v=1}^{m_{t+1}} \left[P(Y_{t+1}^v = y_{t+1}^{vk} \mid \mathrm{Pa}(Y_{t+1}^v)) P(Y_{t+1}^v = y_{t+1}^{vk}) \right]$$

式中：$i = 1, 2, \cdots, n_t$；$t = 1, 2, \cdots, T$。

综合式（5.14）和式（5.15），可得

$$
\begin{aligned}
\gamma_t(i) &= P(X_t = i \mid y_1^{1:m_1 o}, y_2^{1:m_2 o}, \cdots, y_T^{1:m_T o}) \\
&= P(X_t = i \mid y_1^{1:m_1 o}, y_2^{1:m_2 o}, \cdots, y_t^{1:m_t o}, y_{t+1}^{1:m_{t+1} o}, y_{t+2}^{1:m_{t+2} o}, \cdots, y_T^{1:m_T o}) \\
&= \eta P(X_t = i \mid y_1^{1:m_1 o}, y_2^{1:m_2 o}, \cdots, y_t^{1:m_t o}) P(y_{t+1}^{1:m_{t+1} o}, y_{t+2}^{1:m_{t+2} o}, \cdots, \\
&\quad\ y_T^{1:m_T o} \mid X_t = i, y_1^{1:m_1 o}, y_2^{1:m_2 o}, \cdots, y_t^{1:m_t o}) \\
&= \eta P(X_t = i \mid y_1^{1:m_1 o}, y_2^{1:m_2 o}, \cdots, y_t^{1:m_t o}) \cdot \\
&\quad\ P(y_{t+1}^{1:m_{t+1} o}, y_{t+2}^{1:m_{t+2} o}, \cdots, y_T^{1:m_T o} \mid X_t = i) \\
&= \eta \alpha_t(i) \beta_t(i)
\end{aligned}
\tag{5.16}
$$

式中：$i = 1, 2, \cdots, n_t$；$t = 1, 2, \cdots, T$；η 为归一化因子。

5.5.3 复杂度分析

假设具有 T 个时间片的离散动态贝叶斯网络，在每个时间片上只有一个隐藏节点，观测节点数不超过 m 个，且节点变量的状态数最大不超过 N 个。计算单个时间片的每个状态的前向因子复杂度不超过 $O(mN^m)$。对 T 个时间片的所有状态计算前向因子的复杂度不超过 $O(mN^{m+1}T)$。后向因子的计算与前向因子类似，复杂度不超过 $O(mN^{m+1}T)$。从而变结构 DDBN 的递推推理算法的复杂度不超过 $O(mN^{m+1}T)$。

5.6 基于时间窗的变结构离散动态贝叶斯网络递推推理算法

5.6.1 算法的基本思想

变结构动态贝叶斯网络与传统的动态贝叶斯网络的信息传播规律是相同的，即节点之间是相互影响的，任何节点观测值的获得或对任何节点观测值的干涉都会对其他节点造成影响，而且节点之间的影响也具有这样的特点：距离某一个时间片越近的证据信息，对该时间片的推理结果产生的影响越大；反之，影响越小。根据变结构动态贝叶斯网络的这种信息传播特点，以及借鉴第 4 章建立的时间窗和时间窗宽度的概念，本节将给出一种适用于变结构 DDBN 的在线近似推理算法。

以图 5.4 来说明基于时间窗的变结构 DDBN 递推推理算法的基本原理。时间窗的区域用 B 表示，并设定时间窗宽度为 l，从时间窗输出的时间片放在 A 区域。变结构 DDBN 的白色节点表示隐藏节点，灰色节点表示观测节点。为了便于阐述该算法的在线推理过程，人为地把整个在线推理过程分为两个阶段：在第一阶段的推理过程中，获得的时间片数如果不大于时间窗宽度，从时间窗输出的是精确推理结果，而不是近似推理结果。在获得下一个时刻的证据信息后，向时间窗 B

输入一个时间片，把它按时序耦合到时间窗内的变结构 DDBN 上，再根据变结构 DDBN 前向算法的递推公式计算新增加时间片的前向递推结果，根据变结构 DDBN 后向算法的递推公式计算出时间窗内每个时间片的后向递推结果，综合变结构 DDBN 的前向算法的递推结果和变结构 DDBN 的后向算法的递推结果，得到的是变结构 DDBN 的精确推理结果，以此更新时间窗的原来推理结果。如果时间窗内的时间片数仍小于时间窗宽度，在获得下一个时间片的证据信息后，则重复这一过程。当获得的时间片数等于时间窗宽度时，并且对时间窗内的推理结果更新完毕，那么就进入第二阶段的推理过程。每当获得一个新的时间片后，则从时间窗 B 区域输出进入时间窗最早的时间片，且该时间片上的推理结果就作为近似推理结果从时间窗输出，并且对该时间片的推理结果不再进行更新。如果得到下一组证据信息后，则重复第二阶段的推理过程，最后一次对时间窗内的推理结果的更新，不是作为近似结果输出，而是作为精确结果输出，因此，基于时间窗的变结构 DDBN 的推理结果是由近似推理结果和精确推理结果组成。

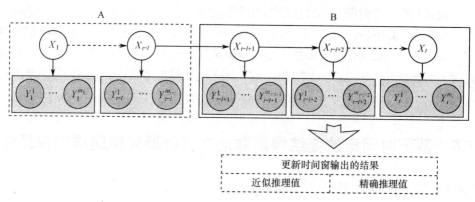

图 5.4 基于时间窗的变结构 DDBN 递推推理算法推理过程示意图

5.6.2 算法描述

以图 5.4 所示的变结构离散动态贝叶斯网络模型为基础,推导基于时间窗的变结构 DDBN 递推推理算法。设时间窗宽度为 l，在窗内，它的第 t 个时间片有一个隐藏节点和 m_t 个观测节点，隐藏节点用 X_t 表示，有 n_t 个状态，即 $\{1,2,\cdots,n_t\}$；用 $Y_t^v (v=1,2,\cdots,m_t)$ 表示第 t 个时间片上的第 v 个观测节点，它仅与本时间片的其他变量有依赖关系，把该时间片上的观测数据记为 $y_t^{1:m_t o} = \left\{ y_t^{1o}, y_t^{2o}, \cdots, y_t^{m_t o} \right\}$。用 $a_t^{ij} = P(X_{t+1}=j \mid X_t=i)$ 表示从 X_t 的第 i 个状态到 X_{t+1} 的第 j 个状态的转移概率。

在时间窗内，变结构 DDBN 的前向递推过程可按式（5.13）和式（5.14）递归计算，而后向递推过程可按如下两个步骤迭代计算：

（1）初始化。

$$\beta_T^l(i) = 1 \qquad\qquad （5.17）$$

106

式中：$i=1,2,\cdots,n_T$。这里的 T 并不是一个恒定的值，而是一个变量，每获得一个新的时间片，就令 $T=T+1$。

（2）迭代计算。

$$
\begin{aligned}
\beta_t^l(i) &= P(y_{t+1}^{1:m_{t+1}o}, y_{t+2}^{1:m_{t+2}o}, \cdots, y_T^{1:m_To} \mid X_t = i) \\
&= \sum_{j=1}^{n_{t+1}} P(y_{t+2}^{1:m_{t+2}o}, \cdots, y_T^{1:m_To}, X_{t+1} = j, y_{t+1}^{1:m_{t+1}o} \mid X_t = i) \\
&= \sum_{j=1}^{n_{t+1}} P(y_{t+2}^{1:m_{t+2}o}, \cdots, y_T^{1:m_To} \mid X_{t+1} = j)P(X_{t+1} = j \mid X_t = i) \cdot \\
&\qquad \sum_{y_{t+1}^{1k}, y_{t+1}^{2k}, \cdots, y_{t+1}^{m_tk}} \prod_{v=1}^{m_{t+1}} \left[P(Y_{t+1}^v = y_{t+1}^{vk} \mid \mathrm{Pa}(Y_{t+1}^v))P(Y_{t+1}^v = y_{t+1}^{vk}) \right] \\
&= \sum_{j=1}^{n_{t+1}} \beta_{t+1}^l(j)a_t^{ij} \sum_{y_{t+1}^{1k}, y_{t+1}^{2k}, \cdots, y_{t+1}^{m_{t+1}k}} \prod_{v=1}^{m_{t+1}} \left[P(Y_{t+1}^v = y_{t+1}^{vk} \mid \mathrm{Pa}(Y_{t+1}^v))P(Y_{t+1}^v = y_{t+1}^{vk}) \right]
\end{aligned}
\tag{5.18}
$$

式中：$i=1,2,\cdots,n_t$。

根据式（5.17）和式（5.18）可计算出时间窗内变结构 DDBN 的所有后向递推结果。

综合式（5.14）和式（5.18）就得到基于时间窗的变结构 DDBN 递推推理算法：

$$
\begin{aligned}
\gamma_t^l(i) &= P(X_t = i \mid y_1^{1:m_1o}, y_2^{1:m_2o}, \cdots, y_T^{1:m_To}) \\
&= P(X_t = i \mid y_1^{1:m_1o}, y_2^{1:m_2o}, \cdots, y_t^{1:m_to}, \cdots, y_T^{1:m_To}) \\
&= \eta\, P(X_t = i \mid y_1^{1:m_1o}, y_2^{1:m_2o}, \cdots, y_t^{1:m_to})P(y_{t+1}^{1:m_{t+1}o}, \cdots, y_T^{1:m_To} \mid X_t = i) \\
&= \eta\, \alpha_t(i)\beta_t^l(i)
\end{aligned}
\tag{5.19}
$$

式中：η 为归一化因子；$i=1,2,\cdots,n_t$。

每获得一个新的时间片，先依据式（5.14）向前递推一步，再依据式（5.17）和式（5.18）对时间窗内的变结构 DDBN 的后向算子重新递推一遍。然后根据式（5.19）计算出时间窗内所有时间片的后验概率，用此结果更新时间窗的上一次的推理结果。

基于时间窗的变结构 DDBN 递推推理算法的实现步骤：

步骤 1：初始化网络，设定时间窗宽度为 l 和时间片总数为 T_0。

步骤 2：向时间窗输入第 T 个时间片，利用前向算法的递归公式计算 α_T，利用后向算法的递归公式计算 $\beta_T^l, \beta_{T-1}^l, \cdots, \beta_1^l$，然后计算 $\gamma_1^l, \gamma_2^l, \cdots, \gamma_T^l$，对时间窗推理结果进行更新。

步骤 3：在获得下一个时间片后，令 $T=T+1$，如果 $T \leqslant l$，则转入步骤 2，否则转入步骤 4。

步骤 4：从时间窗中输出最早进入窗内的时间片，并按时序把输入时间窗的时

107

间片耦合到变结构 DDBN 上。

步骤 5：利用前向算法计算 α_T，利用后向算法计算 $\beta_T^l, \beta_{T+1}^l, \cdots, \beta_{T+1-l}^l$，然后计算 $\gamma_{T+1-l}^l, \gamma_{T+2-l}^l, \cdots, \gamma_T^l$，对时间窗的推理结果进行在线更新。若 $T < T_0$，则转入步骤 3，否则结束。

5.6.3 复杂度分析

假定变结构 DDBN 的每个时间片有一个隐藏节点，最多有 m 个观测节点，节点的最大状态数为 N，时间窗宽度为 l。根据式（5.14）计算每个状态前向因子的复杂度为 $O(mN^m)$。因此，一步前向递推过程的计算复杂度为 $O(mN^{m+1})$。后向递推过程的情况与前向过程相同，只不过需要递推 l 步，因此，后向递推过程的复杂度为 $O(mN^{m+1}l)$。从而，基于时间窗的变结构 DDBN 递推推理算法更新一次的复杂度为 $O(mN^{m+1}l)$，算法的计算量与时间窗宽度近似呈线性关系。

5.7 数据缺失动态贝叶斯网络模型

在实际的应用中，对于传统的动态贝叶斯网络，观测数据由于各种原因会出现数据缺失现象，例如在某些时间片上的证据信息观测不到、剔除了观测数据中的奇异值、数据发生了随机缺失等。在这种情况下，仅利用现有数据仍能进行推理，因为贝叶斯网络反映的是整个数据域中数据间的概率关系，缺失数据的观测节点对推理结果将不产生任何影响。在推理时，仅利用获得证据信息的那些观测节点，因而网络的结构就会发生改变，如图 5.5 所示。这种变结构动态贝叶斯网络是变结构动态贝叶斯网络的一个特例，下面我们将详述这种变结构动态贝叶斯网络的模型及其特点。

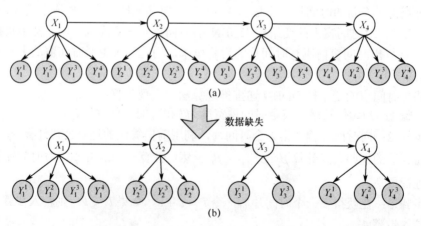

图 5.5 数据缺失离散动态贝叶斯网络模型

定义 5.2 对于一个动态贝叶斯网络，如果它在某些时间片上因某些观测变量的证据信息缺失造成网络结构发生变化，且该网络仍具有如下特征：

（1）相邻时间片变量之间的依赖关系保持不变；

（2）对于各个时间片上存在的变量状态和变量间的依赖关系保持稳定；

（3）网络的传感器模型和转移模型的条件概率保持不变。

则把具有以上特点的变结构动态贝叶斯网络称为数据缺失动态贝叶斯网络。

对于数据缺失动态贝叶斯网络数据来说，数据缺失的节点仅仅是未能获取到对应属性的观测证据，而非对应属性的消失。数据缺失动态贝叶斯网络描述的是环境状态的变化是由一个稳态过程引起的，而不是由非稳态过程引起的，而稳态过程意味着变化的过程是由本身不随时间变化的规律支配的，那么网络的参数就不会随时间的变化而变化。从这个角度上说，这种变结构动态贝叶斯网络并不是真正意义上的变结构，仅仅是具有变结构的形式，而真正意义上的变结构反映的是非稳态过程，所以数据缺失动态贝叶斯网络的参数不会因为网络的数据缺失而发生变化。由于数据缺失动态贝叶斯网络在形式上具有变结构动态贝叶斯网络的特点，所以这里把这类动态贝叶斯网络归为变结构动态贝叶斯网络，其推理可用本章 5.3～5.6 节介绍的推理算法。由于观测数据发生了缺失，推理结果的不确定性会增大，因此需要对缺失数据进行修补。

如果离散动态贝叶斯网络的数据缺失是由随机缺失造成的，那么可通过数据修补方法将其转换为传统的离散动态贝叶斯网络，相关方法将在第 6 中章进行详述。

5.8 变结构离散动态贝叶斯网络参数的自适应产生算法

为了让读者对变结构动态贝叶斯网络有一个比较全面的认识，本节将介绍一种变结构 DDBN 参数的自适应产生算法。

变结构离散动态贝叶斯网络每一个时间片的观测变量和隐藏变量个数可能不同，而且不同时间片的变量之间的条件概率也可能不同。当结构发生变化时，条件概率表必然发生变化，而在真正的工程实践中，不可能有人来干预输入新的条件概率表，因此必须研究一种自动的条件概率表产生机制，使得模型变化时，能按照某种规则自动产生条件概率表。

按照贝叶斯网络的理论，条件概率表反映的是已知父节点的状态时子节点的概率分布。假定存在一个节点 D，有 n 个状态 $(d_1, d_2, \cdots, d_n)$，其子节点设为 C，且有 m 个状态，则条件概率表就是要确定 $P(c_j | d_i)$，$i = 1, 2, \cdots, n$，$j = 1, 2, \cdots, m$。例如，对飞行器的飞行路径进行决策，假定有 n 个路径，每个路径都要考察其路径长度和威胁等级，这样决策节点有 n 个状态，该节点有 $2n$ 个子节点，分别反映 n 条路径的长度和威胁。假定 $n = 9$，把每条路径的通过时间从小到大分 9 个级别，每条路径的威胁分成两个级别，则用贝叶斯网络对这一决策问题进行建模，就构

成了如图 5.6 所示的结构。

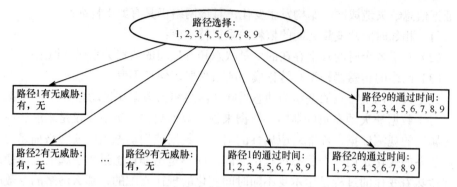

图 5.6　一个决策飞行路径的离散动态贝叶斯网络

在图 5.6 模型中,"路径选择"节点(根节点)的状态 1,就与"路径 1 有无威胁"节点和"路径 1 通过时间"节点直接相关;反过来,"路径选择"节点的状态 2,就与"路径 1 有无威胁"节点和"路径 1 通过时间"节点不直接相关。所以对于决策节点(根节点)的各个状态,总是在其子节点集合中,找出相关节点和不相关节点。

已知决策节点的某一个状态,确定其相关节点的分布,我们可以发现其相关节点总有一个状态是该状态最偏好的,也总有一个状态是其最不偏好的。如果该相关节点的状态按顺序排列,则最偏好状态和最不偏好状态必然分布在最前或最后,例如,选择路径 1,路径 1 没有威胁,路径 1 处于最近("路径 1 的通过时间"是状态 1)是其最偏好的,而"路径 1 的通过时间"处于状态 9 是其最不偏好的。假定"路径选择"节点为 P,其有 9 个状态 $(p_1, p_2, \cdots, p_9)$,"路径 1 通过时间"节点为 T_1,共有有 9 个状态,条件概率表就是确定 $P(T_{1j} \mid p_i)$, $i = 1, 2, \cdots, 9$, $j = 1, 2, \cdots, 9$。

首先确定 T_1 在 $i = 1$ 时的条件概率表,即 $P(T_{1j} \mid p_1)$, $j = 1, 2, \cdots, 9$,此时根节点的状态 p_1 与子节点 T_1 相关,而且 T_1 的状态是从小到大排列。因此必然有 $P(T_{11} \mid p_1) > P(T_{12} \mid p_1) > \cdots > P(T_{19} \mid p_1)$,此时按照该观测节点的重要性,可以采用负 1 次、负 2 次或者负高次幂的形式构成条件概率表,即

$$P(T_{1j} \mid p_1) = \frac{\dfrac{1}{j}}{\sum\limits_{j=1}^{9} \dfrac{1}{j}}$$

或者

$$P(T_{1j} \mid p_1) = \frac{\dfrac{1}{j^2}}{\sum\limits_{j=1}^{9} \dfrac{1}{j^2}}$$

110

如果我们用 W_1 表示"路径 1 有无威胁"节点，该节点是 p_1 的相关节点，W_{11} 为路径 1 有威胁，是其最不偏好状态，有 $P(w_{11}|p_1) < P(w_{12}|p_1)$，所以我们可以用正高次幂来形成条件概率表。例如

$$P(w_{1j}|p_1) = \frac{j^4}{\sum\limits_{j=1}^{9} j^4}$$

而对于决策节点的状态 p_1，w_j 和 T_j $(j=2,3,\cdots,9)$ 都是与其不相关的节点，但是也存在一定的偏好，因为如果选择路径 1，而此时路径 2 最近，威胁又最小的概率都应该是小的，否则就不可能选择路径 1。因此应该有 $P(T_{21}|p_1) < P(T_{22}|p_1) < \cdots < P(T_{29}|p_1)$，$P(w_{21}|p_1) > P(w_{22}|p_1)$。一般采用一次幂的形式构成条件概率，即

$$P(T_{kj}|p_1) = \frac{j}{\sum\limits_{j=1}^{9} j}$$

$$P(w_{kj}|p_1) = \frac{\frac{1}{j}}{\sum\limits_{j=1}^{2} \frac{1}{j}}$$

其他状态和节点都如此处理，就可以自动生成符合要求的条件概率表。由此可以得出如下的条件概率的自适应产生算法：

（1）建立延伸至当前时间片的网络结构模型，确定变量之间的依赖关系；

（2）针对某个父节点，将其子节点变量的状态按照降序或者升序排列；

（3）找出父节点各状态的相关子节点和不相关子节点；

（4）找出父节点状态与相关子节点状态之间的最偏好和最不偏好关系，形成概率升序或者降序规律；

（5）按照该观测节点的重要性，采用正/负高次幂的方法构成条件概率；

（6）找出父节点状态与不相关子节点的状态之间的最偏好和最不偏好关系，形成概率升序或者降序规律；

（7）按照该观测节点的重要性，采用正或者负高次幂的方法构成条件概率。

在给定参数后，就可以按照 5.3～5.6 节给出的算法进行推理。

5.9　基于模块化离散动态贝叶斯网络的空中飞机编队识别

前面给出了变结构贝叶斯网络的基本理论，本节将研究其在空中飞机编队识别中的应用。

5.9.1 空中飞机编队的分类识别问题

在未来高技术空战条件下，战斗机通常都不是单独执行作战任务的，而是与其他种类飞机（轰炸机、电子战飞机、预警机）组成混合编队来完成特定的作战任务。从飞机编队的基本作战功能上划分，飞机编队可分为战斗机编队、轰炸机编队、电子战飞机编队和预警机编队。当然更复杂的飞机编队应当是其中某几种飞机编队的组合。在我们讨论的飞机编队类型中，只讨论基本的飞机编队类型。表 5.1 给出了飞机编队与飞机类型关系表，其中"1"表示飞机编队包括该行所在的飞机类型，"0"表示飞机编队不包括该行所在的飞机类型。从表 5.1 可以看出，战斗机编队是由若干架战斗机组成；轰炸机编队是由轰炸机和战斗机 2 个机种组成；电子战飞机编队是由电子战飞机和战斗机 2 个机种组成；预警机编队是由预警机和战斗机 2 个机种组成。

为方便起见，我们假定每个时刻只能观测到飞机编队中的某一架飞机的特征信息。我们要判断飞机编队属于哪种类型，并不是直接得到的，而是通过贝叶斯网络识别出飞机编队的元素组成，进而间接判定出飞机编队的类型。

表 5.1 飞机编队与飞机类型的关系表

飞机类型（X）＼飞机编队	战斗机编队	轰炸机编队	电子战飞机编队	预警机编队
战斗机（F）	1	1	1	1
轰炸机（B）	0	1	0	0
电子战飞机（E）	0	0	1	0
预警机（W）	0	0	0	1

为介绍飞机目标的分类识别，需要对分类的基本概念予以说明。分类器可以看做一个函数 $f(x)$，输入待分类的样本 x，输出为类标签 $C_i \in C (i=1,2,\cdots,n)$。为了对目标进行准确分类，首先需要确定对分类贡献最大的一组目标属性 $A_1, A_2, \cdots, A_m$，而目标所有可能的目标类别状态 $C_1, C_2, \cdots, C_n$ 以类别变量 C 表示。样本由一组目标属性的取值 $a_1, a_2, \cdots, a_m$ 组成，分类器利用这些样本信息推理计算目标属于各种可能类型的概率值，并将目标判为最大概率值对应的类别作为输出结果。

在对空中目标识别的过程中，某一些信息的关联性往往很强，具体表现在：①这些信息可能同时被接受或同时丢失；②这些信息中的一种信息单独使用对目标识别的作用不大，必须组合才更有效，同时也是为了适应复杂的推理环境的变化。在本节中，先将这些关联性很强的信息送入底层的子网进行信息融合，而这个子网采用的是朴素贝叶斯分类器（子网看做是一个模块），之后再把各个子网络的融合结果进行进一步融合，得到目标类型各个状态的后验概率，并将其中最大后验概率对应的状态作为识别出的目标类型。这样识别空中目标的贝叶斯网路可以看做是由多个子网搭建起来的，子网可以根据当前信息收集的情况选择加载于上层的目标识别网络，上层目标识别网络根据下层网络的推理结果进行二次推理以实现目标识别。

5.9.2　空中目标识别子网模型的引入

空中目标识别子网的结构是朴素贝叶斯分类器，如图 5.7 所示。朴素贝叶斯分类器是一种简单、有效且实际使用中很成功的分类器，其分类准确率可以与神经网络、决策树等分类器相比，在某些场合优于这些分类器，并且在噪声环境中具有良好的鲁棒性。

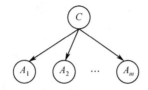

图 5.7　朴素贝叶斯分类器结构

朴素分类器由一一对应于各属性变量和类变量的节点、表示节点间依赖关系的有向弧以及与每个节点相关联的条件概率表等 3 部分组成。给定变量集 $U = \{A_1, A_2, \cdots, A_m, C\}$，式中 $A_1, A_2, \cdots, A_m$ 为属性变量，C 为类变量。

当给定未知类别的观测样本 $I = (a_1, a_2, \cdots, a_m)$ 时，朴素贝叶斯分类器根据贝叶斯公式计算类变量所有可能状态 $C_i \in C(i = 1, 2, \cdots, n)$ 的后验概率值 $P(C_i | a_1, a_2, \cdots, a_m)$，即

$$P(C_i | I) = P(C_i | a_1, a_2, \cdots, a_m) = \frac{P(a_1, a_2, \cdots, a_m | C_i)P(C_i)}{\sum_k P(a_1, a_2, \cdots, a_m | C_k)P(C_k)} \tag{5.20}$$

朴素贝叶斯分类器假设在给定类变量时各属性相互独立，则 $P(a_1, a_2, \cdots, a_m | C_k)$ 可通过下式计算，即

$$P(a_1, a_2, \cdots, a_m | C_k) = \eta P(C_k) \prod_{j=1}^{m} P(a_j | C_k) \tag{5.21}$$

式中：η 为归一化因子。

图 5.8 是识别空中目标的分层静态贝叶斯网络，其中目标类型识别网络 X 为顶层贝叶斯网络；底层 $Z^1, Z^2, Z^3, Y^9, Y^{10}$ 网络为可选择加载的子网络，它们分别代表不同性质的信息。一般来说，机载传感器包括火控雷达、电子对抗设备、光电雷达和数据链等。其中，目标运动信息可由火控雷达或数据链给出；目标雷达回波特征由火控雷达提供；目标外形信息和红外特征信息可由光电传感器得到；目标雷达射频信息可由机载电子对抗设备提供。这些信息一般来说并不是随时都有的，但是每个

子网的数据一般都是可以同时得到的，因此不同时刻得到的贝叶斯网络可能由不同的子网组成。对于图 5.8 的网络，推理可按照两个阶段进行：在第一个阶段，利用式（5.20）和式（5.21）先对底层的各个子网进行推理，就得到各个子网的推理结果；在第二个阶段，根据式（5.20）和式（5.21）利用各个子网的推理结果推理得到目标各个状态的概率，取最大后验概率所对应的状态就作为该网络识别的结果。

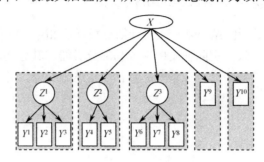

图 5.8　目标类型识别网络

对于图 5.8 的各个节点，表 5.2 给出了它的各个节点状态的设定。

表 5.2　识别空中目标的分层贝叶斯网络的节点状态设定

目标类型（X）	机动性（Z^1）	速度机动性（Y^1）	高度机动性（Y^2）	方向机动性（Y^3）
战斗机（F）				
轰炸机（B）	机动性差（z^{11}）	差（y^{11}）	差（y^{21}）	差（y^{31}）
电子战飞机（E）	机动性好（z^{12}）	好（y^{12}）	好（y^{22}）	好（y^{32}）
预警机（W）				
目标外形信息（Z^2）	发动机数量（Y^4）	垂尾数量（Y^5）	目标雷达射频信息（Z^3）	目标雷达工作波段（Y^6）
小型飞机（z^{21}）	1 个（y^{41}）	0 个（y^{51}）	火控雷达（z^{31}）	UHF 波段（y^{61}）
大型飞机（z^{22}）	2 个（y^{42}）	1 个（y^{52}）	预警雷达（z^{32}）	S 波段（y^{62}）
	大于 2 个（y^{43}）	2 个（y^{53}）		X 波段（y^{63}）
目标雷达工作模式（Y^7）	目标雷达工作距离（Y^8）	目标红外辐射特征（Y^9）		目标雷达回波特征（Y^{10}）
扫描（y^{71}）	近（y^{81}）	小型飞机辐射特征（y^{91}）		小型飞机回波特征（y^{101}）
跟踪（y^{72}）	远（y^{82}）	大型飞机辐射特征（y^{92}）		大型飞机回波特征（y^{102}）

5.9.3　识别飞机编队的变结构离散动态贝叶斯网络结构模型

动态贝叶斯网络具有处理时序数据的能力，能够充分利用累加信息，并具有良好的滤波功能，同时利用动态贝叶斯网络进行目标识别，可以滤除传感器的误差，保持识别过程的鲁棒性。因此，在上面构造的分层贝叶斯网络的基础上，可以构建用于识别空中飞机编队的动态网络。方法是把贝叶斯网络按照时间轴方向展开，把新得到的时间片耦合到现有的动态贝叶斯网络上。由于在某些时间片上的部分证据信息观测不到，因此展开得到的是变结构离散动态贝叶斯网络，如图5.9所示。

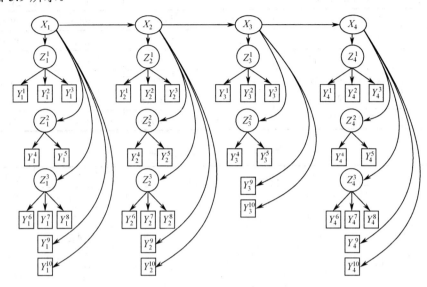

图5.9　识别空中目标的变结构离散动态贝叶斯网络

5.9.4　模型参数的设定

对于上一节构建的变结构离散动态贝叶斯网络，状态转移概率和条件概率是基于空战专家、武器装备专家知识和长期收集到得情报建立起来的，目标类型的4种状态在识别的过程中没有发生变化，状态转移概率如表5.3所列，条件概率如表5.4所列，子网的条件概率如表5.5所列。由于这个识别过程是一个稳态过程，它是由本身不随时间变化的规律支配的，因此状态转移概率和条件概率在识别的过程不发生变化。

表5.3　状态转移概率

X	$P（F|X)$	$P（B|X)$	$P（E|X)$	$P（W|X)$
F	0.6	0.12	0.16	0.12
B	0.12	0.6	0.13	0.15
E	0.13	0.12	0.6	0.15
W	0.1	0.15	0.15	0.6

表5.4　目标识别网络的条件概率

节点	节点的状态	F	B	E	W
Z^1	机动性差（z^{11}）	$z^{11}/F/0.3$	$z^{11}/B/0.7$	$z^{11}/E/0.5$	$z^{11}/W/0.7$
	机动性好（z^{12}）	$z^{12}/F/0.7$	$z^{12}/B/0.3$	$z^{12}/E/0.5$	$z^{12}/W/0.3$
Z^2	小型飞机（z^{21}）	$z^{21}/F/0.95$	$z^{21}/B/0.05$	$z^{21}/E/0.5$	$z^{21}/W/0.2$
	大型飞机（z^{22}）	$z^{22}/F/0.05$	$z^{22}/B/0.95$	$z^{22}/E/0.5$	$z^{22}/W/0.8$

节点	节点的状态	F	B	E	W
z^3	火控雷达（z^{31}）	$z^{31}/F/0.95$	$z^{31}/B/0.85$	$z^{31}/E/0.5$	$z^{31}/W/0.05$
	预警雷达（z^{32}）	$z^{32}/F/0.05$	$z^{32}/B/0.15$	$z^{32}/E/0.5$	$z^{32}/W/0.95$
Y^9	小型飞机辐射特征（y^{91}）	$y^{91}/F/0.95$	$y^{91}/B/0.05$	$y^{91}/E/0.5$	$y^{91}/W/0.2$
	大型飞机辐射特征（y^{92}）	$y^{92}/F/0.05$	$y^{92}/B/0.95$	$y^{92}/E/0.5$	$y^{92}/W/0.8$
Y^{10}	小型飞机回波特征（y^{101}）	$y^{101}/F/0.95$	$y^{101}/B/0.05$	$y^{101}/E/0.5$	$y^{101}/W/0.2$
	大型飞机回波特征（y^{102}）	$y^{102}/F/0.05$	$y^{102}/B/0.95$	$y^{102}/E/0.5$	$y^{102}/W/0.8$

表 5.5　子网的条件概率

	节点	状态	机动性差	机动性好		节点	状态	小型飞机	大型飞机
目标运动信息	速度机动性	差	$y^{11}/z^{11}/0.7$	$y^{11}/z^{12}/0.3$	目标外形信息	发动机数量	1个	$y^{41}/z^{21}/0.5$	$y^{41}/z^{22}/0.0$
		好	$y^{12}/z^{11}/0.3$	$y^{12}/z^{12}/0.7$			2个	$y^{42}/z^{21}/0.5$	$y^{42}/z^{22}/0.0$
	高度机动性	差	$y^{21}/z^{11}/0.7$	$y^{21}/z^{12}/0.3$			大于2	$y^{43}/z^{21}/0.0$	$y^{43}/z^{22}/0.5$
		好	$y^{22}/z^{11}/0.3$	$y^{22}/z^{12}/0.7$		垂尾数量	0个	$y^{51}/z^{21}/0.0$	$y^{51}/z^{22}/0.1$
	方向机动性	差	$y^{31}/z^{11}/0.7$	$y^{31}/z^{12}/0.3$			1个	$y^{52}/z^{21}/0.7$	$y^{52}/z^{22}/0.9$
		好	$y^{32}/z^{11}/0.3$	$y^{32}/z^{12}/0.7$			2个	$y^{53}/z^{21}/0.3$	$y^{53}/z^{22}/0.0$

	节点	状态	火控雷达	预警雷达
目标雷达射频信息	目标雷达工作波段	UHF波段	$y^{61}/z^{31}/0.0$	$y^{61}/z^{32}/0.3$
		S波段	$y^{62}/z^{31}/0.0$	$y^{62}/z^{32}/0.7$
		X波段	$y^{63}/z^{31}/1.0$	$y^{63}/z^{32}/0.0$
	目标雷达工作模式	扫描	$y^{71}/z^{31}/0.6$	$y^{71}/z^{32}/0.7$
		跟踪	$y^{72}/z^{31}/0.4$	$y^{72}/z^{32}/0.3$
	目标雷达作用距离	近	$y^{81}/z^{31}/0.75$	$y^{81}/z^{32}/0.1$
		远	$y^{82}/z^{31}/0.25$	$Y^{82}/z^{32}/0.9$

5.9.5　仿真实验

在仿真实验中，假设在某空域中，无人机迎面发现一批目标。目标为 1 架战斗机和 2 架轰炸机（在前的轰炸机编号为 1 号，在后的轰炸机编号为 2 号）组成的轰炸机编队。在发现前，战斗机在轰炸机旁边 10km 处警戒，无人机发现了轰炸机编队的同时，轰炸机编队也发现了无人机，1 号轰炸机先转弯加速逃跑，2 号轰炸机紧跟 1 号轰炸机也加速逃跑，而护航的战斗机迎面飞来，进行拦截。这一过程共获得了 13 个时间片的观测数据，如表 5.6 所列。其中，第 1、2、3 时间片观测到的是 1 号轰炸机的特征信息；第 4、5、6 时间片观测到的是 2 号轰炸机的特征信息；后 7 个时间片观测到的是战斗机的特征信息。

这里基于武器专家方面的知识，给出目标类型的先验概率为 $P(X = F, B, E, W) = (0.3, 0.3, 0.25, 0.15)$。

表 5.6 观测数据

t	Y^1	Y^2	Y^3	Y^4	Y^5	Y^6	Y^7	Y^8	Y^9	Y^{10}
1	0.7, 0.3	0.7, 0.3	0.65, 0.35	0.0, 0.25, 0.75	0.2, 0.8, 0.0	0.0, 0.4, 0.6	0.6, 0.4	0.7, 0.3	0.0, 1.0	0.0, 1.0
2	0.75, 0.25	0.65, 0.35	0.6, 0.4	0.0, 0.2, 0.8	0.1, 0.9, 0.0	0.0, 0.3, 0.7	0.7, 0.3	0.65, 0.35	0.0, 1.0	0.0, 1.0
3	0.7, 0.3	0.7, 0.3	0.55, 0.45	0.0, 0.1, 0.9	0.0, 1.0, 0.0				0.0, 1.0	0.0, 1.0
4	0.7, 0.3	0.65, 0.35	0.6, 0.4	0.0, 0.0, 1.0	0.0, 1.0, 0.0	0.0, 0.4, 0.6	0.7, 0.3	0.65, 0.35	0.15, 0.85	0.15, 0.85
5	0.7, 0.3	0.6, 0.4	0.55, 0.45	0.0, 0.15, 0.85	0.1, 0.9, 0.0	0.0, 0.35, 0.65	0.65, 0.35	0.7, 0.3	0.0, 1.0	0.0, 1.0
6	0.75, 0.25	0.65, 0.35	0.6, 0.4	0.0, 0.1, 0.9	0.0, 1.0, 0.0				0.0, 1.0	0.0, 1.0
7	0.3, 0.7	0.4, 0.6	0.4, 0.6			0.0, 0.1, 0.9	0.5, 0.5	0.95, 0.05	0.8, 0.2	0.8, 0.2
8	0.2, 0.8	0.45, 0.55	0.45, 0.55			0.0, 0.1, 0.9	0.4, 0.6	0.9, 0.1	0.75, 0.25	0.8, 0.2
9	0.2, 0.8	0.5, 0.5	0.5, 0.5			0.0, 0.2, 0.8	0.6, 0.4	0.9, 0.1	0.75, 0.25	0.85, 0.15
10	0.3, 0.7	0.5, 0.5	0.5, 0.5			0.0, 0.3, 0.7	0.6, 0.4	0.85, 0.15	0.8, 0.2	0.8, 0.2
11	0.3, 0.7	0.4, 0.6	0.5, 0.5			0.0, 0.4, 0.6	0.6, 0.4	0.9, 0.1	0.8, 0.2	0.8, 0.2
12	0.2, 0.8	0.5, 0.5	0.5, 0.5	0.0, 0.9, 0.1	0.0, 0.2, 0.8				0.9, 0.1	0.9, 0.1
13	0.15, 0.85	0.5, 0.5	0.5, 0.5	0.0, 0.95, 0.05	0.0, 0.2, 0.8				0.9, 0.1	0.9, 0.1

在时间窗宽度为 2、3、4 时，采用变结构 DDBN 的递推推理算法，得到近似推理结果如表 5.7 所列的前 3 列数据，第 4 列为精确推理结果。表中每组数据依次为 F、B、E、W 的概率值。

表 5.7　基于时间窗的变结构 DDBN 的近似推理与精确推理结果

t	近似推理			精确推理
	时间窗宽度为 2 的推理结果: F, B, E, W (%)	时间窗宽度为 3 的推理结果: F, B, E, W (%)	时间窗宽度为 4 的推理结果: F, B, E, W (%)	精确推理结果: F, B, E, W (%)
1	0.012, 93.1, 2.63, 4.26	0.011, 94, 2.17, 3.83	0.011, 94.5, 2.03, 3.46	0.011, 94.7, 1.99, 3.33
2	0.003, 94.2, 1.23, 4.55	0.002, 95.9, 0.91, 3.18	0.002, 96.4, 0.83, 2.77	0.002, 96.5, 0.82, 2.72
3	0.001, 90.3, 1.16, 8.54	0.001, 92.8, 0.86, 6.35	0.001, 93.0, 0.83, 6.15	0.001, 93.1, 0.83, 6.11
4	0.012, 94.4, 1.12, 4.47	0.011, 95.1, 0.92, 4.01	0.011, 95.2, 0.92, 3.87	0.011, 95.2, 0.92, 3.89
5	0.003, 94.3, 1.07, 4.64	0.003, 94.7, 1.14, 4.12	0.002, 94.7, 1.11, 4.2	0.002, 94.7, 1.09, 4.2
6	0.016, 83.4, 4.04, 12.5	0.02, 83.3, 3.69, 13.0	0.21, 83.4, 3.54, 13.1	0.021, 83.4, 3.5, 13.1
7	83.9, 7.02, 8.75, 0.33	87.4, 5.67, 6.6, 0.29	88.1, 5.51, 6.16, 0.28	88.2, 5.48, 6.04, 0.28
8	94.5, 1.04, 4.37, 0.077	95.9, 0.84, 3.24, 0.065	96.1, 0.81, 3.0, 0.063	96.2, 0.81, 2.94, 0.062
9	96.2, 0.47, 3.3, 0.077	97.2, 0.37, 2.4, 0.062	97.4, 0.36, 2.21, 0.06	97.4, 0.36, 2.17, 0.06
10	96.2, 0.47, 3.24, 0.12	97.2, 0.37, 2.37, 0.099	97.4, 0.36, 2.18, 0.095	97.4, 0.36, 2.18, 0.095
11	96.2, 0.38, 3.28, 0.14	97.2, 0.33, 2.37, 0.11	97.2, 0.33, 2.37, 0.11	97.2, 0.33, 2.37, 0.11
12	96.2, 0.069, 3.43, 0.26	96.2, 0.069, 3.43, 0.26	96.2, 0.069, 3.43, 0.26	96.2, 0.069, 3.43, 0.26
13	91.5, 0.23, 7.38, 0.93	91.5, 0.23, 7.38, 0.93	91.5, 0.23, 7.38, 0.93	91.5, 0.23, 7.38, 0.93

在表 5.7 的数据中，当时间窗为 2 时，前 11 个时间片上的推理结果为近似值；当时间窗为 3 时，前 10 个时间片上的推理结果为近似值；当时间窗为 4 时，前 9 个时间片上的推理结果为近似值。为了比较近似推理结果与精确推理结果的差异，我们只比较近似推理与精确推理在前 9 个时间片上的推理值。从表 5.7 中可以看出，不管是近似推理还是精确推理，在前 6 个时间片上都能识别出目标的类型属于轰炸机，在第 7、8、9 时间片上识别出目标的类型属于战斗机，由此可以判定飞机编队是轰炸机编队，与仿真实验设定的情况相符。然而它们识别结果的信度的差异却很大。根据表 5.7 中的数据，我们得到图 5.10，它给出了时间窗宽度分别为 2、3、4 时，在前 6 个时间片上识别出目标为轰炸机的概率，在第 7、8、9 时间片上识别出目标为战斗机的概率，以及精确推理在前 6 个时间片上识别出目标为轰炸机的概率，在第 7、8、9 时间片上识别出目标为战斗机的概率。而图 5.11 则给出了不同时间窗宽度条件下每更新一次时间窗所需的时间。

从图 5.10 可以看出，精确推理的概率值在对应的时间片上基本都比近似推理的高。当时间窗宽度为 2 时，精确推理值与对应的近似推理值之差在 0%～4.3%间波动，当时间窗宽度为 3 时，精确推理值与对应的近似推理值之差在 0%～0.8%间波动，当时间窗宽度为 4 时，精确推理值与对应的近似推理值之差在 0%～0.1%间波动，因此时间窗宽度选取的越大，近似推理值越接近精确推理值，并且在时间窗宽度超过 4 时，提高的概率将非常有限。因此，在推理精度要求不是很高的情况下，没有必要把时间窗宽度选取的很大。

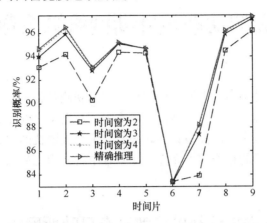

图 5.10　近似推理与精确推理在前 9 时间片上识别出目标类型的概率对比图

从图 5.11 的曲线走势可以看出，更新时间窗所需时间与时间窗宽度大小近似成线性关系。

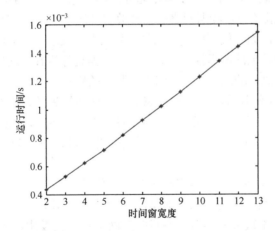

图 5.11　近似推理算法更新一次时间窗所需时间与时间窗宽度的关系

第6章 离散动态贝叶斯网络缺失数据的修补

在建立了离散动态贝叶斯网络模型后，根据观测数据，就可以在网络上进行滤波、预测、平滑等推理任务。然而，现实中的数据总是存在诸多问题，包括数据不一致、噪声、缺失等。其中数据缺失是一个令人困扰的问题，如果不进行修补，会影响推理结果的精度及可靠性。在本章中将介绍三种离散动态贝叶斯网络缺失数据的修补算法。

6.1 基于数据修补的离散动态贝叶斯网络结构模型

下面，在定义离散动态贝叶斯网络缺失数据的修补和基于数据修补的离散动态贝叶斯网络的基础上，讨论基于数据修补离散动态贝叶斯网络的模型特点。

定义 6.1 离散动态贝叶斯网络的部分数据观测不到或把观测到的奇异值剔除都会产生数据缺失，如果仅利用现有的网络数据进行推理，会影响推理结果的可靠性。为了提高推理结果的可靠性，需要对缺失数据进行修补，这里把对这类网络缺失数据的修补称为离散动态贝叶斯网络缺失数据的修补。

定义 6.2 利用修补算法对离散动态贝叶斯网络缺失数据修补后，使得离散动态贝叶斯网络的观测数据变得完整，这样网络的观测数据就由直接观测到的数据和修补后的数据混合而成，这里把缺失数据修补后的网络称为基于数据修补的离散动态贝叶斯网络。

在定义了离散动态贝叶斯网络缺失数据的修补和基于数据修补的离散动态贝叶斯网络基础上，就可以构建基于数据修补的离散动态贝叶斯网络结构模型，并把它与数据没有发生缺失的离散动态贝叶斯网络和数据发生缺失并没有得到修补的离散动态贝叶斯网络进行比较。

如图 6.1 所示的具有 T 个时间片的离散动态贝叶斯网络,用实线白色节点表示隐藏节点，用实线灰色节点表示传感器在 T 个时间片上能直接得到证据的观测节点，虚线灰色节点表示运用修补技术对缺失数据修补得到"证据"的节点。利用该图来阐述无缺失数据的网络、未修补网络和修补过的网络模型的区别与联系。图 6.1（a）的 DDBN 是一个动态贝叶斯网络，它的证据信息都是通过直接观测得到的。网络观测数据没有发生数据缺失，不同时间片的贝叶斯网络结构相同，参数也不会随着时间片的增加而发生变化，因而这个网络可以定义为 $(B_1, B_\rightarrow)$，其中

B_1 是一个标准贝叶斯网，定义了初始时刻的概率分布，$B_\rightarrow$ 是一个包含了两个时间片的贝叶斯网络，定义了相邻两个时间片各变量之间的依赖关系。

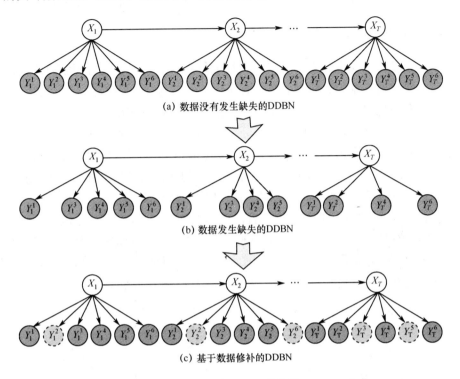

(a) 数据没有发生缺失的 DDBN

(b) 数据发生缺失的 DDBN

(c) 基于数据修补的 DDBN

图 6.1　3 种 DDBN 的比较

对于如图 6.1（a）的动态贝叶斯网络，如果它的部分观测数据发生了随机缺失，并且没有对缺失数据进行修补，那么只能用如图 6.1（b）所示的动态贝叶斯网络进行推理，从数据结构上看，该网络有如下的特点：

（1）从网络结构上看，相邻时间片之间变量的依赖关系不发生变化；在单个时间片上，尽管某些时间片上观测节点的证据信息发生了随机缺失，并不改变两个相邻时间片之间变量的依赖关系；不同时间片的静态网络结构不尽相同。

（2）从网络的参数上看，表征下一个时间片的贝叶斯网络与上一个时间片的贝叶斯网络之间的状态转移概率并不发生变化。

在第 5 章中，把具有上述数据结构的离散动态贝叶斯网络称之为缺失数据离散动态贝叶斯网络。从本质上说，这种网络描述的是一个稳态过程，意味着变化的过程是由本身不随时间变化的规律支配着。

对于图 6.1（b）所示的网络，如果利用修补算法对缺失数据进行修补，就能得到如图 6.1（c）所示的离散动态贝叶斯网络，它与传统的离散动态贝叶斯网络的不同特点在于：它的证据节点是由能直接观测到证据的节点和修补后得到"证据"的节点组成。这样得到的证据信息就是一种混合的证据信息。

6.2 前向信息修补算法

6.2.1 算法的基本思想

动态贝叶斯网络的信息传播具有这样的特点：信息能够沿着网络向前传播，即前面时间片的证据信息会对后面的时间片产生影响。基于信息的这种传播规律，提出了前向信息修补算法的基本思想：假定离散动态贝叶斯网络的前 t 个时间片的缺失数据已经得到修补，如图 6.2 所示，A 区域的观测节点（灰色节点）是由直接观测到的证据信息节点（实线灰色节点）和缺失证据信息得到修补后的观测节点（虚线灰色节点）组成，因此，前 t 个时间片的证据信息是由直接观测到的证据和修补得到的证据组成的混合证据信息。现在要修补第 $t+1$ 个时间片的缺失数据（虚线白色节点），根据到第 t 个时间片所获得的混合证据信息计算出第 t 个时间片隐藏变量 X_t 的后验概率，再借助转移概率把第 t 个时间片隐藏变量的后验概率映射到下一时间片，即对下一时间片的隐藏节点 X_{t+1} 的状态进行预测，然后把这种预测转化为对缺失证据信息的预测，以此预测值代替缺失数据。

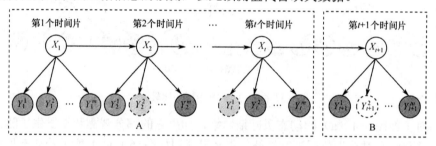

图 6.2　前向信息修补算法的修补过程示意图

6.2.2 算法描述

算法推导过程主要包括 4 个步骤：第一步，推导出滤波的递归公式；第二步，根据 t 时刻的滤波就可以对 $t+1$ 时刻的隐藏变量的状态进行预测；第三步，把对隐藏变量状态的预测转化为对该时间片上观测变量缺失数据的预测；第四步，把这一算法做进一步推广，使之能处理不确定性证据。

以图 6.2 所示的动态贝叶斯网络模型为基础，推导前向信息修补算法。假设隐藏变量 X 有 n 种状态，即 $\{1,2,\cdots,n\}$，第 t 个时间片的隐藏节点用 X_t 表示。每个时间片有 m 个观测节点，第 t 个时间片的第 v 个观测节点用 Y_t^v 表示。用 $a_{ij}=P(X_t=j\,|\,X_{t-1}=i)$ 表示从第 $t-1$ 个时间片隐藏变量 X_{t-1} 的第 i 状态到第 t 个时间片隐藏变量 X_t 的第 j 个状态的转移概率。

首先，定义前向传播算子为 $\alpha_t(j)=P(X_t=j\,|\,y_1^{1:m},y_2^{1:m},\cdots,y_t^{1:m})$（$t=1,2,\cdots,T$；

$j=1,2,\cdots,n$ ），其含义是利用到目前为止所观测到的证据信息对现在时刻隐藏变量状态的估计，人们把它称为滤波。在获得新证据后，利用贝叶斯公式，就可以得到如下的递归公式

$$\begin{aligned}
\alpha_t(j) &= P(X_t = j \mid y_1^{1:m}, y_2^{1:m}, \cdots, y_t^{1:m}) \\
&= \eta \prod_{v=1}^{m} P(Y_t^v = y_t^v \mid X_t = j) \sum_{i=1}^{n} P(X_t = j \mid X_{t-1} = i) \cdot \\
&\quad P(X_{t-1} = i \mid y_1^{1:m}, y_2^{1:m}, \cdots, y_{t-1}^{1:m}) \\
&= \eta \prod_{v=1}^{m} P(Y_t^v = y_t^v \mid X_t = j) \sum_{i=1}^{n} a_{ij} \alpha_{t-1}(i)
\end{aligned} \tag{6.1}$$

式中：$j=1,2,\cdots,n$ ；η 为归一化因子。

从式（6.1）可知，我们可以把 $t-1$ 时刻的滤波 $P(X_{t-1} \mid y_1^{1:m}, y_2^{1:m}, \cdots, y_{t-1}^{1:m})$ 看作是沿着离散动态贝叶斯网络向下一个时间片传播的信息，这些信息要经过状态转移概率的修正，并用 t 时刻观测到新的证据信息对它进行更新，从而得到 t 时刻的滤波。

在式（6.1）的基础上，我们就可以对下一个时间片的隐藏变量的状态进行预测，即

$$\begin{aligned}
P(X_{t+1} = j \mid y_1^{1:m}, y_2^{1:m}, \cdots, y_t^{1:m}) &= \sum_{i=1}^{n} P(X_{t+1} = j, X_t = i \mid y_1^{1:m}, y_2^{1:m}, \cdots, y_t^{1:m}) \\
&= \sum_{i=1}^{n} P(X_{t+1} = j \mid X_t = i, y_1^{1:m}, y_2^{1:m}, \cdots, y_t^{1:m}) P(X_t = i \mid y_1^{1:m}, y_2^{1:m}, \cdots, y_t^{1:m}) \\
&= \sum_{i=1}^{n} P(X_{t+1} = j \mid X_t = i) P(X_t = i \mid y_1^{1:m}, y_2^{1:m}, \cdots, y_t^{1:m}) \\
&= \sum_{i=1}^{n} a_{ij} \alpha_t(i)
\end{aligned} \tag{6.2}$$

式中：$j=1,2,\cdots,n$ 。

在由式（6.2）得到了第 $t+1$ 个时间片隐藏变量的预测值之后，就可以把这个预测值转换为对该时间片上第 v 个观测变量 Y_{t+1}^v 的观测值的预测，即

$$\begin{aligned}
&P(Y_{t+1}^v \mid y_1^{1:m}, y_2^{1:m}, \cdots, y_t^{1:m}) \\
&= \sum_{j=1}^{n} P(Y_{t+1}^v, X_{t+1} = j \mid y_1^{1:m}, y_2^{1:m}, \cdots, y_t^{1:m}) \\
&= \sum_{j=1}^{n} P(Y_{t+1}^v \mid X_{t+1} = j) P(X_{t+1} = j \mid y_1^{1:m}, y_2^{1:m}, \cdots, y_t^{1:m})
\end{aligned} \tag{6.3}$$

在实际应用中，由于观测变量得到的证据信息往往是不确定性证据信息，因此必须对式（6.1）、式（6.2）和式（6.3）进行修正，这样就得到能够处理不确定性证据的前向信息修补算法。

通过概率加权，对式（6.1）修正为

$$\alpha_t(j) = P(X_t = j \mid y_1^{1:mo}, y_2^{1:mo}, \cdots, y_t^{1:mo})$$

$$= \eta \sum_{y_t^{1:ms}} \prod_{v=1}^{m} P(Y_t^v = y_t^{vs} \mid X_t = j) \prod_{v=1}^{m} P(Y_t^v = y_t^{vs}) \cdot$$

$$\sum_{i=1}^{n} P(X_t = j \mid X_{t-1} = i) P(X_{t-1} = i \mid y_1^{1:mo}, \cdots, y_{t-1}^{1:mo}) \qquad (6.4)$$

$$= \eta \sum_{y_t^{1k}, y_t^{2k}, \cdots, y_t^{mk}} \prod_{v=1}^{m} \Big[P(Y_t^v = y_t^{vk} \mid X_t = j) P(Y_t^v = y_t^{vk}) \Big] \sum_{i=1}^{n} a_{ij} \alpha_{t-1}(i)$$

式中：$j = 1, 2, \cdots, n$；$y_t^{1:mo} = \{ y_t^{1o}, y_t^{2o}, \cdots, y_t^{mo} \}$；$y_t^{vo}$ 为第 t 个时间片内第 v 个观测变量 Y_t^v 所处的状态；$P(Y_t^v = y_t^{vk})$ 为观测变量的值属于它的第 p 个状态 y_t^{kp} 的隶属度。

根据式（6.4）的结果，式（6.2）被修正为

$$P(X_{t+1} = j \mid y_1^{1:mo}, y_2^{1:mo}, \cdots, y_t^{1:mo}) = \sum_{i=1}^{n} P(X_{t+1} = j \mid X_t = i) \cdot$$

$$P(X_t = i \mid y_1^{1:mo}, \cdots, y_t^{1:mo}) = \sum_{i=1}^{n} a_{ij} \alpha_t(i) \qquad (6.5)$$

式中：$j = 1, 2, \cdots, n$。

根据式（6.5），可以将式（6.3）修正为

$$P(Y_{t+1}^v \mid y_1^{1:mo}, \cdots, y_t^{1:mo}) = \sum_{j=1}^{n} P(Y_{t+1}^v, X_{t+1} = j \mid y_1^{1:mo}, \cdots, y_t^{1:mo})$$

$$= \sum_{j=1}^{n} P(Y_{t+1}^v \mid X_{t+1} = j) P(X_{t+1} = j \mid y_1^{1:mo}, \cdots, y_t^{1:mo}) \qquad (6.6)$$

修正后的前向信息修补算法既能处理确定性证据，又能处理不确定性证据。从处理数据的方式来看，它是一种在线的修补算法，即每获得一个时间片，先检查是否有数据缺失，若有，在线进行数据修补。从利用证据的情况来看，它是利用部分证据信息对缺失数据修补的一种方式，因此计算量比较小。

前向信息修补算法的修补步骤如下：

步骤 1：根据给定的初始状态概率、条件概率和转移概率初始化网络，设定离散动态贝叶斯网络的时间片数为 T。

步骤 2：检查第一个时间片上的第 v 个观测变量 Y_1^v 是否数据发生了缺失，若缺失，则转入步骤 3；若不缺失，则转入步骤 4。

步骤 3：观测变量 Y_1^v 有 r_v 种状态，则用 $1/r_v$ 对变量 Y_1^v 的缺失数据进行填补。

步骤 4：让 $v = v+1$，若 $v \leq m$ 转入步骤 2，否则，取 $t = t+1$，转入步骤 5。

步骤 5：检查第 t 个时间片的第 v 个观测变量 Y_t^v 的数据是否发生缺失，若缺失，则转入步骤 6；若不缺失，则转入步骤 7。

步骤 6：根据式（6.6）计算 $P(Y_t^v \mid y_1^{1:mo}, y_2^{1:mo}, \cdots, y_{t-1}^{1:mo})$，对缺失数据进行修补。

步骤 7：让 $v = v+1$，若 $v \leq m$ 转入步骤 5，否则，让 $t = t+1$，若 $t \leq T$，则转入步骤 5，否则结束。

图 6.3 给出前向信息修补算法的流程图。

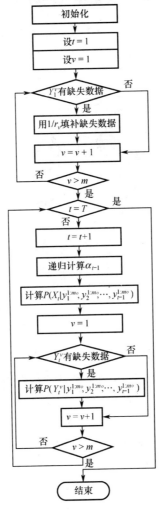

图 6.3　前向信息修补算法流程图

6.3　改进的前向信息修补算法

由于上一节的前向信息修补算法只适合于观测变量之间没有依赖关系的缺失数据修补，而对于观测变量之间有依赖关系的缺失数据修补没有做进一步的讨论，因而就需要对前向信息修补算法进行改进。

改进的前向信息修补算法与前向信息修补算法的修补思想基本相同，即利用到目前时刻得到的证据（直接通过传感器获得的证据和通过修补算法修补得到的"证据"）信息对下一时间片的缺失数据进行预测。针对离散动态贝叶斯网络缺失数据的不同情况采用不同的预测算法，是对前向信息修补算法的进一步发展。

6.3.1 离散动态贝叶斯网络缺失数据的两种形式

我们以图 6.4 来说明离散动态贝叶斯网络的缺失数据包括的两种基本形式,并针对每种缺失数据的情况推导出相应的修补公式。图 6.4 所示的节点表示的含义与图 6.2 的相同。

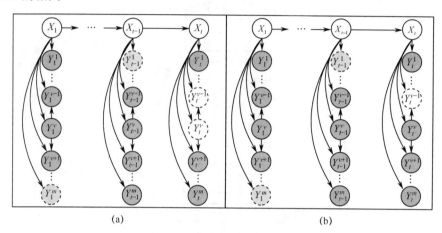

(a)   (b)

图 6.4　DDBN 缺失数据的两种类型

对如图 6.4 所示的离散动态贝叶斯网络的缺失数据可分为如下二类:

(1) 第一类具有缺失数据的观测节点包括两种情况:一种是该观测节点与其他的观测节点相互独立;另一种是该观测节点还是别的观测节点的父节点(如图 6.4 (a) 中的 Y_t^v)。

(2) 第二类具有缺失数据的观测节点有多个父节点,除隐藏节点外,还有别的观测节点 (如图 6.4 (a) 所示的 Y_t^{v-1} 或图 6.4 (b) 所示的 Y_t^{v-1})。

6.3.2 算法描述

改进的前向信息修补算法的推导过程可分为 2 步进行:第一步,推导确定性证据条件下改进的前向信息修补算法;第二步,推导不确定性证据条件下改进的前向信息修补算法。

假定在第 t 个时间片之前的所有缺失数据都得到了修补,即 $1 \sim t-1$ 时间片上的证据信息由直接观测到的证据和修补得到的"证据"组成的混合证据。我们就可以利用这些混合证据信息对第 t 个时间片上的缺失数据进行预测。

如果观测到的证据信息属于确定性证据,对于第一类缺失数据,如图 6.4 (a) 中的观测变量 Y_t^v 的缺失数据,可利用式 (6.3) 进行修补。

对于第二类缺失数据,如图 6.4 (a) (或图 6.4 (b)) 中的观测变量 Y_t^{v-1} 的缺失数据,通过把对 Y_t^v 的预测转化为对观测变量 Y_t^{v-1} 值的预测,即

126

$$P(Y_t^{v-1} \mid y_1^{1:m}, y_2^{1:m}, \cdots, y_{t-1}^{1:m}) = \sum_i \sum_{y_t^{vs}} P(Y_t^{v-1}, Y_t^v = y_t^{vs}, X_t = i \mid y_1^{1:m}, y_2^{1:m}, \cdots, y_{t-1}^{1:m})$$

$$= \sum_i \sum_{y_t^v} P(Y_t^{v-1} \mid Y_t^v = y_t^v, X_t = i) P(Y_t^v = y_t^v \mid X_t = i) P(X_t = i \mid y_1^{1:m}, y_2^{1:m}, \cdots, y_{t-1}^{1:m}) \tag{6.7}$$

如果观测到的证据信息属于不确定性证据，对于第一类缺失数据，可利用式（6.6）进行修补。对于第二类缺失数据，对式（6.7）修正为

$$P(Y_t^{v-1} \mid y_1^{1:mo}, y_2^{1:mo}, \cdots, y_{t-1}^{1:mo}) = \sum_i \sum_{y_t^{vs}} P(Y_t^{v-1}, Y_t^v = y_t^{vs}, X_t = i \mid y_1^{1:mo}, y_2^{1:mo}, \cdots, y_{t-1}^{1:mo})$$

$$= \sum_i \sum_{y_t^{vs}} P(Y_t^{v-1} \mid Y_t^v = y_t^{vs}, X_t = i) P(Y_t^v = y_t^{vs} \mid X_t = i) P(X_t = i \mid y_1^{1:mo}, y_2^{1:mo}, \cdots, y_{t-1}^{1:mo}) \tag{6.8}$$

下面给出改进的前向信息修补算法的计算步骤：

步骤 1：根据先验概率、条件概率和状态转移概率初始化网络，设定离散动态贝叶斯网络的时间片数为 T。

步骤 2：在修补完前 $t-1$ 个时间片的缺失数据后，根据前 $t-1$ 个时间片的混合证据对第 t 个时间片的隐藏变量状态分布进行预测。

步骤 3：对第 t 个时间片上的缺失数据，依据式（6.6）对第一类缺失数据进行预测，依据式（6.8）对第二类缺失数据进行预测。

步骤 4：令 $t = t+1$，若 $t \leqslant T$，则转入步骤 2。

步骤 5：结束。

6.4　前向后向信息修补算法

6.4.1　算法的基本思想

我们以图 6.5 所示的离散动态贝叶斯网络来说明前向后向信息修补算法的基本思想。图 6.5 中节点与图 6.4 中节点表示的含义相同，其中，A 区域表示缺失数据已得到修补，它的证据信息是由直接观测到的证据信息和修补得到的证据信息组成的混合证据信息。B 区域只有观测得到的证据信息。

假定第 t 个时间片之前的缺失数据已经得到修补，现在要修补第 t 个时间片上的某一个缺失数据，首先根据 A 区域的混合证据信息和 B 区域的观测证据信息计算出第 t 个时间片的隐藏变量的后验概率，然后把这个条件概率转化为对缺失证据的估计，以此估计值代替缺失数据，以此类推，就可以按照时序修补完 T 个时间片上所有的缺失数据。该算法是利用前向信息和后向信息对缺失数据进行修补的一种方式，因此把该算法称之为前向后向信息修补算法。

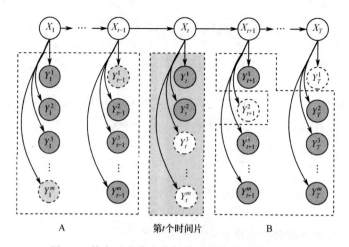

图 6.5　前向后向信息修补算法的修补过程示意图

6.4.2　算法描述

先考虑输入证据是确定性证据的情况。在数据没有缺失的情况下，后向传播算子定义为 $\beta_t(i) = P(y_{t+1}^{1:m}, y_{t+2}^{1:m}, \cdots, y_T^{1:m} \mid X_t = i)$ 。后向递归计算公式为

$$
\begin{aligned}
\beta_t(i) &= P(y_{t+1}^{1:m}, y_{t+2}^{1:m}, \cdots, y_T^{1:m} \mid X_t = i) \\
&= \sum_{j=1}^n P(y_{t+2}^{1:m}, \cdots, y_T^{1:m}, X_{t+1} = j, y_{t+1}^{1:m} \mid X_t = i) \\
&= \sum_{j=1}^n P(y_{t+2}^{1:m}, \cdots, y_T^{1:m} \mid X_{t+1} = j) P(y_{t+1}^{1:m} \mid X_{t+1} = j) P(X_{t+1} = j \mid X_t = i) \\
&= \sum_{j=1}^n \beta_{t+1}(j) \prod_{v=1}^m P(y_{t+1}^v \mid X_{t+1} = j) a_{ij}
\end{aligned}
\tag{6.9}
$$

式中：$i = 1, 2, \cdots, n$ ；$t = 1, 2, \cdots, T-1$ 。取 $\beta_T(i) = 1$ 。

如果观测数据发生了随机缺失，观测证据变得不完整，就不能利用式（6.9）进行递归计算，因此必须对式（6.9）进行修正，即

$$
\begin{aligned}
\beta_t(i) &= P(y_{t+1}^{1:m_{t+1}}, y_{t+2}^{1:m_{t+2}}, \cdots, y_T^{1:m_T} \mid X_t = i) \\
&= \sum_{j=1}^n P(y_{t+2}^{1:m_{t+2}}, \cdots, y_T^{1:m_T}, X_{t+1} = j, y_{t+1}^{1:m_{t+1}} \mid X_t = i) \\
&= \sum_{j=1}^n P(y_{t+2}^{1:m_{t+2}}, \cdots, y_T^{1:m_T} \mid X_{t+1} = j) P(y_{t+1}^{1:m_{t+1}} \mid X_{t+1} = j) P(X_{t+1} = j \mid X_t = i) \\
&= \sum_{j=1}^n \beta_{t+1}(j) \prod_{v=1}^{m_{t+1}} P(y_{t+1}^v \mid X_{t+1} = j) a_{ij}
\end{aligned}
\tag{6.10}
$$

式中：$i = 1, 2, \cdots, n$ ；m_u 为在第 u 个时间片上能直接得到观测数据的观测变量个数。

假定第 t 个时间片之前的证据信息都得到了修补。在式（6.2）和式（6.10）的基础上，根据 t 时刻前的混合证据信息和 t 时刻后直接观测到的证据信息对 t 时刻观测变量 Y_t^v 的缺失数据进行估计，即

$$P(Y_t^v \mid y_1^{1:m}, y_2^{1:m}, \cdots, y_{t-1}^{1:m}, y_{t+1}^{1:m_{t+1}}, y_{t+2}^{1:m_{t+2}}, \cdots, y_T^{1:m_T})$$

$$= \sum_{j=1}^n P(Y_t^v \mid X_t = j) P(X_t = j \mid y_1^{1:m}, y_2^{1:m}, \cdots, y_{t-1}^{1:m}, y_{t+1}^{1:m_{t+1}}, y_{t+2}^{1:m_{t+2}}, \cdots, y_T^{1:m_T})$$

$$= \eta \sum_{j=1}^n P(Y_t^v \mid X_t = j) P(y_{t+1}^{1:m_{t+1}}, y_{t+2}^{1:m_{t+2}}, \cdots, y_T^{1:m_T} \mid X_t = j) \cdot$$

$$P(X_t = j \mid y_1^{1:m}, y_2^{1:m}, \cdots, y_{t-1}^{1:m}) \qquad (6.11)$$

$$= \eta \sum_{j=1}^n \sum_{i=1}^n P(Y_t^v \mid X_t = j) P(y_{t+1}^{1:m_{t+1}}, y_{t+2}^{1:m_{t+2}}, \cdots, y_T^{1:m_T} \mid X_t = j) \cdot$$

$$P(X_t = j \mid X_{t-1} = i) P(X_{t-1} = i \mid y_1^{1:m}, y_2^{1:m}, \cdots, y_{t-1}^{1:m})$$

$$= \eta \sum_{j=1}^n \sum_{i=1}^n P(Y_t^v \mid X_t = j) \alpha_{t-1}(i) a_{ij} \beta_t(j)$$

式中：η 为归一化因子。

如果我们要进行定性推理，而部分观测变量获取的证据信息是连续值，就必须对这些连续量进行离散化处理，或者因为噪声的存在，使得观测信息不确定，这样得到的证据信息就会含有不确定性证据。如果要利用这样的证据信息对缺失数据进行修补，就必须对式（6.10）进行修正，即

$$\beta_t(i) = P(y_{t+1}^{1:m_{t+1}o}, y_{t+2}^{1:m_{t+2}o}, \cdots, y_T^{1:m_T o} \mid X_t = i)$$

$$= \sum_{j=1}^n P(y_{t+2}^{1:m_{t+2}o}, y_{t+3}^{1:m_{t+3}o}, \cdots, y_T^{1:m_T o}, X_{t+1} = j, y_{t+1}^{1:m_{t+1}o} \mid X_t = i)$$

$$= \sum_{j=1}^n P(y_{t+2}^{1:m_{t+2}o}, y_{t+3}^{1:m_{t+3}o}, \cdots, y_T^{1:m_T o} \mid X_{t+1} = j) \cdot \qquad (6.12)$$

$$P(y_{t+1}^{1:m_{t+1}o} \mid X_{t+1} = j) P(X_{t+1} = j \mid X_t = i)$$

$$= \sum_{j=1}^n \beta_{t+1}(j) \sum_{y_{t+1}^{1k}, y_{t+1}^{2k}, \cdots, y_{t+1}^{m_{t+1}k}} \prod_{v=1}^{m_{t+1}} \left[P(Y_{t+1}^v = y_{t+1}^{vk} \mid X_{t+1} = j) P(Y_{t+1}^v = y_{t+1}^{vk}) \right] a_{ij}$$

式中：y_t^{vo} 为第 t 个时间片内第 v 个观测变量 Y_t^v 所处的状态；$P(Y_t^v = y_t^{vk})$ 为观测变量 Y_t^v 属于它的第 k 个状态 y_t^{vk} 的隶属度。

在式（6.5）和式（6.12）的基础上，就可以根据第 t 个时间片前的混合信息和第 t 个时间片后直接观测到的证据信息对第 t 个时间片观测变量 Y_t^v 的缺失数据进行估计

$$P(Y_t^v \mid y_1^{1:mo}, y_2^{1:mo}, \cdots, y_{t-1}^{1:mo}, y_{t+1}^{1:m_{t+1}o}, y_{t+2}^{1:m_{t+2}o}, \cdots, y_T^{1:m_T o})$$

$$= \sum_{j=1}^n P(Y_t^v \mid X_t = j) P(X_t = j \mid y_1^{1:mo}, y_2^{1:mo}, \cdots, y_{t-1}^{1:mo}, y_{t+1}^{1:m_{t+1}o}, y_{t+2}^{1:m_{t+2}o}, \cdots, y_T^{1:m_T o})$$

$$= \eta \sum_{j=1}^n P(Y_t^v \mid X_t = j) P(y_{t+1}^{1:m_{t+1}o}, y_{t+2}^{1:m_{t+2}o}, \cdots, y_T^{1:m_T o} \mid X_t = j) \cdot$$

$$P(X_t = j \mid y_1^{1:mo}, y_2^{1:mo}, \cdots, y_{t-1}^{1:mo}) \qquad (6.13)$$

$$= \eta \sum_{j=1}^n \sum_{i=1}^n P(Y_t^v \mid X_t = j) P(y_{t+1}^{1:m_{t+1}o}, y_{t+2}^{1:m_{t+2}o}, \cdots, y_T^{1:m_T o} \mid X_t = j) \cdot$$

$$P(X_t = j \mid X_{t-1} = i) P(X_{t-1} = i \mid y_1^{1:mo}, y_2^{1:mo}, \cdots, y_{t-1}^{1:mo})$$

$$= \eta \sum_{j=1}^n \sum_{i=1}^n P(Y_t^v \mid X_t = j) \beta_t(j) a_{ij} \alpha_{t-1}(i)$$

式中：η 为归一化因子；取 $\alpha_0(i)=P(X_1=i)$；$P(X_1=i)$ 为 X_1 处于状态 i 时的初始概率，$i=1,2,\cdots,n$。

前向后向信息修补算法是在得到 T 个时间片的观测证据信息后，利用了所有的直接观测到的证据信息对缺失数据进行修补的一种方式，因此是一种离线的修补算法，它的计算量比前向信息修补算法要大。

前向后向信息修补算法的修补步骤如下：

步骤 1：根据给定的初始状态概率、条件概率和状态转移概率初始化动态贝叶斯网络。

步骤 2：取 $\alpha_0(i)=P(X_1=i)$，$i=1,2,\cdots,n$。

步骤 3：依据式（6.12）递归计算 β_t，$t=1,2,\cdots,T$。

步骤 4：在第 t 个时间片之前的缺失数据都得到了修补后，若第 t 个时间片有缺失数据，则利用式（6.13）进行修补；若无，则执行步骤 5。

步骤 5：计算 α_t，令 $t=t+1$，若 $t\leqslant T$，转入步骤 4。

步骤 6：结束。

图 6.6 给出了前向后向信息修补算法流程图。

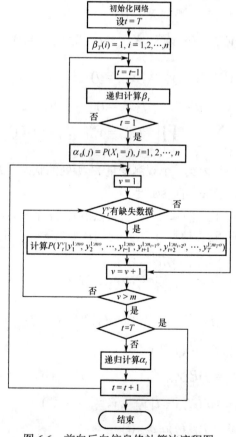

图 6.6　前向后向信息修补算法流程图

130

6.5 混合信息修补算法

6.5.1 算法的基本思想

下面以图 6.7 说明混合信息修补算法的基本思想，图中节点的含义与图 6.5 的相同。在图 6.7（a）中，A 区域是由混合的证据信息组成（直接观测到的证据和修补得到的证据信息），B 区域由直接观测到的证据信息组成；在图 6.7（b）中，C 区域和 D 区域都是由混合的证据信息组成的。根据信息在动态贝叶斯网络上既可以沿着网络向前传播，又可以向后传播的特点，在前向后向信息修补算法修补的基础上，采用混合信息修补算法对缺失数据进行更进一步修补。该方法把修补获得的证据信息与原有的证据信息混合在一起，修补和更新信息交替进行，直到缺失数据的修补结果收敛为止，再用修补得到的证据填补缺失数据。为了便于说明混合信息修补算法的修补过程，人为将修补过程划分为 2 个阶段。

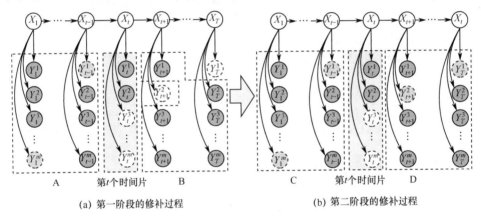

图 6.7 混合信息修补算法的修补过程示意图

在第一阶段，假定在第 t 个时间片之前的缺失数据已经得到修补，现在要修补第 t 个时间片上的某一个缺失数据，综合 A 区域的混合证据信息和 B 区域的观测证据信息计算出第 t 个时间片隐藏变量 X_t 的后验概率，然后通过边缘化把这个条件概率转化为对缺失数据的估计，以此估计值代替缺失数据。同理，可修补第 t 个时间片上的其余缺失数据。以此类推就可以修补 T 个时间片上所有的缺失数据，第一阶段的修补结束，进入第二阶段的修补。

在第二阶段，以图 6.7（b）来说明修补过程。假定第 t 个时间片之前的缺失数据已经进行了第 k 次修补更新，即在 C 区域的证据信息是由直接观测到的证据信息和第 k 次修补更新的证据信息组成，而 $t \sim T$ 时间片上的缺失数据进行了 $k-1$ 次的修补更新，其中 D 区域的证据信息是由直接观测到的证据信息和第 $k-1$ 次修补更新的证据信息组成。现在要对第 t 个时间片上的某一个修补数据进行第 k 次修补更新，它是根据 C 区域和 D 区域的混合证据信息计算出第 t 个时间片上隐藏变量的后验概率，然后通过边缘化把这个条件概率转化为对某个缺失数据的估计，以此估计值来更新现有的修补数据，按照同样的方式就可以修补完第 t 个时间片上其余的缺失数据。以此类推就可以完成 T 个时间片上所有的修补数据的第 k 次更新。不断重复这一过程直到所有缺失数据的修补结果收敛为止。由于在修补的过程中使用的是混合信息对缺失数据进行修补，因此把这种修补算法称之为混合信息修补算法。它是在获取 T 个时间片的观测数据之后才能对缺失数据进行修补，因此也是一种离线修补算法。

6.5.2 算法描述

混合信息修补算法的推导分 2 步进行：第一步先推导能处理确定性证据的混合信息修补算法；第二步对该算法做进一步的推广，使其能处理不确定性证据。

在第一阶段修补的过程中，如果证据是确定性证据，则采用式（6.11）进行修补；若证据是不确定性证据，则采用式（6.13）对缺失数据进行修补。

在第二阶段的修补过程中，如果证据是确定性证据，通过综合式（6.1）和式（6.9）得到缺失数据的修补公式为

$$
\begin{aligned}
&P(Y_t^v \mid y_1^{1:m}, y_2^{1:m}, \cdots, y_{t-1}^{1:m}, y_{t+2}^{1:m}, \cdots, y_T^{1:m}) \\
&= \sum_{j=1}^{n} P(Y_t^v \mid X_t = j) P(X_t = j \mid y_1^{1:m}, y_2^{1:m}, \cdots, y_{t-1}^{1:m}, y_{t+1}^{1:m}, y_{t+2}^{1:m}, \cdots, y_T^{1:m}) \\
&= \eta \sum_{j=1}^{n} P(Y_t^v \mid X_t = j) P(y_{t+1}^{1:m}, y_{t+2}^{1:m}, \cdots, y_T^{1:m} \mid X_t = j) P(X_t = j \mid y_1^{1:m}, y_2^{1:m}, \cdots, y_{t-1}^{1:m}) \\
&= \eta \sum_{j=1}^{n} \sum_{i=1}^{n} P(Y_t^v \mid X_t = j) P(y_{t+1}^{1:m}, y_{t+2}^{1:m}, \cdots, y_T^{1:m} \mid X_t = j) \cdot \\
&\qquad P(X_t = j \mid X_{t-1} = i) P(X_{t-1} = i \mid y_1^{1:m}, y_2^{1:m}, \cdots, y_{t-1}^{1:m}) \\
&= \eta \sum_{j=1}^{n} \sum_{i=1}^{n} P(Y_t^v \mid X_t = j) \beta_t(j) a_{ij} \alpha_{t-1}(i)
\end{aligned}
\tag{6.14}
$$

式中：η 为归一化因子。

下面，我们推导能处理不确定性证据的修补公式。

通过加权，式（6.9）修正为

$$
\begin{aligned}
\beta_t(i) &= P(y_{t+1}^{1:mo}, y_{t+2}^{1:mo}, \cdots, y_T^{1:mo} \mid X_t = i) \\
&= \sum_{j=1}^{n} P(y_{t+2}^{1:mo}, y_{t+3}^{1:mo}, \cdots, y_T^{1:mo}, X_{t+1} = j, y_{t+1}^{1:mo} \mid X_t = i) \\
&= \sum_{j=1}^{n} P(y_{t+2}^{1:mo}, y_{t+3}^{1:mo}, \cdots, y_T^{1:mo} \mid X_{t+1} = j) P(y_{t+1}^{1:mo} \mid X_{t+1} = j) P(X_{t+1} = j \mid X_t = i) \\
&= \sum_{j=1}^{n} \beta_{t+1}(j) \sum_{y_{t+1}^{1k}, y_{t+1}^{2k}, \cdots, y_{t+1}^{mk}} \prod_{v=1}^{m} [P(Y_{t+1}^v = y_{t+1}^{vk} \mid X_{t+1} = j) P(Y_{t+1}^v = y_{t+1}^{vk})] a_{ij}
\end{aligned}
\tag{6.15}
$$

综合式（6.4）和式（6.15）就可以得到能处理多状态的混合信息修补算法，即

$$P(Y_t^v \mid y_1^{1:mo}, y_2^{1:mo}, \cdots, y_{t-1}^{1:mo}, y_{t+1}^{1:mo}, y_{t+2}^{1:mo}, \cdots, y_T^{1:mo})$$

$$= \sum_{j=1}^{n} P(Y_t^v \mid X_t = j) P(X_t = j \mid y_1^{1:mo}, y_2^{1:mo}, \cdots, y_{t-1}^{1:mo}, y_{t+1}^{1:mo}, y_{t+2}^{1:mo}, \cdots, y_T^{1:mo})$$

$$= \eta \sum_{j=1}^{n} P(Y_t^v \mid X_t = j) P(y_{t+1}^{1:mo}, y_{t+2}^{1:mo}, \cdots, y_T^{1:mo} \mid X_t = j) \cdot$$

$$P(X_t = j \mid y_1^{1:mo}, y_2^{1:mo}, \cdots, y_{t-1}^{1:mo}) \tag{6.16}$$

$$= \eta \sum_{j=1}^{n} \sum_{i=1}^{n} P(Y_t^v \mid X_t = j) P(y_{t+1}^{1:mo}, y_{t+2}^{1:mo}, \cdots, y_T^{1:mo} \mid X_t = j) \cdot$$

$$P(X_t = j \mid X_{t-1} = i) P(X_{t-1} = i \mid y_1^{1:mo}, y_2^{1:mo}, \cdots, y_{t-1}^{1:mo})$$

$$= \eta \sum_{j=1}^{n} \sum_{i=1}^{n} P(Y_t^v \mid X_t = j) \beta_t(j) a_{ij} \alpha_{t-1}(i)$$

式中：η 为归一化因子。

混合信息修补算法的实现步骤如下：

步骤 1：根据给定的初始状态概率、条件概率和状态转移概率初始化网络，并设定收敛阈值。

步骤 2：取 $\alpha_0(i) = P(X_1 = i)$，$i = 1, 2, \cdots, n$。

步骤 3：第一阶段修补步骤，利用式（6.12）递归计算 β_t：

（1）修补完 $t-1$ 个时间片上的缺失数据后，利用式（6.4）递归计算 α_{t-1}。

（2）根据式（6.13）对第 t 个时间片上的缺失数据进行估计。

（3）$t = t + 1$，若 $t \leq T$，则转入第一阶段的第（2）步，否则转入第二阶段对缺失数据修补的更新。

步骤 4：第二阶段修补步骤：

（1）对整个网络的 T 个时间片上的所有缺失数据进行了 $k-1$ 次更新。

（2）利用更新后的混合证据信息递归计算 β_t。

（3）前 $t-1$ 个时间片上的缺失数据进行了 k 次的修补更新。

（4）利用前 $t-1$ 个时间片的混合证据信息递归计算 α_{t-1}。

（5）利用式（6.16）对第 t 个时间片上的缺失数据进行第 k 次的修补更新。

（6）令 $t = t + 1$，若 $t \leq T$ 转入第二阶段修补步骤中的第（4）步。

（7）检查修补结果是否满足设定的阈值，若不满足，则转入第二修补阶段步骤中的第（2）步；若满足，则结束程序。

图 6.8 给出了混合信息修补算法流程图。

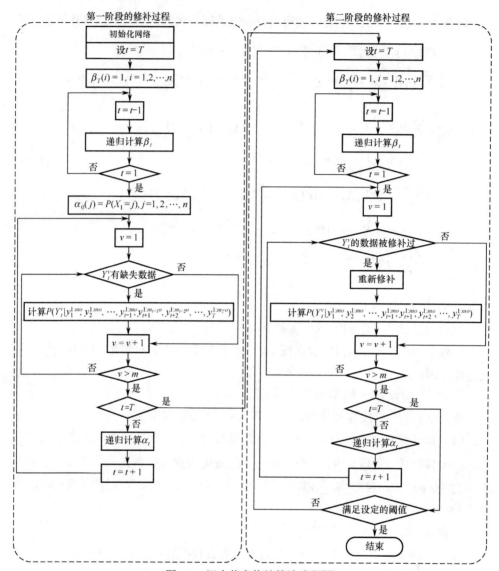

图 6.8　混合信息修补算法流程图

　　在本章中主要介绍了 3 种离散动态贝叶斯网络缺失数据的修补算法，这 3 种算法的主要区别在于利用的证据信息量不同，但经过任一修补算法修补后，都能得到完整的数据，就可用第 3 章或第 4 章中的推理算法进行推理。

第7章 基于离散动态贝叶斯网络的无人机智能决策

7.1 无人机自主智能决策概述

在第 1 章中，我们已经提到：为了使无人机适应复杂多变的战场环境，具备打击突发任务目标或时敏目标的能力，满足打击的时效性及精确性要求，并能够达到最优的作战效能，就必须要求无人机系统具备自主智能决策能力，以此实现智能化指挥与控制。

自主智能决策主要是由计算机模拟人的思维和决策过程，实现自主数据融合、态势评估、任务规划等任务。对于有人作战飞行器，智能决策系统是驾驶员的智能决策辅助系统；而对于无人作战飞行器，智能决策系统则是其进行自主指挥与控制的核心系统，需要由它代替各级指挥员和飞行员完成指挥判断和决策功能，实现对人类指挥决策和控制过程的模拟。在整个无人机系统中，自主智能决策系统依赖于各种机载传感器、机载数传通信系统、机载飞控系统、机载火控系统、机载外挂系统和机载武器系统提供信息支持，实现数据融合、态势评估、任务规划等功能，并将决策结果作用于无人机的信息管理、机载武器/设备管理与控制、飞行控制与武器发射控制等子系统。实现无人机自主作战所需解决的自主智能决策技术包括：无人机自主智能目标识别、态势威胁评估、作战指挥决策、飞行任务/路径重规划、信息交互与共享等。

7.2 无人机自主威胁源分类识别

在无人机自主作战过程中，实现自主智能决策需要解决的第一个问题是目标的分类识别。分类识别过程所依据的证据信息来自多个不同的传感器，分别对应目标（地面威胁源）各个方面、各个时刻的特征。因此，需要构建最佳的推理模型来实时地综合所有信息，完成推理。

7.2.1 问题描述

我们把无人机自主作战过程划分为如下几个阶段：

首先，无人机从我方机场起飞，经由爬升、巡航段后，按预先设定路径飞向侦察监视任务区域。

在任务区域内，无人机转入待机状态，利用自身侦察设备进行目标搜索。由于敌方威胁源的位置、状态意图、威胁等级等信息无法预先准确掌握，所以，无人机通常按照区域覆盖优先原则，选择一定的逻辑搜索路线进行搜索。常见的搜索路线如"光栅式"、"箱体螺旋式"和"扫雪式"。

搜索过程中，无人机将对抗各种"突发"地面威胁，如防空导弹系统 SAM、防空高炮系统 AAA，或者车辆、临时营地等无防空能力的地面目标等。如果发现目标，则依次进行自主目标分类识别、态势威胁评估、目标选择，以及任务决策等过程。

在完成上述自主决策后，无人机需要进行在线的动态航路规划，以此引导无人机在尽可能规避其他地面防空系统拦截的同时，飞向目标或最佳攻击点。

在动态航路规划的基础上，无人机遂行的攻击段任务还包括：攻击方式决策、火控解算、投弹机动、武器制导等。

由上述分析过程可知，可以将无人机自主作战想定表述为一个典型的作战场景：我方无人机与敌方各种地面目标之间的相互对抗。敌方地面目标分为防空武器系统和无防空能力地面目标。考虑到上述场景中的空面对抗主要针对我方无人机和敌方防空武器系统之间的相互探测、规避和攻击的全过程，因此，本书的分析主要针对具有对抗能力的敌方地面防空武器系统，在此将其定义为地面威胁源或辐射源。

通常情况下，地面威胁源主要包括 2 种类型敌方防空武器系统：防空导弹 SAM 和防空高炮 AAA。

我们给出典型的地面防空武器系统（威胁源）相关信息，如表 7.1 所列。防空导弹 SAM 有 5 种，前 4 种是雷达制导，最后 1 种采用红外制导，即通过接收目标的热辐射进行制导的导弹。防空高炮 AAA 有 3 种，均以地面雷达作为主要的探测手段。

表 7.1　典型地面防空武器系统

防空武器系统	水平距离/nmile	垂直距离/ft	雷达	反电子对抗能力
SAM1	13	36000	EM004/EM005	一般
SAM2	15	36000	EM004/EM006	强
SAM3	8	33000	EM007	一般
SAM4	5	33000	EM008	弱
便携式 SAM	4	8000	不需要	弱
AAA1	2	5000	EM009	一般
AAA2	2	5000	EM009	一般
AAA3	2	10000	EM010	弱
1 海里（nmile）=1852m=1.852km；1 英尺（ft）=0.3048 米（m）。				

表 7.2 给出了各个辐射源——雷达的基本性能数据。

表 7.2   辐射源性能

辐射源	分类	类型	距离/nmile
EM004	陆基	探测	30～40
EM005	陆基	跟踪	15
EM006	陆基	跟踪	24
EM007	陆基	探测/跟踪	19/14
EM008	陆基	探测/跟踪	10/9
EM009	陆基	探测/跟踪	10/9

在表 7.1 和 7.2 中，便携式 SAM 作为一种小的便携式的防空导弹系统，它可以通过步兵肩扛式发射，且没有电磁辐射，具有相当的隐蔽性和突然性。无人机在侦察过程中，难以发现便携式 SAM 发射装置，也难以获取到其状态信息。同时，其有效攻击距离也比较短，威胁能量有限。因此无人机自主目标分类识别、态势威胁评估和攻击任务决策对象中暂时不考虑该系统。

此外，SAM1 和 SAM2，AAA1 和 AAA2 为相近的防空武器系统，具有相似的观测特性，对自主完成侦察和攻击过程的无人机而言，可以简化归为一种类型的威胁源。

综上所述，所设定的地面威胁源分为如表 7.3 所列的 5 种典型类型。

表 7.3   典型地面威胁源

威胁源	水平距离/nmile	垂直距离/ft	雷达	对应防空武器系统
T_1	13～15	36000	EM004/EM005/EM006	SAM1/SAM2
T_2	8	33000	EM007	SAM3
T_3	5	33000	EM008	SAM4
T_4	2	10000	EM010	AAA3
T_5	2	5000	EM009	AAA1/ AAA2

我方的作战主体为单机或双机的无人机编队，由于自身携带武器重量和传感器性能所限，单机或双机无人机编队每次只打击一个目标，或者说一次只能和一个地面威胁源进行对抗，对抗方式大体上分为攻击和规避两种。其中，规避包含了双机编队对抗威胁源时掩护攻击的意思。

在作战过程中，无人机获取地面威胁源（目标）的单元信息来自自身携带的各种传感器，包括：雷达寻的和告警系统（RWAH）、通信侦察系统、机载前视红外（FLIR）系统、合成孔径雷达（SAR）、敌我识别系统（IFF）、导弹/炮弹发射指示器（Missile Launch Detector, ML）、导弹逼近告警器（MAW）、导弹/炮弹爆炸光电检测传感器（Electro-Optical Sensor, EO）等。光电探测系统、激光指示器、多光谱光电和红外感应定位瞄准系统。

在任务区内执行侦察任务的过程中，无人机处于搜索状态，主要依靠无源侦察设备在较远距离上进行探测，发现地面威胁源，因此，获取到的地面威胁源信息主要是 RWAH 数据、通信截获数据和 FLIR 数据，对应雷达侦察、通信侦察和红外侦察。无人机自主评估决策系统将以上述数据为基础，进行威胁源分类识别、态势威胁评估、攻击任务决策。

7.2.2 威胁源分类识别问题中贝叶斯网络分类器的引入

威胁源分类识别的结论是判断出威胁源属于各个类别的概率，是一个典型的概率推理问题。对于分类问题，贝叶斯网络分类器自然是最为常见的选择，其性能优于或至少相当于其他分类器，具有语义明确和易于理解的特点，在目标分类和识别领域应用广泛而深入。

对于提出的地面威胁源分类识别问题，在现有文献中已有较为成熟的贝叶斯网络分类器模型，具体包括：雷达侦察的威胁源分类识别模型（图 7.1（a））、通信侦察的威胁源分类识别模型（图 7.1（b））、红外侦察的威胁源分类识别模型（图 7.1（c）），以及三者融合的威胁源分类识别模型，如图 7.1 所示。由于上述几种分类器模型构建、推理的思路相似，因此，本节将选择其中一种威胁源分类识别模型进行代表性研究分析。

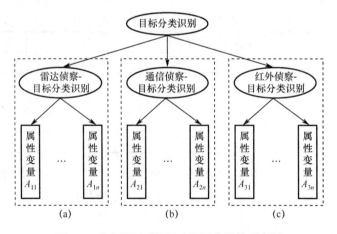

图 7.1 融合识别系统贝叶斯网络结构示意图

考虑到无人机进行侦察过程中，在较远距离上发现目标时，首先利用雷达寻的和告警系统（RWAH）获取到地面威胁源的相关特征信息，并将其作为主要的目标分类依据。因此，这里讨论的无人机威胁源分类识别主要指雷达侦察的威胁分类识别，对于通信侦察的威胁源分类识别、红外侦察的威胁源分类识别和三者融合的威胁源分类识别，可以用同样的贝叶斯网络分类器进行推理，这里不再详述。

上述的贝叶斯网络分类器均为静态贝叶斯网络，其构建过程是利用长期的情报收集和电子侦测获取到的不同型号雷达辐射源信号特征参数形成训练样本数据库，在此基础上确定分类器的类变量和属性变量，完成结构和参数学习，从而得到清晰的结构和参数设定。在具体推理过程中，它们能够利用同一时刻的各种地面目标特征信息，进行自主的智能综合推理，对目标进行分类，实现地面威胁源的自主识别。

但是，上述的贝叶斯网络分类器对于当前条件下地面威胁源的分类识别过程而言，还存在以下两方面改进需求：

（1）如何有效综合多个前后相邻时间片上的目标属性观测信息进行推理。

（2）如果前后相邻多个时间片上的目标属性观测信息出现缺失，如何综合所有观测信息进行推理。

因此，本节重点是对已有的贝叶斯网络分类器进行改进，在静态贝叶斯网络分类器基础上构建动态的贝叶斯网络分类器，使之能够解决上述的推理问题。

7.2.3 雷达侦察条件下的贝叶斯网络分类器

静态贝叶斯网络分类器结构是一个以类变量为根节点，各属性变量为其子节点的静态贝叶斯网络。

对应到无人机侦察打击一条化条件下的雷达侦察威胁源分类识别过程中，类变量 R 分为 5 种雷达类型 R_1, R_2, R_3, R_4, R_5（参考表 7.3，将 EM004/005/006 简化归为一种雷达类型）。借助目标平台与辐射源的配属关系，可以认为类变量 $R = \{R_1, R_2, R_3, R_4, R_5\}$ 与威胁源类型变量 $T = \{T_1, T_2, T_3, T_4, T_5\}$ 一一对应，实现雷达类型的判定即等同于实现目标平台身份的判断。

属性变量从目标平台上电子装备的信号参数中提取，选择对分类贡献较大的几项，如雷达信号的载频（RF）、脉冲重频（PRF）、脉冲宽度（PW）、脉冲持续时间（PRT）和导弹武器制导照射信号（MS）。

依据上述类变量和属性变量，给出如下两种威胁源分类识别的静态贝叶斯分类器结构：朴素贝叶斯分类器和扩展的朴素贝叶斯分类器。

7.2.3.1 朴素贝叶斯分类器

以朴素贝叶斯分类器为例，在雷达侦察条件下的目标分类识别过程中，类变量节点即威胁源类型（TT）实际对应威胁源雷达辐射源型号的类别（TR），属性变量节点选择雷达信号的载频（RF）、脉冲宽度（PW）、脉冲重频（PRF）、脉冲持续时间（PRT）、导弹武器制导照射状态（MS）。我们依次添加类变量节点到属性变量节点连接弧，即得到雷达侦察条件下的朴素贝叶斯网络分类器结构，如图 7.2 所示。

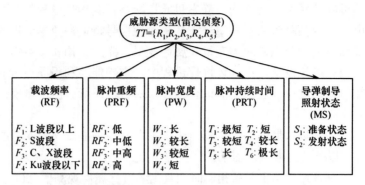

图 7.2　雷达侦察条件下的朴素贝叶斯分类器结构

图 7.2 表示了雷达侦察条件下威胁源分类识别问题的朴素贝叶斯分类器构架，满足朴素贝叶斯分类器的基本假设：当类变量状态给定时，各属性变量是相互独立的，即每个属性节点有且只有类变量一个父节点。下面对该结构做进一步的丰富和修正。

7.2.3.2　扩展的朴素贝叶斯分类器

在朴素贝叶斯分类器中，在类变量给定情况下各属性变量相互独立，所以其构建非常简单，只需由类变量向各属性变量添加连接弧即可。为了得到更优的分类器结构，应当对其进行扩展，构建扩展的朴素贝叶斯分类器。

在学习贝叶斯分类器结构时，如果由于种种原因难以获得大量雷达信号特征参数的真实观测数据，可以采用对各类辐射源信号特征添加噪声的方式得到训练样本数据，通过对所给样本数据进行无先验信息的学习，可以确定：如果设置载频（RF）与其他 3 个属性之间为条件独立，同时在脉冲宽度（PW）与脉冲持续时间（PRT）之间以及与重复频率（PRF）之间添加连接弧时，可以较好地提高分类的准确率，其结构如图 7.3 所示。

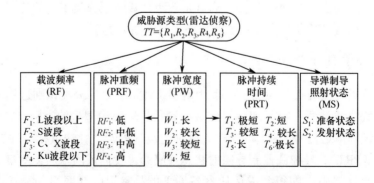

图 7.3　雷达侦察条件下扩展的朴素贝叶斯分类器结构

对于朴素贝叶斯分类器和扩展朴素贝叶斯分类器，两者分类准确率和学习复杂度都存在一定的差别，但都仅仅适用于不同状况下单一时间片上的静态分类识别，无法有效关联前后时间片对威胁源观测到的特征证据信息。因此，对于 7.2.2 节提出的需求，上述 2 种贝叶斯分类器均不能满足。接下来，将引入动态贝叶斯网络来解决该问题。

7.2.4　基于离散动态贝叶斯网络的威胁源类型识别

上面介绍的贝叶斯分类器能够综合多个属性变量的特征信息，但仅限于单一时刻，与前后时间片的特征信息无法关联。如果要在其基础上进一步提高识别能力，就必需依靠能够综合多个时刻的多个特征证据信息进行推理分析的动态贝叶斯网络。

在雷达侦察条件下扩展的朴素分类器的基础上（参考图 7.3），可以直接构建出相应的离散动态贝叶斯网络识别模型，如图 7.4 所示。

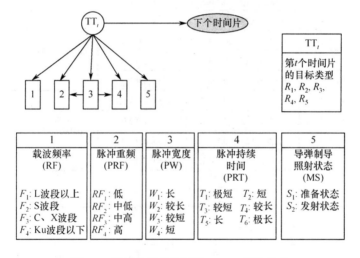

图 7.4　雷达侦察条件下的 DDBN 网络结构

离散动态贝叶斯网络目标识别在任一时间片内的条件概率表与对应的扩展朴素贝叶斯分类器相同。均为作战前利用长期的情报收集和电子侦测获取到的不同型号雷达辐射源信号特征参数构成训练样本数据库确定的参数关系，如表 7.4 所示。

对于目标识别的离散动态贝叶斯网络而言，各个时间片之间条件概率（状态转移概率）是保持不变的，该参数同样可以使用各种评估方法处理训练样本数据库进行确定，在此不作详述。状态转移概率如表 7.5 所示。

表 7.4　条件概率表

类型 TT	脉宽（PW）W_1,W_2,W_3,W_4	脉冲持续时间（PRT）T_1,T_2,T_3,T_4,T_5,T_6	重频（PRF）RF_1,RF_2,RF_3,RF_4	载频（RF）F_1,F_2,F_3,F_4	制导状态（MS）S_1,S_2
R_1	W_1:0.6	0.1,0.2,0.3,0.1,0.2,0.1,	0.5,0.1,0.2,0.2	0.6,0.4,0.0,0.0	0.67,0.33
	W_2: 0.1	0.2,0.1,0.2,0.3,0.1,0.1,	0.2,0.5,0.1,0.2		
	W_3: 0.2	0.1,0.4,0.2,0.1,0.1,0.1,	0.1,0.2,0.6,0.1		
	W_4: 0.1	0.1,0.2,0.1,0.1,0.3,0.2,	0.2,0.1,0.2,0.5		
R_2	W_1: 0.2	0.1,0.2,0.3,0.1,0.2,0.1,	0.3,0.4,0.2,0.1	0.0,1.0,0.0,0.0	0.99,0.01
	W_2: 0.4	0.1,0.2,0.3,0.1,0.2,0.1,	0.1,0.2,0.6,0.1		
	W_3: 0.2	0.2,0.1,0.2,0.3,0.1,0.1,	0.2,0.1,0.2,0.5		
	W_4: 0.2	0.1,0.4,0.2,0.1,0.1,0.1,	0.3,0.4,0.2,0.1		
R_3	W_1: 0.1	0.1,0.2,0.3,0.1,0.2,0.1,	0.1,0.2,0.6,0.1	0.0,1.0,0.0,0.0	0.99,0.01
	W_2: 0.2	0.2,0.1,0.2,0.3,0.1,0.1,	0.2,0.1,0.2,0.5		
	W_3: 0.6	0.1,0.4,0.2,0.1,0.1,0.1,	0.3,0.4,0.2,0.1		
	W_4: 0.1	0.1,0.2,0.1,0.1,0.3,0.2,	0.2,0.1,0.2,0.5		
R_4	W_1: 0.2	0.1,0.2,0.3,0.1,0.2,0.1,	0.3,0.4,0.2,0.1	0.0,0.0,1.0,0.0	0.99,0.01
	W_2: 0.1	0.2,0.1,0.2,0.3,0.1,0.1,	0.1,0.2,0.6,0.1		
	W_3: 0.2	0.1,0.4,0.2,0.1,0.1,0.1,	0.2,0.1,0.2,0.5		
	W_4: 0.5	0.1,0.2,0.1,0.1,0.3,0.2,	0.3,0.4,0.2,0.1		
R_5	W_1: 0.3	0.1,0.2,0.3,0.1,0.2,0.1,	0.1,0.2,0.6,0.1	0.0,0.0,0.0,1.0	0.99,0.01
	W_2: 0.4	0.2,0.1,0.2,0.3,0.1,0.1,	0.2,0.1,0.2,0.5		
	W_3: 0.2	0.1,0.4,0.2,0.1,0.1,0.1,	0.3,0.4,0.2,0.1		
	W_4: 0.1	0.1,0.2,0.1,0.1,0.3,0.2,	0.5,0.2,0.2,0.1		

表 7.5　状态转移概率

TT_i ＼ TT_{i+1}	R_1	R_2	R_3	R_4	R_5
R_1	0.78	0.1	0.1	0.01	0.01
R_2	0.1	0.7	0.1	0.05	0.05
R_3	0.08	0.1	0.7	0.06	0.06
R_4	0.01	0.04	0.05	0.7	0.2
R_5	0.01	0.04	0.05	0.2	0.7

　　上面构建的威胁源分类识别的离散动态贝叶斯网络模型能够有效综合前后各个时间片中目标特征信息，可动态识别威胁源类别。

　　而在实际条件下，传感器获取到的目标特征信息可能是时有时无的，这与当前的战场态势、目标特性，以及传感器的性能和状态相关。因而，离散动态贝叶斯网络在各个时间片上的对应的属性节点可能是时有时无的，不同时间片上的网络结构可能会发生相应的变化，根据第五章内容引入变结构离散动态贝叶斯网络进行分析。

下面，我们对雷达侦察条件下的变结构离散动态贝叶斯网络进行分析。首先，以图 7.4 所示离散动态贝叶斯网络为基础，依据各个时间片上实际获取到证据信息的威胁源属性变量来设定观测节点，从而获取到雷达侦察条件下的变结构离散动态贝叶斯网络，如图 7.5 所示。

对比图 7.4 和图 7.5，可以看出，相较于图 7.4，图 7.5 所示动态网络的观测节点会出现不同状况的缺失，它反映了环境状态的变化是由一个稳态过程引起的，因此，存在部分各个变量之间的关系不发生变化；各个变量之间的条件概率和状态数不变；隐藏节点不变，相邻时间片之间的依赖关系（状态转移概率）不变。

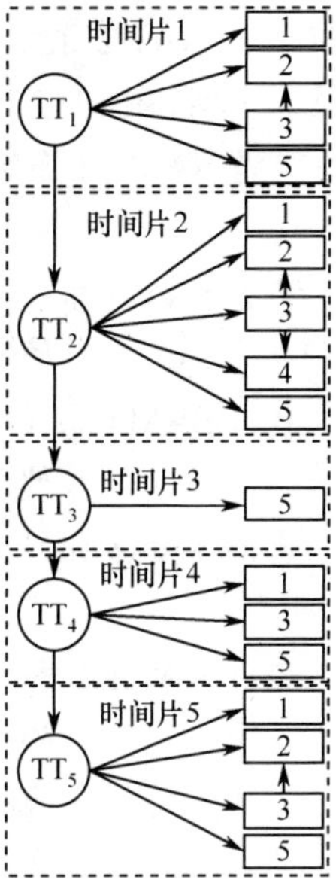

对于图 7.5 所示的变结构离散动态贝叶斯网络，各个时间片上条件概率以及相邻时间片之间状态转移概率等均保持稳定，所有参数设定均可用表 7.4 与表 7.5 对应数据。

综上所述，对于无人机自主作战下的威胁源分类识别问题，变结构离散动态贝叶斯网络可以适应各种情况下的威胁源分类识别。

为了验证所构建的变结构离散动态贝叶斯网络的威胁源分类识别模型的可行性和有效性，可以利用无人机侦察打击一体化条件下设想的威胁源及作战背景进行如下仿真实验。

图 7.5　雷达侦察条件下的
变结构 DDBN

（1）仿真对象设定。

在仿真实验中，坐标系为"北-天-东"地理坐标系，仿真时间片长度取 2.0s，共设定无人机 1 和威胁源 T 两个对象。

其中，无人机 1 初始位置为（0.0,1500.0,0.0）m，速度大小大致保持在 60.0m/s。在时间片 1，无人机 1 位置（123.1,1500.0,21.7）m，速度（56.4,0.0,20.5）m/s；在时间片 2，无人机 1 位置（231.4,1500.0,84.2）m，速度（46.0,0.0,38.6）m/s；在时间片 3，无人机 1 位置（311.8,1500.0,180.0）m，速度（30.0,0.0,52.0）m/s；在时间片 4，无人机 1 位置（341.8,1500.0,232.0）m，速度（30.0,0.0,52.0）m/s；在时间片 5，无人机 1 位置（371.8,1500.0,284）m，速度（30.0,0.0,52.0）m/s。

威胁源 T 的类型为 T_3（见表 7.3），对应某中近程导弹防空系统（SAM4）。

这个系统由一个车载 EM008 雷达和 4 枚 5nm、单段、固体燃料、低空半主动导弹组成。威胁源的辐射来自车载雷达 EM008，该雷达系统能够进行目标探测和跟踪；无需专门的跟踪照射雷达。在其工作过程中，它采用基于火控制导的圆锥扫描波束能够同时制导 2 枚导弹攻击同一目标。在实验过程中，设定整个系统处于正常工作状态，位置不变。初始位置为（4500.0,0.0,7794.2）m，速度为（0.0,0.0,0.0）m/s。

对于先验概率，我们通常是依据战前情报进行简化分析，例如：依据情报显示，敌方在战区内可能有 4 个 SAM1/2、12 个 SAM3、18 个 SAM4、20 个 AAA3 和 30 个 AAA1/2 系统，或者，上述系统按照此比例进行配置。并且在战区内没有第三方（相邻中立国）类似系统存在。则可得出如下一组概率值作为先验概率。

装备 SAM1/2 系统的概率为
$$P(\text{TT} = R_1) = 4/(4 + 12 + 18 + 20 + 30) = 0.048$$

装备 SAM3 系统的概率为
$$P(\text{TT} = R_2) = 12/(4 + 12 + 18 + 20 + 30) = 0.141$$

装备 SAM4 系统的概率为
$$P(\text{TT} = R_3) = 18/(4 + 12 + 18 + 20 + 30) = 0.223$$

装备 AAA3 系统的概率为
$$P(\text{TT} = R_4) = 20/(4 + 12 + 18 + 20 + 30) = 0.235$$

装备 AAA1/2 系统的概率为
$$P(\text{TT} = R_1) = 30/(4 + 12 + 18 + 20 + 30) = 0.353$$

因此，可得到威胁源类型的先验概率
$$P(\text{TT} = R_1, R_2, R_3, R_4, R_5) = (0.048, 0.141, 0.223, 0.235, 0.353)。$$

（2）各个观测节点证据信息及其分析。

针对上述仿真实验对象，我们依次获取到各个时间片上观测节点的证据信息。每个观测节点在任意一个时间片内的证据信息，均由该时间片长度内对该目标特征属性观测数据确定。其操作过程为：对于连续观测值通过模糊分类函数进行模糊分类，获得连续观测值属于各个模糊集合的隶属度。由于模糊集合和节点的离散状态一一对应，因而，获得的隶属度即等同于变量观测值属于各个状态的概率。将其作为该节点在该时间片的证据信息，即构成表 7.6 所列为不确定性证据。

表 7.6　在各个时间片获取到的目标特征证据信息

TS	RF	PRF	PW	PRT	MS
1	0.08,0.8,0.1,0.02	0.1,0.3,0.15,0.45	0.1, 0.25, 0.5,0.15		0.99，0.01
2	0.04,0.9,0.05,0.01	0.05,0.35,0.15,0.45	0.1, 0.2, 0.6,0.1	0.1,0.2,0.1,0.45,0.12,0.03	0.99，0.01
3					0.99，0.01
4	0.11,0.75,0.12,0.02		0.1,0.23,0.5,0.17		0.99，0.01
5	0.06,0.85,0.08,0.01	0.1,0.25,0.3,0.35	0.05, 0.2, 0.55,0.2		0.99，0.01

将表 7.6 与前文中图 7.5 相对应，可以看出，在时间片 1 和 2，无人机获取了较为全面的威胁源辐射信息；在时间片 3，威胁源采取了一定的对抗措施，无人机获取到的威胁源辐射特征信息急剧减少；在时间片 4 和 5，雷达侦察设备继续侦察，又逐步重新获取到相对全面的威胁源辐射特征信息。

对于不完整的目标特征证据信息，我们可以通过数据修复技术，利用 6.3 节改进的前向信息修补算法对表 7.6 中的缺失数据进行修补得到表 7.7。

表 7.7　利用改进的前向修补算法修补后的目标特征证据信息

TS	RF	PRF	PW	PRT	MS
1	0.08,0.8,0.1,0.02	0.1,0.3,0.15,0.45	0.1,0.25,0.5,0.15	0.16,0.16,0.17,0.17,0.17,0.17	0.99, 0.01
2	0.04,0.9,0.05,0.01	0.05,0.35,0.15,0.45	0.1,0.2,0.6,0.1	0.1,0.2,0.1,0.45,0.12,0.03	0.99, 0.01
3	0.058711,0.82459, 0.059214,0.057486	0.24653,0.26602, 0.27897,0.20847	0.19254,0.24818, 0.4094,0.14988	0.11958,0.2623, 0.21998, 0.13916,0.14923, 0.10975	0.99, 0.01
4	0.11,0.75,0.12,0.02	0.24773,0.26539, 0.27795,0.20893	0.1,0.23,0.5,0.17	0.11955,0.26261,0.21967, 0.1391,0.14922,0.10985	0.99, 0.01
5	0.06,0.85,0.08,0.01	0.1,0.25,0.3,0.35	0.05,0.2,0.55,0.2	0.11954,0.26446,0.21811, 0.13907,0.14865,0.11018	0.99, 0.01

（3）实验结论及分析。

根据表 7.6 提供的证据信息，表 7.8 中从左到右的三列依次对应变结构 DDBN 的递推推理算法、离散静态贝叶斯网络推理、以及根据表 7.7 修补的证据信息并利用离散动态贝叶斯网络推理算法而得到的仿真结果。

表 7.8　各时间片分类识别结果的对比

时间片	变结构 DDBN 的推理结果: R_1,R_2,R_3,R_4,R_5	离散静态贝叶斯网络的推理结果:R_1,R_2,R_3,R_4,R_5	数据修补的 DDBN 的推理结果:R_1,R_2,R_3,R_4,R_5
1	0.0065449,0.20864,0.77589, 0.006789,0.002137	0.021155,0.28734,0.61882, 0.054814,0.017865	0.0059483,0.17386,0.81169, 0.0064374,0.0020635
2	0.007807,0.21077,0.78021, 0.0010261,0.00018697	0.018555,0.29327,0.65849, 0.021995,0.007686	0.0052447,0.16127,0.83293, 0.00047326,8.8593×10^{-5}
3	0.024884,0.22423,0.73384, 0.0090103,0.0080364	0.032885,0.14507, 0.2176,0.24178,0.36267	0.0083947,0.16031,0.83042, 0.00043519,0.0004356
4	0.014688,0.23188,0.75024, 0.0028086, 0.00037836	0.024465,0.27202,0.61867, 0.06723,0.017618	0.010211,0.16808,0.82028, 0.0012624,0.00017307
5	0.023615,0.25672,0.71325, 0.0058202,0.00059184	0.021515,0.29301,0.63424, 0.04381,0.0074239	0.021449,0.20125,0.77166, 0.0051056,0.00053877

参考表 7.8 或图 7.6 的分类结果，可进行如下分析：

（1）变结构 DDBNs 的推理结果对比分析。

在威胁源分类识别过程中，尽管在任意观测时刻获取到的各种目标特征信息都可能会发生缺失，并且在某些时间片上证据信息变化剧烈、缺失较多，但是利用变结构离散动态贝叶斯网络仍然可以有效综合多个时间片上观测到的不确定性特征信息，始终能够较为准确地分辨出威胁源类型。对应到上述 5 个时间片上，通过变结构 DDBN 的推理，确定威胁源为 T_3（SAM4）类型的概率依次为 77.5%，78.0%，73.3%，75.0%，71.3%，大部分保持在 70%以上。

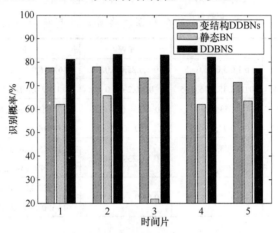

图 7.6　各时间片分类识别结果对比直方图

（2）离散静态 BN 网络分类器识别结果对比分析。

对于通常使用的静态贝叶斯网络进行分类识别，由于它仅能够利用当前时间片内的目标特征信息进行诊断推理，与动态网络相比，其识别效率差，且波动较大。对应在表 7.8 中，5 个时间片上的识别出威胁源类型为 T_3（SAM4）的概率依次为 61.9%，65.8%，21.8%，61.9%，63.4%。特别是在第 3 个时间片上，由于获取到的威胁源特征信息较少，其信息利用不足，威胁源的分类识别的效果较差，判定其为 T_3 的概率已降低到 30%以下。

（3）基于数据修补的离散动态贝叶斯网络的推理结果分析。

使用数据修补技术对未观测到的缺失数据进行修补，在上述 5 个时间片的仿真结果数据中，该方法识别出威胁源为 T_3（SAM4）的概率依次为 81.2%，83.3%，83.0%，82.0%，77.2%，均保持在 75%以上。可以看出，在使用离散动态贝叶斯网络分类器的前提下，威胁源分类识别系统均能达到比较好的分类识别结果。有数据修补的离散动态贝叶斯网络分类器较变结构 DDBN 网络分类器的识别结果有所提高。

综上所述，基于离散动态贝叶斯网络分类器的威胁源分类识别模型不仅能够综合单一时刻的目标特征信息,而且能够有效关联不同时刻的目标特征数据。即使在某些时刻上某些目标特征信息缺失，也可以采用变结构离散动态贝叶斯网络进行推理，从而克服了依靠单一时间片上的目标特征信息进行识别的局限性和波动性，明显提高了侦察打击一体化条件下无人机对目标威胁源分类识别的效能。

在本节中，威胁源分类识别主要是以雷达侦察为研究背景，我们可以采用同样的方式，构建通信侦察的威胁源分类识别模型、红外侦察的威胁源分类识别模型等，或者在多种模型基础上构建融合的威胁源分类识别模型。

7.3 无人机自主作战下的威胁等级评估和编队内任务决策

7.3.1 问题的提出

在上一节内容中，我们主要讨论了无人机侦察打击一体化作战想定条件下的威胁源分类识别问题。对于整个无人机自主智能决策系统而言，分类识别属于第一级决策问题。在此基础上，我们还将面临态势威胁评估和战术任务决策的相关问题。

目前，对"态势威胁评估"尚未有统一的定义，通常情况下，大多采用美国国防部实验室联席理事会（JDL）数据融合小组的描述性解释：态势估计（Assessment of Situation）和威胁估计（Assessment of Threat）分别属于第二、三级的融合问题，由它们构成整个态势威胁评估（Situation and Threat Assessment，STA）问题。态势估计是指建立关于活动、时间、位置和兵力等要素组织的一张视图，将所观测到的战斗力量分布与活动和战场周围环境、敌方作战意图及机动性有机地联系起来，分析并确定事件发生的意愿，得到关于敌方兵力结构使用的估计，最终形成战场综合态势图，它属于第二级融合。第三级融合是威胁估计，指的是根据当前战场态势推理敌方意图和目的，量化评估敌方力量的杀伤力和危险性。两者的区别在于威胁估计经由推理给出了定量的威胁能力等级估计，并涉及敌方兵力的作战意图和目的，而态势估计的结果是用来表示敌方行为的模式。对此，为方便起见，我们这里定义态势是指在特定战场环境中，敌方、我方、中立方所具有的各种战斗力要素的当前状态和发展趋势。这一定义可以简单地表示为：态势和威胁评估=状态描述+趋势预测。

战术任务决策过程是指在态势威胁评估基础上实施的任务规划，以及目标选择、目标分配、战术选择等任务决策过程。

在设定的无人机自主作战想定中，我们所分析的威胁源是指具有对抗能力的防空导弹 SAM 系统和防空高炮 AAA 系统。它们遂行的任务单一明确：对我方正在执行侦察/打击任务的无人机进行有效拦截，具体包括搜索发现、截获跟踪、武器发射和中继制导这一系列子任务。其行为模式较为明晰，因此，态势威胁评估主要是指战场威胁估计方面，本章将这方面的具体问题设定为"任意一个被发现威胁源的威胁等级估计"，后文中简记为"威胁等级评估"。

在无人机侦察打击一体化条件下，它应该针对突然出现的目标及时自主做出攻击决策。假设我方的作战主体为单机或双机的无人机编队，一次只与一个地面威胁源进行对抗，对抗方式可能为攻击或规避。因此，对于一个突发威胁源，威胁等级评定后，进入到决策过程中，我们要分析"对于该威胁源，无人机编队（双机）是否攻击、由谁攻击、是否规避、如何规避"，后文简记为"编队内任务决策"问题，我们根据 3.7 节推理算法进行编队内任务决策。

7.3.2 威胁等级评估的离散动态贝叶斯网络

就威胁等级评估而言，贝叶斯网络可以将其看作一个典型的诊断过程：当前威胁源的威胁态势看作原因，发生的事件看作结果，而传感器获取到的数据看作症状。威胁评估从检测事件的发生开始，在检测到事件后，将其作为新的证据输入，事件对威胁态势的影响可以通过贝叶斯逻辑向后传播来更新，更新后的态势则又通过前向推理来预测事件的发生，从而完成一轮威胁评估。

在现有文献[1-4]中，已经给出了典型的威胁源威胁等级评估的静态贝叶斯网络模型，其构建过程中需要考虑的变量主要包括：威胁等级节点（ThreatLevel）、威胁源距离节点（Range）、威胁源类型节点（Target）、威胁源状态节点（ThtreatIntent），以及用于威胁源分类识别的多个观测节点和用于威胁源状态评估的多个观测节点等。

在上述静态贝叶斯网络模型基础上，引入离散动态贝叶斯网络，有效综合前后多个时间片的威胁源类型、状态、距离等信息，给出用于威胁等级评估的离散动态贝叶斯网络模型，如图 7.7 所示。

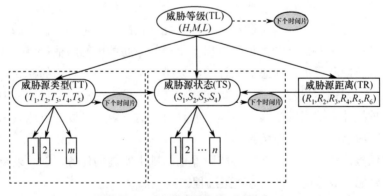

(a) 威胁源分类识别子网络　　(b) 威胁源状态评估子网络

图 7.7　威胁等级评估的 DDBN 网络

图 7.7 中，隐藏节点"威胁等级"的状态可表示为 TL={高(H)，中(M)，低(L)}；可观测节点"威胁源距离"的状态可表示为 TR={0～2km(R_1)，2～5km(R_2)，5～10km

（R_3），10～15km（R_4），15～25km（R_5），大于25km（R_6）}。

上述节点中，威胁源类型节点（TT）和威胁源状态节点（TS）本身是隐藏节点，但相对于它们的父节点——"威胁源威胁等级（TL）"而言，它们也是能够获取证据信息的"观测节点"。在此种情况下，节点的证据信息即对应图7.7（a）和（b）所示的2个子网络的评估结果。

威胁源威胁等级评估的离散动态贝叶斯网络可以被拆分成两个层次的子网络，第一层次对应威胁等级评估子网络，第二层次对应威胁源分类识别和威胁源状态评估子网络。从而使得一个相对复杂的大系统计算推理网络分解为多个规模较小的计算推理子网络，以使得同一层次的子网络可以并行计算推理。

7.3.3 编队内任务决策的离散动态贝叶斯网络

对于整个决策过程而言，首要任务是进行态势威胁评估，一旦态势威胁评估完成，决策几乎可以根据态势威胁的评估结果自动生成。因此，我们在威胁等级评估网络模型的基础上，以相同的思路构建无人机编队内任务决策的离散动态贝叶斯网络模型，如图7.8所示。主要针对双机编队，在该决策网络中，图中将编队内两架无人机的代号分别设定为1和2。

如图7.8所示，编队内任务决策依据的主要信息为威胁源相对于无人机1、2的威胁等级，以及无人机1、2相对于威胁源的优势。

图中，节点MD表示编队内的任务决策，包括4种状态，MD={无人机1攻击/无人机2攻击（D1），无人机1攻击/无人机2规避（D2），无人机1规避/无人机2攻击（D3），无人机1规避/无人机2规避（D4）}；

节点TL_1，TL_2表示威胁源相对于无人机1和2的威胁等级（图7.7），变量状态表示为TL={高(H)，中(M)，低(L)}；

节点TP_1，TP_2分别对应两架无人机各自对于威胁源的优势，变量状态表示为TP={优势(P1)，较优(P2)，均势(P3)，劣势(P4)}。

在整个网络中，节点MD为隐藏根节点，其证据子节点可看做TL_1，TL_2，TP_1，TP_2。

其中，TL_1，TL_2节点由图7.8（a）和（c）所示威胁等级评估子网络评定。

TP_1，TP_2节点由图7.8（b）和（d）所示优势评估子网络进行评定。该部分网络中主要包括3个层次的节点，第一层次为"无人机对威胁源的优势"节点；第二层次为"空间态势"和"作战能力"节点；第三层次为"空间态势"的可观测证据子节点依次包括"水平距离"、"垂直距离"、"角度偏差"和"接近速度"，以及"作战能力"节点的可观测证据子节点依次包括"发动机状况"、"传感器状况"、"火控系统状况"、"外挂系统状况"和"武器状况"。这部分子网络由于特征信息明确，诊断推理过程简单，因此，采用离散静态贝叶斯网络有效综合当前时间片上特征信息即可获取较优的推断结论，对应图7.8（b）和（d）。

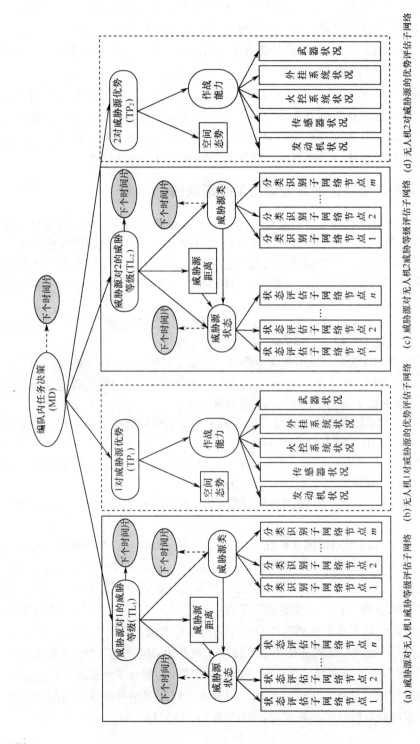

(a) 威胁源对无人机1威胁等级评估子网络　(b) 无人机1对威胁源的优势评估子网络　(c) 威胁源对无人机2威胁等级评估子网络　(d) 无人机2对威胁源的优势评估子网络

图 7.8　编队内的任务决策 DDBN

综合上述，我们可以直接将 TL_1，TL_2，TP_1，TP_2 节点作为观测节点，将威胁等级评估和优势评估的结果作为这些节点证据信息载入进来。由此可以看出，"编队内任务决策的离散动态贝叶斯网络"与"威胁等级评估网络"相似，通过分级操作，也可以将其拆分为多层次的决策子网络，上一层次的决策网络只要求下一层次决策网络的评估结果，从而实现了分级决策机制。

下面依次分析威胁等级评估和编队内任务决策的离散动态贝叶斯网络模型。

7.3.3.1 威胁等级评估的分级离散动态贝叶斯网络

图 7.9 所示的威胁等级评估的离散动态贝叶斯网络可以拆分为两级决策子网络。第一级网络为威胁等级评估网络，如图 7.9 所示。

第二级网络包括分类识别网络和状态评估网络，其中，分类识别网络对应 7.2.4 节网络模型，状态评估网络如图 7.10 所示。

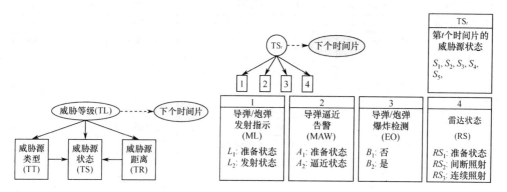

图 7.9 威胁等级评估的第一级 DDBN   图 7.10 威胁源状态评估的 DDBN

在威胁估计网络概率模型建立后，基于军事专家的知识隐含在该模型节点之间的关系中。我们给出图 7.9 所需的参数设定，如表 7.9～表 7.11 所示。

表 7.9 威胁估计网络条件概率 $P(TR|TL)$ 和 $P(TT|TL)$

威胁等级	威胁源距离 R_1, R_2, R_3, R_4, R_5, R_6 0~2km, 2~5km, 5~10km, 10~15km, 15~25km, 大于25km	威胁源类型 T_1,T_2,T_3,T_4,T_5
H	0.35, 0.24, 0.22, 0.14, 0.05, 0.00	0.43, 0.28, 0.16, 0.09, 0.04
M	0.05, 0.15, 0.27, 0.35, 0.13, 0.05	0.13, 0.16, 0.30, 0.21, 0.20
L	0.01, 0.09, 0.12, 0.18, 0.28, 0.32	0.03, 0.07, 0.15, 0.25, 0.50

状态评估网络分析过程如下。

表 7.10 条件概率 $P(TS|TL,TR,TT)$

TL,TR,TT	TS	TL,TR,TT	TS	TL,TR,TT	TS
H,0~2km,T_1	0.0,0.0,0.0,0.0,1.0	M,0~2km,T_1	0.0,0.0,0.8,0.2,0.0	L,0~2km,T_1	0.0,0.99,0.01,0.0,0.0
H,2~5km,T_1	0.0,0.0,0.0,0.4,0.6	M,2~5km,T_1	0.0,0.0,0.6,0.4,0.0	L,2~5km,T_1	0.0,0.7,0.3,0.0,0.0
H,5~10km,T_1	0.0,0.0,0.0,0.5,0.5	M,5~10km,T_1	0.0,0.0,0.4,0.6,0.0	L,5~10km,T_1	0.0,0.5,0.5,0.0,0.0
H,10~15km,T_1	0.0,0.0,0.0,0.6,0.4	M,10~15km,T_1	0.0,0.0,0.3,0.7,0.0	L,10~15km,T_1	0.0,0.3,0.7,0.0,0.0

TL,TR,TT	TS	TL,TR,TT	TS	TL,TR,TT	TS
H,15~25km,T_1	0.0,0.0,0.0,0.0,0.7,0.3	M,15~25km,T_1	0.0,0.0,0.0,0.2,0.8,0.0	L,15~25km,T_1	0.0,0.2,0.8,0.0,0.0,0.0
H,大于25km,T_1	1.0,0.0,0.0,0.0,0.0,0.0	M,大于25km,T_1	0.0,0.0,0.0,0.1,0.9,0.0	L,大于25km,T_1	0.0,0.1,0.9,0.0,0.0,0.0
H,0~2km,T_2	0.0,0.0,0.0,0.0,0.0,1.0	M,0~2km,T_2	0.0,0.0,0.0,0.8,0.2,0.0	L,0~2km,T_2	0.0,0.99,0.01,0.0,0.0,0.0
H,2~5km,T_2	0.0,0.0,0.0,0.0,0.4,0.6	M,2~5km,T_2	0.0,0.0,0.0,0.6,0.4,0.0	L,2~5km,T_2	0.0,0.7,0.3,0.0,0.0,0.0
H,5~10km,T_2	0.0,0.0,0.0,0.0,0.5,0.5	M,5~10km,T_2	0.0,0.0,0.0,0.4,0.6,0.0	L,5~10km,T_2	0.0,0.5,0.5,0.0,0.0,0.0
H,10~15km,T_2	0.0,0.0,0.0,0.0,0.6,0.4	M,10~15km,T_2	0.0,0.0,0.0,0.3,0.7,0.0	L,10~15km,T_2	0.0,0.3,0.7,0.0,0.0,0.0
H,15~25km,T_2	1.0,0.0,0.0,0.0,0.0,0.0	M,15~25km,T_2	0.0,0.0,0.0,0.2,0.8,0.0	L,15~25km,T_2	0.0,0.2,0.8,0.0,0.0,0.0
H,大于25km,T_2	1.0,0.0,0.0,0.0,0.0,0.0	M,大于25km,T_2	1.0,0.0,0.0,0.0,0.0,0.0	L,大于25km,T_2	1.0,0.0,0.0,0.0,0.0,0.0
H,0~2km,T_3	0.0,0.0,0.0,0.0,0.0,1.0	M,0~2km,T_3	0.0,0.0,0.0,0.8,0.2,0.0	L,0~2km,T_3	0.0,0.99,0.01,0.0,0.0,0.0
H,2~5km,T_3	0.0,0.0,0.0,0.0,0.4,0.6	M,2~5km,T_3	0.0,0.0,0.0,0.6,0.4,0.0	L,2~5km,T_3	0.0,0.7,0.3,0.0,0.0,0.0
H,5~10km,T_3	0.0,0.0,0.0,0.0,0.5,0.5	M,5~10km,T_3	0.0,0.0,0.0,0.4,0.6,0.0	L,5~10km,T_3	0.0,0.5,0.5,0.0,0.0,0.0
H,10~15m,T_3	1.0,0.0,0.0,0.0,0.0,0.0	M,10~15km,T_3	0.0,0.0,0.0,0.3,0.7,0.0	L,10~15km,T_3	0.0,0.3,0.7,0.0,0.0,0.0
H,15~25km,T_3	1.0,0.0,0.0,0.0,0.0,0.0	M,15~25km,T_3	1.0,0.0,0.0,0.0,0.0,0.0	L,15~25km,T_3	1.0,0.0,0.0,0.0,0.0,0.0
H,大于25km,T_3	1.0,0.0,0.0,0.0,0.0,0.0	M,大于25km,T_3	1.0,0.0,0.0,0.0,0.0,0.0	L,大于25km,T_3	1.0,0.0,0.0,0.0,0.0,0.0
H,0~2km,T_4	0.0,0.0,0.0,0.0,0.0,1.0	M,0~2km,T_4	0.0,0.0,0.0,0.8,0.2,0.0	L,0~2km,T_4	0.0,0.99,0.01,0.0,0.0,0.0
H,2~5km,T_4	0.0,0.0,0.0,0.0,0.4,0.6	M,2~5km,T_4	0.0,0.0,0.0,0.6,0.4,0.0	L,2~5km,T_4	0.0,0.6,0.4,0.0,0.0,0.0
H,5~10km,T_4	1.0,0.0,0.0,0.0,0.0,0.0	M,5~10km,T_4	1.0,0.0,0.0,0.0,0.0,0.0	L,5~10km,T_4	0.0,0.3,0.7,0.0,0.0,0.0
H,10~15km,T_4	1.0,0.0,0.0,0.0,0.0,0.0	M,10~15km,T_4	1.0,0.0,0.0,0.0,0.0,0.0	L,10~15km,T_4	1.0,0.0,0.0,0.0,0.0,0.0
H,15~25km,T_4	1.0,0.0,0.0,0.0,0.0,0.0	M,15~25km,T_4	1.0,0.0,0.0,0.0,0.0,0.0	L,15~25km,T_4	1.0,0.0,0.0,0.0,0.0,0.0
H,大于25km,T_4	1.0,0.0,0.0,0.0,0.0,0.0	M,大于25km,T_4	1.0,0.0,0.0,0.0,0.0,0.0	L,大于25km,T_4	1.0,0.0,0.0,0.0,0.0,0.0
H,0~2km,T_5	0.0,0.0,0.0,0.0,0.0,1.0	M,0~2km,T_5	0.0,0.0,0.0,0.8,0.2,0.0	L,0~2km,T_5	0.0,0.99,0.01,0.0,0.0,0.0
H,2~5km,T_5	1.0,0.0,0.0,0.0,0.0,0.0	M,2~5km,T_5	1.0,0.0,0.0,0.0,0.0,0.0	L,2~5km,T_5	0.0,0.6,0.4,0.0,0.0,0.0
H,5~10km,T_5	1.0,0.0,0.0,0.0,0.0,0.0	M,5~10km,T_5	1.0,0.0,0.0,0.0,0.0,0.0	L,5~10km,T_5	1.0,0.0,0.0,0.0,0.0,0.0
H,10~15km,T_5	1.0,0.0,0.0,0.0,0.0,0.0	M,10~15km,T_5	1.0,0.0,0.0,0.0,0.0,0.0	L,10~15km,T_5	1.0,0.0,0.0,0.0,0.0,0.0
H,15~25km,T_5	1.0,0.0,0.0,0.0,0.0,0.0	M,15~25km,T_5	1.0,0.0,0.0,0.0,0.0,0.0	L,15~25km,T_5	1.0,0.0,0.0,0.0,0.0,0.0
H,大于25km,T_5	1.0,0.0,0.0,0.0,0.0,0.0	M,大于25km,T_5	1.0,0.0,0.0,0.0,0.0,0.0	L,大于25km,T_5	1.0,0.0,0.0,0.0,0.0,0.0

表 7.11 威胁等级评估网络状态转移概率表

TL_i ＼ TL_{i+1}	H	M	L
H	0.8	0.15	0.05
M	0.15	0.7	0.15
L	0.1	0.3	0.6

在图 7.7 中已构建了对于威胁源状态评估和威胁源分类识别网络结构。而状态评估子网络，也可以采用与分类识别网络完全相同的思路进行构建，如图 7.10 所示。

在图 7.10 中，隐藏节点"威胁源状态（TS）"由实际防空系统状态确定。7.2.1 节想定中给出的典型防空导弹和高炮系统（表 7.1）的实战状态（Threat State）依次为：不活动（IA），搜索（Acq），跟踪锁定（TTr），武器发射（ML），制导照射

（MG）和武器爆炸（Fire）这六个阶段。它们是威胁源作战意图的具体体现，不同状态最终会影响威胁源的威胁等级和无人机的自主决策。

依据上述，为简化起见，我们将隐藏节点"威胁源状态（TS）"变量的状态定义为五个阶段：TS={不活动段（S_1），搜索段（S_2），跟踪段（S_3），发射段（S_4），攻击段（S_5）}。

而对威胁源状态进行推理的观测证据信息分别来自各个不同的机载传感器系统，具体包括导弹/炮弹发射指示器（Missile Launch Detector, ML）、导弹逼近告警器（MAW）、导弹/炮弹爆炸光电检测传感器（Electro-Optical Sensor, EO），以及雷达寻的和告警系统（RWAH）。它们构成威胁源状态评估网络中的观测节点，对应图7.10中节点1、2、3、4。

与之对应的，根据相关武器装备的专家知识和情报，动态网络中继续使用在静态条件下建立的网络条件概率如表7.12所示，而状态转移概率则如表7.13所示。

表 7.12　威胁源状态评估网络条件概率表

TS	ML	MAW	EO	RS
S_1	0.999,0.001	0.999,0.001	0.999,0.001	0.998,0.001,0.001
S_2	0.999,0.001	0.999,0.001	0.999,0.001	0.01,0.9,0.09
S_3	0.999,0.001	0.999,0.001	0.999,0.001	0.001,0.049,0.95
S_4	0.05,0.95	0.4,0.6	0.7,0.3	0.001,0.004,0.995
S_5	0.7,0.3	0.2,0.8	0.5,0.5	0.001,0.499,0.5

表 7.13　状态转移概率表

TS_i ＼ TS_{i+1}	S_1	S_2	S_3	S_4	S_5
S_1	0.8	0.2	0.0	0.0	0.0
S_2	0.05	0.7	0.25	0.0	0.0
S_3	0.03	0.1	0.52	0.25	0.1
S_4	0.03	0.1	0.1	0.42	0.35
S_5	0.05	0.15	0.05	0.3	0.45

7.3.3.2　编队内任务决策的分级离散动态贝叶斯网络

图7.8所示的编队内任务决策的离散动态贝叶斯网络可以拆分为3级决策子网络。

第一级网络为最高级编队内任务决策评估网络。

第二级网络包括威胁源相对于无人机1、无人机2的威胁等级评估网络，以及无人机1、无人机2相对于威胁源的优势评估网络。

第三级网络包括两类网络，一类是与威胁等级评估相关的威胁源分类识别网络、威胁源状态评估网络；另一类是与优势评估相关的作战态势评估网络和作战能力评估网络。

在第二、第三级网络中，与威胁等级评估相关的子网络，前面已给出模型，与优势评估相关的子网络（对应图 7.8（b）和（d）所示网络结构），如图 7.11 所示。这部分子网络由于特征信息明确，诊断推理过程简单，采用静态贝叶斯网络有效综合当前时间片上特征信息即可获取较优的推断结论，其条件概率如表 7.14 和表 7.15 所示。在图 7.11（b）和表 7.14 中，各变量状态依次如下，发动机状况：全加力正常/全功率正常/部分功率输出；传感器状况：全部正常/仅远距正常/仅近距正常/应急状况；火控系统状况：全部正常/仅导弹正常/仅炸弹正常/全部故障；外挂系统状况：全部正常/仅导弹正常/仅炸弹正常/全部故障；武器系统状况：全有/仅有导弹/仅有炸弹/全无。

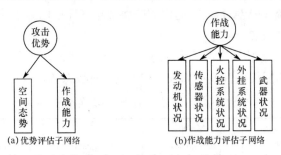

图 7.11　与优势评估相关的子网络

表 7.14　作战能力评估的条件概率表

作战能力	发动机状况	传感器状况	火控系统状况	外挂状况	武器系统状况
强	0.5,0.38,0.12	0.75,0.1,0.1,0.05	0.63,0.24,0.1,0.03	0.63,0.21,0.11,0.05	0.7,0.1,0.1,0.1
较强	0.43,0.43,0.14	0.1,0.75,0.1,0.05	0.24,0.63,0.1,0.03	0.21,0.63,0.11,0.05	0.1,0.7,0.1,0.1
一般	0.2,0.6,0.2	0.1,0.1,0.75,0.05	0.1,0.1,0.77,0.03	0.11,0.11,0.74,0.04	0.1,0.1,0.7,0.1
弱	0.14,0.14,0.72	0.09,0.09,0.09,0.73	0.09,0.09,0.09,0.73	0.09,0.09,0.09,0.73	0.1,0.1,0.1,0.7

表 7.15　作战优势评估的条件概率表

作战优势	作战能力:强/较强/一般/弱	空间态势:优/良/中/差
优势	0.723,0.229,0.045,0.003	0.534,0.300,0.133,0.033
较优	0.452,0.298,0.213,0.037	0.356,0.409,0.173,0.062
均势	0.085,0.395,0.461,0.059	0.185,0.287,0.336,0.192
劣势	0.013,0.031,0.108,0.848	0.107,0.143,0.230,0.520

在此基础上的第一级决策网络如图 7.12 所示。

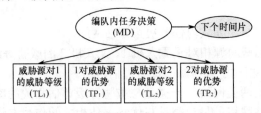

图 7.12　编队内任务决策的第一级 DDBN

在编队内任务决策的离散动态贝叶斯网络概率模型建立后，我们给出图 7.12 中各条边的条件概率，以及状态转移概率，如表 7.16 和表 7.17 所示。

表 7.16　决策网络的条件概率表

MD	TL₁	TP₁	TL₂	TP₂
无人机 1 攻击,无人机 2 攻击	0.18,0.27, 0.55	0.50,0.25,0.15,0.10	0.18,0.27, 0.55	0.50,0.25,0.15,0.10
无人机 1 攻击,无人机 2 规避	0.25,0.31, 0.44	0.36,0.25,0.21,0.18	0.74,0.18,0.08	0.04,0.08,0.18,0.70
无人机 1 规避,无人机 2 攻击	0.74,0.18,0.08	0.04,0.08,0.18,0.70	0.25,0.31, 0.44	0.36,0.25,0.21,0.18
无人机 1 规避,无人机 2 规避	0.70,0.20,0.10	0.04,0.08,0.18,0.70	0.70,0.20,0.10	0.04,0.08,0.18,0.70

表 7.17　决策网络的状态转移概率表

MDᵢ ＼ MDᵢ₊₁	无人机 1 攻击,无人机 2 攻击	无人机 1 攻击,无人机 2 规避	无人机 1 规避,无人机 2 攻击	无人机 1 规避,无人机 2 规避
无人机 1 攻击,无人机 2 攻击	0.75	0.1	0.1	0.05
无人机 1 攻击,无人机 2 规避	0.1	0.7	0.1	0.1
无人机 1 规避,无人机 2 攻击	0.1	0.1	0.7	0.1
无人机 1 规避,无人机 2 规避	0.1	0.15	0.15	0.6

7.3.4　仿算算例

为了验证分级离散动态贝叶斯网络用于威胁等级评估和编队内任务决策的可行性，本节内容在第 7.2 节仿真背景设定的基础上进行如下仿真实验。

7.3.4.1　威胁等级评估仿真算例

威胁等级评估算例是在 7.2 节仿真背景的基础上进行的。在仿真实验设定的 5 个时间片对抗过程中，无人机距离威胁源 T 大约 9km，逐步调整方向对准威胁源，在时间片 3、4 侦察到威胁源发射导弹，由于其攻击目标非本机，因此，导弹逼近系统、导弹爆炸检测系统、雷达侦察系统等获取到的目标威胁源信息没有剧烈变化，故威胁等级在 3、4 时间片稍有上升，其他时间片上相对稳定。

表 7.7 给出了威胁源 T 的目标特征证据信息数据，在此基础上，我们进一步给出状态观测和距离观测数据，如表 7.18 所列，以此作为威胁等级评估的证据信息。

表 7.18　无人机 1 在各个时间片获取的威胁源 T 状态特证和距离特征信息

TS	ML 导弹/炮弹发射指示	MAW导弹逼近告警	EO 导弹/炮弹爆炸检测	RS 雷达状态	距离: 0～2km,2～5km, 5～10km,10～15km, 15～25km,大于 25km/%
1	0.99,0.01	0.99,0.01	0.99,0.01	0.05,0.8,0.15	0.1,5.9,54.0,38.0,1.9,0.1
2	0.99,0.01	0.99,0.01	0.99,0.01	0.05,0.75,0.2	0.1,6.0,54.2,37.7,1.9,0.1
3	0.01,0.99	0.99,0.01	0.99,0.01	0.08,0.72,0.2	0.1,6.1,54.4,37.5,1.8,0.1
4	0.01,0.99	0.99,0.01	0.99,0.01	0.09,0.76,0.15	0.1,6.2,54.7,37.1,1.8,0.1
5	0.99,0.01	0.99,0.01	0.99,0.01	0.1,0.8,0.1	0.1,6.3,55.0,36.8,1.7,0.1

通过分级离散动态贝叶斯网络的推理，依次计算结果如表 7.19 所列。

表 7.19　威胁源 T 对无人机 1 的威胁等级评估结果

TS	分类识别结果：T_1,T_2,T_3,T_4,T_5/%	状态评估结果：S_1,S_2,S_3,S_4,S_5/%	威胁等级结果：H,M,L/%
1	0.0059483, 0.17386, 0.81169, 0.0064374, 0.0020635	0.013128,0.75875,0.12513, 0.0002688,0.10272	0.038498, 0.24572, 0.71578
2	0.0052447, 0.16127, 0.83293, 0.00047326, 8.8593e-005	0.002397,0.66242,0.23211, 0.00040814,0.10266	0.028037, 0.33447, 0.63749
3	0.0083947,0.16031,0.83042, 0.00043519, 0.0004356	0.0023636,0.64017,0.054155, 0.057196,0.24612	0.082922, 0.28872 0.62835
4	0.010211, 0.16808, 0.82028, 0.0012624, 0.00017307	0.0037145,0.677,0.022997, 0.023642,0.27265	0.12425, 0.16934, 0.70641
5	0.021449, 0.20125, 0.77166, 0.0051056, 0.00053877	0.016503,0.82953,0.064686, 0.00015171,0.089131	0.11537, 0.18414, 0.7005

表 7.19 中，左列为分类识别子网络推理结果。第三列为状态评估子网络推理结果，在第 3、4 时间片上，由于威胁源 T 进行导弹发射，因此判定威胁源处于"发射段(S_4)"的概率明显上升，但由于导弹攻击目标非本机，其他传感器没有信息突变，因此，整体上仍判定其处于"搜索段(S_2)"的概率最大。这一点变化反映到右列威胁等级评估结果中，参考图 7.13 可以看出，在第 3、4 时间片上，威胁等级为中等级的概率明显上升，其他时间片上判定威胁等级为低的概率相对较大，如在第 5 个时间片上，根据其他传感器信息，确定导弹攻击目标非本机，威胁等级明显回落。上述评估结果与前文中作战背景设定相符，说明模型合理有效。

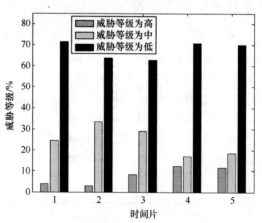

图 7.13　各个时间片威胁等级评估结果

7.3.4.2　编队内任务决策的仿真对象设定及作战背景分析

依据第 7.2 节仿真算例，保持坐标系和仿真时间片长度设置不变，在已设定对

象威胁源 T 和无人机 1 之外添加无人机 2 作为无人机编队内的僚机。

无人机 2 初始位置为（6000.0, 1500, 0.0）m，速度大小保持在 60.0m/s 左右。

在时间片 1，无人机 2 位置（6000, 1500, 120）m，速度（0.0, 0.0, 60.0）m/s。

在时间片 2，无人机 2 位置（6000, 1500, 240）m，速度（0.0, 0.0, 60.0）m/s。

在时间片 3，无人机 2 位置（6000, 1500, 360）m，速度（0.0, 0.0, 60.0）m/s。

在时间片 4，无人机 2 位置（6030, 1500, 470）m，速度（30.0, 0.0, 52.0）m/s。

在时间片 5，无人机 2 位置（6120, 1500, 520）m，速度（60.0, 0.0, 0.0）m/s。

在整个对抗过程中，无人机 2 距离威胁源 T 相对稍近，在时间片 3 上，威胁源 T 对无人机 2 完成锁定并发射导弹进行攻击。无人机则从时间片 4 开始进行机动，规避远离威胁源 T。对于无人机 1 而言，由于其未受到攻击，并且自身携带有远距离攻击的导弹武器（无人机 2 上仅带有炸弹及相关外挂系统），故无人机 1 飞行方向转向威胁源。综上所述，这一过程中，由无人机 2 吸引对方火力，而由无人机 1 实施攻击最为合理。

根据作战想定，在编队内任务决策过程中无人机 1 和无人机 2 各自获取到的证据信息包括威胁源 T 的目标特征、状态特征和距离特征，以及无人机作战能力和空间态势信息。汇总如表 7.20～表 7.25 所示。

表 7.20　无人机 1 观测到威胁源 T 的目标特征信息

TS	RF	PRF	PW	PRT	MS
1	0.08,0.8,0.1,0.02	0.1,0.3,0.15,0.45	0.1, 0.25, 0.5,0.15	0.16,0.16,0.17,0.17,0.17,0.17	0.99，0.01
2	0.04,0.9,0.05,0.01	0.05,0.35,0.15,0.45	0.1, 0.2, 0.6,0.1	0.1,0.2, 0.1, 0.45 ,0.12,0.03	0.99，0.01
3	0.058711,0.82459, 0.059214,0.057486	0.24653,0.26602, 0.27897,0.20847	0.19254,0.24818, 0.4094，0.14988	0.11958,0.2623, 0.21998, 0.13916, 0.14923, 0.10975	0.99，0.01
4	0.11,0.75,0.12,0.02	0.24773,0.26539, 0.27795, 0.20893	0.1,0.23,0.5,0.17	0.11955,0.26261,0.21967,0.1391, 0.14922,0.10985	0.99，0.01
5	0.06,0.85,0.08,0.01	0.1,0.25,0.3,0.35	0.05,0.2,0.55,0.2	0.11954,0.26446,0.21811,0.13907, 0.14865, 0.11018	0.99，0.01

表 7.21　无人机 1 观测到的威胁源 T 状态特征和距离信息

TS	ML 导弹/炮弹 发射指示	MAW 导弹 逼近告警	EO 导弹/炮弹 爆炸检测	RS 雷达状态	距离
1	0.99,0.01	0.99,0.01	0.99,0.01	0.05,0.8,0.15	0.001,0.059,0.55,0.38,0.019,0.001
2	0.99,0.01	0.99,0.01	0.99,0.01	0.05,0.75,0.2	0.001,0.06,0.552,0.377,0.019,0.001
3	0.01,0.99	0.99,0.01	0.99,0.01	0.08,0.72,0.2	0.001,0.061,0.554,0.375,0.018,0.001
4	0.01,0.99	0.99,0.01	0.99,0.01	0.09,0.76,0.15	0.001,0.062,0.557,0.371,0.018,0.001
5	0.99,0.01	0.99,0.01	0.99,0.01	0.1,0.8,0.1	0.001,0.063,0.56,0.368,0.017,0.001

表 7.22　无人机 1 的作战能力特征和空间态势信息

TS	发动机状况	传感器状况	火控系统状况	外挂系统状况	武器系统状况	空间态势
1	正常	正常	正常	正常	全有	较优
2	正常	正常	正常	正常	全有	较优
3	正常	正常	正常	正常	全有	较优
4	正常	正常	正常	正常	全有	较优
5	正常	正常	正常	正常	全有	优

表 7.23　无人机 2 观测到威胁源 T 的目标特征信息

TS	RF 载频	PRF 重频	PW 脉宽	PRT 脉冲持续时间	MS 制导照射状态
1	0.16,0.6,0.16,0.08	0.1,0.25,0.3,0.35	0.1,0.25,0.5,0.15	0.16,0.16,0.17,0.17,0.17,0.17	0.99，0.01
2	0.11,0.72,0.14,0.03	0.16,0.29,0.2,0.35	0.1, 0.2, 0.6,0.1	0.1,0.2, 0.1, 0.45 ,0.12,0.03	0.99，0.01
3	0.09,0.79,0.1,0.02	0.1,0.3,0.2,0.4	0.1,0.2,0.55,0.15	0.1,0.2,0.12,0.4,0.15,0.03	0.99，0.01
4	0.06,0.85,0.08,0.01	0.1,0.3,0.15,0.45	0.1,0.23,0.5,0.17	0.05,0.1,0.1,0.48,0.25,0.02	0.99，0.01
5	0.04,0.9,0.05,0.01	0.05,0.35,0.15,0.45	0.05,0.2,0.55,0.2	0.05,0.08,0.1,0.57,0.18,0.02	0.99，0.01

表 7.24　无人机 2 观测到的威胁源 T 状态特征和距离信息

TS	ML 导弹/炮弹 发射指示	MAW 导弹逼 近告警	EO 导弹/炮弹 爆炸检测	RS 雷达状态	距离
1	0.99,0.01	0.99,0.01	0.99,0.01	0.05,0.8,0.15	0.001,0.189,0.6,0.20,0.009,0.001
2	0.99,0.01	0.99,0.01	0.99,0.01	0.05,0.75,0.2	0.001,0.19,0.602,0.198,0.008,0.001
3	0.01,0.99	0.01, 0.99	0.99,0.01	0.01,0.01,0.98	0.001,0.191,0.604,0.195,0.008,0.001
4	0.01,0.99	0.01, 0.99	0.99,0.01	0.02,0.08,0.9	0.001,0.192,0.607,0.192,0.007,0.001
5	0.99,0.01	0.01, 0.99	0.01, 0.99	0.01,0.04,0.95	0.001,0.192,0.608,0.191,0.007,0.001

表 7.25　无人机 2 的作战能力特征和空间态势信息

TS	发动机状况	传感器状况	火控系统状况	外挂系统状况	武器系统状况	空间态势
1	全加力正常	正常	仅炸弹正常	仅炸弹正常	仅有炸弹	较优
2	全加力正常	正常	仅炸弹正常	仅炸弹正常	仅有炸弹	较优
3	全加力正常	正常	仅炸弹正常	仅炸弹正常	仅有炸弹	较优
4	全加力正常	正常	仅炸弹正常	仅炸弹正常	仅有炸弹	均势
5	全加力正常	正常	仅炸弹正常	仅炸弹正常	仅有炸弹	劣势

参考表 7.20~表 7.25 可以看出，其各个时间片上各种证据信息与作战背景分析相符。依据分级离散动态贝叶斯网络进行推理，依次计算得到威胁源 T 对无人机 1 的威胁等级、无人机 1 对威胁源 T 的作战优势、威胁源 T 对无人机 2 的威胁等级、无人机 2 对威胁源 T 的作战优势和最终编队内容任务决策结果如表 7.26 所示。

表 7.26 编队内任务决策结果

TS	对无人机 1 的威胁等级:H,M,L/%	无人机 1 的作战优势:P_1,P_2,P_3,P_4/%	对无人机 2 的威胁等级:H,M,L/%	无人机 2 的作战优势:P_1,P_2,P_3,P_4/%	编队内任务决策结果:D_1,D_2,D_3,D_4/%
1	0.038498, 0.24572, 0.71578	0.50625, 0.43184, 0.05752,0.0043929	0.047041,0.66202, 0.29093	0.09219,0.35746, 0.49266,0.057688	0.8793,0.10438,0.011407, 0.0049109
2	0.028037, 0.33447, 0.63749	0.50625, 0.43184, 0.05752,0.0043929	0.024510.8914, 0.08409	0.09219,0.35746, 0.49266,0.057688	0.87097,0.11314, 0.012379,0.0035146
3	0.082922, 0.28872 0.62835	0.50625, 0.43184, 0.05752,0.0043929	0.090703,0.90927, 2.3783e-005	0.09219,0.35746, 0.49266,0.057688	0.90721,0.087643, 0.0036909,0.0014565
4	0.12425, 0.16934, 0.70641	0.50625, 0.43184, 0.05752,0.0043929	0.19542,0.80458, 2.9287e-007	0.047435,0.17548, 0.6694,0.10769	0.72557,0.26539, 0.0051238,0.0039186
5	0.11537, 0.18414, 0.7005	0.68404,0.28532, 0.028145,0.0024951	0.40381,0.59614, 4.7864e-005	0.016798,0.08976 10.54595, 0.34749	0.53459,0.44537, 0.008097,0.011939

表左起第一列数据为威胁源 T 对无人机 1 的威胁等级评估结果，对应 7.3.4.1 节威胁等级评估仿真实例，与表 7.18 结论相同。

左起第二列数据为无人机 1 对威胁源 T 的作战优势评估结果，可以看出随着速度方向的调整，无人机 1 对威胁源 T 的作战优势是在逐步上升的。

左起第三列数据为到威胁源 T 对无人机 2 的威胁等级评估结果，从时间片 3 到时间片 5，威胁等级从"M"上升到"H"，这与威胁源对其实施导弹攻击的过程相一致。

左起第四列数据为无人机 2 对威胁源 T 的作战优势评估结果，从结果可以看出，由于本身发动机、携带武器、外挂的限制，无人机 2 的作战能力较差，造成作战优势较无人机 1 有明显差别。与此同时，由于无人机 2 转向规避远离威胁源 T 的方向，其作战优势进一步下降。

最右侧一列数据为编队内任务决策的结果，对应图 7.14，可以看出，在时间片 1、2、3 由于无人机 2 尚未发现威胁源 T 对其的攻击，倾向于无人机 1 和无人机 2 同时攻击威胁源 T。在时间片 4、5，威胁源 T 对无人机 2 威胁上升，无人机 2 进行规避过程中作战优势下降，最终确定由无人机 2 规避掩护，由无人机 1 实施攻击。这与 7.3.4.2 节中作战背景推理分析相一致，说明了整个推理过程的合理性。

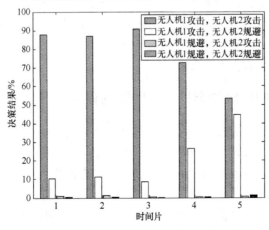

图 7.14 各个时间片编队内任务决策结果

7.4 无人机自主作战条件下的目标选择决策

本章所分析的作战主体是单机或双机无人机编队，作战对象是突发的地面威胁源，作战方式为每次针对一个作战对象进行对抗。对于一个突发威胁源而言，无人机编队依据编队内任务决策的结果确定对抗方式，具体包括攻击、规避和某一架攻击另一架规避或掩护。

但是，如果在侦察过程中同时发现多个威胁源，则在上述编队内任务决策之前，需要针对多个目标进行目标选择决策，选定首先要进行对抗的一个目标威胁源。

如图 7.15 所示，一个无人机编队在侦察飞行的过程中，在不同时刻发现不同类型不同数量的多个威胁源，它们构成了将要进行对抗的备选目标。目标选择决策便是要在当前时刻的备选目标中选择最佳的对抗目标，作为下一步进行编队内任务决策的基础。

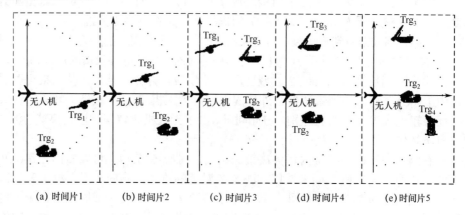

| (a) 时间片 1 | (b) 时间片 2 | (c) 时间片 3 | (d) 时间片 4 | (e) 时间片 5 |

图 7.15 无人机侦察过程中不同时刻的突发目标

而目标选择决策依据与编队内任务决策相似，主要是在威胁等级评估的基础上进行决策，考虑每个威胁源对无人机的威胁等级和无人机相对与每个威胁源的作战优势。在下节中，我们继续以离散动态贝叶斯网络为建模工具，以便在目标选择过程中获取更好的决策结果。

7.4.1 基于变结构离散动态贝叶斯网络的目标选择决策

依据上文所述，对于目标任务决策问题，我们同样可以采用变结构离散动态贝叶斯网络模型进行推理。因此，在本节内容中，将各个目标威胁源针对无人机的威胁等级和无人机对各个目标威胁源作战优势直接作为观测证据，仅仅将目标选择决策的最高级离散动态贝叶斯网络模型作为重点分析。

如图 7.16 所示，在目标选择决策的最高级决策网络中，我们以长机为参考点，评估各个威胁源对长机的威胁等级（TL={高(L_1),中(L_2),低(L_3)}）和长机对各个威胁源的优势（TP={优势(P_1),较优(P_2),均势(P_3),劣势(P_4)}），将其作为网络的证据节点，对多个目标做出的选择(ST)作为网络中的隐藏节点。在动态网络图中的任意时间片上，如果备选的目标威胁源为 n 个，则隐藏节点"目标选择(ST)"有 n 个状态，表示为 ST = {1,2,…,n}；该隐藏节点对应的证据子节点共有 $2n$ 个，分别对应各个目标威胁源的威胁等级，以及无人机对各个目标威胁源的作战优势。

因此，在决策过程中，如果备选的目标威胁源数目增加或者减少，则相应证据节点数目会发生变化，隐藏节点状态数会发生变化。其结果造成了不同时间片上网络的结构和参数均发生了变化（图 7.16），构成变结构离散动态贝叶斯网络。在图 7.16 中，ST_t 为时间片 t 的目标选择节点，Trg_1，Trg_2，Trg_3，Trg_4 为备选的目标威胁源。

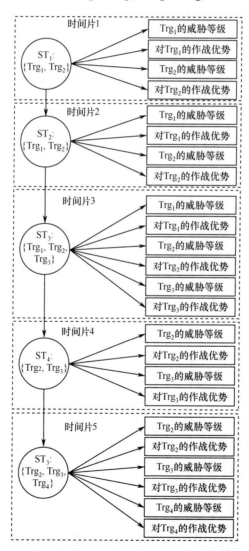

图 7.16　目标选择的最高级决策网络（变结构 DDBN）

针对目标选择的最高级决策网络，如图 7.16 所示，它是结构相对简单的变结构离散动态贝叶斯网络。它由单个隐藏节点和多个证据节点构成，完成一个目标遴选的任务，隐藏节点状态对应目标威胁源个数，各个目标威胁源并列待选，证据节点为目标威胁源目标相关态势评估结果。因而，我们可以采用 5.8 节的自适应参数产生算法动态生成相关参数，该方法回避了参数学习过程，可满足实时性要求。在此基础上，下一小节将重点分析目标选择决策网络所对应的变结构离散动态贝叶斯网络的推理结果。

7.4.2 基于变结构贝叶斯网络的目标选择决策仿真算例

在无人机侦察打击一体化条件下的作战背景中设定多个威胁源，并对发现的威胁源进行目标选择决策。

（1）仿真对象及证据信息分析。

参考图 7.15，在无人机执行侦察打击一体化任务过程中，作战区域里共存在 4 个地面威胁源，依次标记为 $Trg_1 \sim Trg_4$。其中，Trg_1 为 T_5 类型的防空高炮 AAA 系统；Trg_2 为 T_3 类型的机动防空导弹 SAM 系统；Trg_3 为 T_2 类型的防空导弹 SAM 系统；Trg_4 为 T_1 类型的防空导弹 SAM 系统。根据获取到的所有观测信息，我们得到相邻 5 个时间片里各个威胁源的威胁等级，以及无人机对各个威胁源的作战优势，以此作为目标选择决策的证据信息，具体如表 7.27 所示。

表 7.27　各个时间片对地面威胁源的证据信息

时间片	Trg_1 的威胁等级	对 Trg_1 的优势	Trg_2 的威胁等级	对 Trg_2 的优势	Trg_3 的威胁等级	对 Trg_3 的优势	Trg_4 的威胁等级	对 Trg_4 的优势
1	0.07,0.36, 0.57	0.12,0.43, 0.38,0.07	0.22,0.49, 0.29	0.10,0.29, 0.44,0.17				
2	0.43,0.39, 0.18	0.36,0.32, 0.26,0.06	0.24,0.50, 0.26	0.16,0.38, 0.32,0.14				
3	0.17,0.54, 0.29	0.09,0.33, 0.43,0.15	0.28,0.51, 0.21	0.18,0.42, 0.30,0.10	0.24,0.51, 0.25	0.18,0.40, 0.30,0.12		
4			0.41,0.48, 0.11	0.30,0.43, 0.21,0.06	0.18,0.52, 0.30	0.19,0.42, 0.28,0.11		
5			0.36,0.51, 0.13	0.50,0.31, 0.16,0.04	0.12,0.50, 0.38	0.15,0.36, 0.35,0.14	0.38,0.49, 0.13	0.21,0.41, 0.3,0.08

通过表 7.27 可以看出，无人机在各个时间片上，发现的地面威胁源在不断变化，具体分析如下。

在时间片 1，无人机发现威胁源 Trg_1 和 Trg_2。其中，Trg_1 处于无人机速度方向上，故对其攻击优势更好。同时，由于 Trg_1 是防空高炮系统，有效攻击范围较小，当前位置 Trg_1 对无人机威胁较小。因此，Trg_1 为首选目标。

在时间片 2，无人机仍仅发现威胁源 Trg_1 和 Trg_2。无人机与 Trg_1 不断接近，故对其攻击优势进一步上升，同时，由于距离接近，无人机进入 Trg_1 有效攻击范围，故 Trg_1 的威胁迅速变大。而对 Trg_2 的攻击优势和 Trg_2 的威胁变化相对不大。整体而言，在上一时刻的决策惯性下，Trg_1 仍是首选目标，但应当不如时间片 1 优势明显。

在时间片 3，无人机发现威胁源 Trg_1、Trg_2 和 Trg_3，Trg_1 由于角度和距离变化威胁明显变小，但不在无人机速度方向上，并且距离变远，故攻击优势较差。Trg_2 与无人机进一步接近，并且处于其速度方向上，故对其攻击优势最佳。而新增威胁源 Trg_3 相对于 Trg_2 距离无人机稍远，但其攻击能力稍强，故两者威胁等级相仿。总体而言，应当选择 Trg_2 作为首选目标。

在时间片 4，无人机发现威胁源 Trg_2 和 Trg_3，Trg_1 丢失。此时，Trg_2 与无人机距离很近，且位于其速度方向上，故攻击优势极佳。Trg_3 明显偏离无人机速度方向，且距离相对较远。因此，延续上一时刻的决策结果，应当选择 Trg_2 作为首选目标。

在时间片 5，无人机发现威胁源 Trg_2、Trg_3 和 Trg_4。其中，Trg_3 距离和角度偏差进一步拉远，Trg_2 与无人机距离仍很近，且完全处于其速度方向上，故对其攻击优势最佳。而新增威胁源 Trg_3 距离无人机较远，但其攻击范围大，是当前时刻对无人机威胁角大的威胁源之一。因此，保有上一时刻的决策结论，继续选择 Trg_2 作为首选目标。

接下来，我们将利用目标选择决策的变结构离散动态贝叶斯网络模型完成上述推理过程。

（2）模型网络结构及参数设定。

首先，将各个时刻无人机发现的地面威胁源作为将要进行对抗的备选目标。在此基础上，我们利用变结构离散动态贝叶斯网络构建目标选择决策的推理模型，其网络结构对应图 7.16。与此同时，依据参数自适应产生算法，得出各个时间片下的条件概率，以及状态转移概率如表 7.28～表 7.30 所示。

表 7.28 时间片 1, 2, 4 适用的条件概率

目标选择	Trg_m 的威胁等级	对 Trg_m 的优势	Trg_n 的威胁等级	对 Trg_n 的优势
Trg_m	0.071,0.286,0.643	0.849,0.106,0.032,0.013	0.545,0.273,0.182	0.1,0.2,0.3,0.4
Trg_n	0.545,0.273,0.182	0.1,0.2,0.3,0.4	0.071,0.286,0.643	0.849,0.106,0.032,0.013

表 7.29 时间片 3, 5 适用的条件概率

目标选择	Trg_i 威胁等级	对 Trg_i 优势	Trg_j 威胁等级	对 Trg_j 优势	Trg_k 威胁等级	对 Trg_k 优势
Trg_i	0.071,0.286, 0.643	0.849,0.106, 0.032,0.013	0.545,0.273, 0.182	0.1,0.2, 0.3,0.4	0.545,0.273, 0.182	0.1,0.2, 0.3,0.4
Trg_j	0.545,0.273, 0.182	0.1,0.2, 0.3,0.4	0.071,0.286, 0.643	0.849,0.106, 0.032,0.013	0.545,0.273, 0.182	0.1,0.2, 0.3,0.4
Trg_k	0.545,0.273, 0.182	0.1,0.2, 0.3,0.4	0.545,0.273, 0.182	0.1,0.2, 0.3,0.4	0.071,0.286, 0.643	0.849,0.106, 0.032,0.013

表 7.30 时间片 1 至 5 的状态转移概率

TS$_1$	Trg$_1$,Trg$_2$	TS$_2$	Trg$_1$,Trg$_2$,Trg$_3$	TS$_3$	Trg$_2$,Trg$_3$	TS$_4$	Trg$_2$,Trg$_3$,Trg$_4$	TS$_5$
Trg$_1$	0.667,0.333	Trg$_1$	0.545,0.273,0.182	Trg$_1$	0.5,0.5			
Trg$_2$	0.333,0.667	Trg$_2$	0.273,0.545,0.182	Trg$_2$	0.667,0.333	Trg$_2$	0.545,0.273,0.182	Trg$_2$
				Trg$_3$	0.333,0.667	Trg$_3$	0.273,0.545,0.182	Trg$_3$
								Trg$_4$

（3）实验结果及分析。

根据表 7.27 提供的证据信息和表 7.28～表 7.30 给出的参数设定，利用变结构离散动态贝叶斯网络推理模型，得到推理结果如表 7.31 所示，如图 7.17 所示。

表 7.31 各个时间片目标选择决策结果

TS	1	2	3	4	5
决策结果	0.72686,0.27314, 0,0	0.64204,0.35796, 0,0	0.36272,0.41239, 0.22488,0	0,0.53339 , 0.46661,0	0,0.5749, 0.32726,0.097835

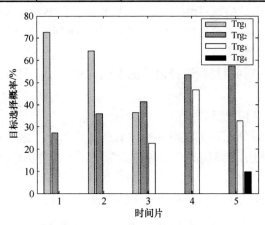

图 7.17 各个时间片目标选择决策结果

表 7.31 和图 7.17 给出了基于变结构离散动态贝叶斯网络目标选择决策系统的推理结果，其数据在各个时间片上均与前面的推理分析相一致，说明构建的上述决策系统是合理有效的。

参 考 文 献

[1] Wegener S S, Schoenung S S, Totah J, Sullivan D, Frank J, Enomoto F, Frost C,Theodore C.UAV Autonomous Operations for Airborne Science Missions[C]// AIAA 3rd Unmanned Unlimited Technical Conference, Workshop and Exhibit. American Institute of Aeronautics and Astronautics,Vol1,2004:302-311.

[2] Cai S C, Zhang G W. Feature abstracting and identification of acoustic target in the battle field based on EMD[J]. Journal of Shanghai Jiaotong University (Science), 2007, 12(4):525-529.

[3] Sun Z,Bebis G. On-Road Vehicle Detection[J]. A Review, IEEE Transactions on Pattern Analysis and Machine Intelligence,2006, 28(5):182–195.

[4] 郑景嵩,高晓光,陈冲.基于弹性变结构 DDBN 网络的空战目标识别[J].系统仿真学报,2008,20(9):2303-2306.

[5] 陈海洋，高晓光，樊昊. 变结构 DDBNS 的推理算法与多目标识别[J].航空学报，2010，31（11）: 2222-2227.

[6] Malinici I P, Ren L, Paisley J, et al. Hierarchical Bayesian modeling of topics in time-stamped documents[J]. IEEE Trans. On Pattern Anal. Mach,2010, 32(6): 996–1011.

[7] Endsely M R. Toward a Theory of Situation Awareness in Dynamic System[J]. Human Fators,1995, 35(1).

[8] 郭凤娟，张安，孙永强，等. 基于 OWA 算子贝叶斯网络空地战场威胁评估研究[J]. 系统仿真学报，2009,21(2):72-77.

[9] 刘进军，李自立.空间战场威胁评估方法研究[D]. 国防科技大学, 2008.

[10] Wu X Y, Jing T, Liu L. The research of Target Situation Assessment based on HMM[C]//2010 International Conference on Computer Application and System Modeling, 2010(3): 3307-3311.

[11] Chai X, Wang G L, Wu Z. The decision making algorithm based on inverse-design method and its application in the UAV autonomous flight control system design [C]//Proceedings-2nd IEEE International Conference on Advanced Computer Control, 2010(1):169-173.

[12] 董卓宁, 张汝麟, 陈宗基.无人机在恶劣气象条件下的自主决策技术[J].航空学报, 2008, 29(增):107-113.

[13] Hou Y Y, Hou B. Coordinated Multiple-Target Attack of Multiple UAVs Using Dynamic Awareness Based on DBN[C]//Intelligent Information Technology Application, 2008. IITA '08. Second International Symposium on, 2008(2):845–849.

[14] LaValle S M. Planning Algorithms[M]. Cambridge University Press, New York, 2006.

[15] Wu P, Clothier R, Campbell D, Walker R. Fuzzy Multi-Objective Mission Flight Planning in Unmanned Aerial Systems[C]// IEEE Symposium on Computational Intelligence in Multi-Criteria Decision-Making, 2007:2-9.

[16] 朱大奇, 颜明. 移动机器人路径规划技术综述[J]. 控制与决策, 2010, 25(7): 961-967.

[17] 范洪达,叶文,马向玲.基于遗传算法的飞机低空突防航路规划[J]. 航空计算技术. 2003, 33(1): 13-17.

[18] Pehlivanoglu Y V, Hacioglu A. Vibrational Genetic Algorithm Based Path Planner for Autonomous UAV in Spatial Data Based Environments[C]// Recent Advances in Space Technologies, 2007. RAST '07. 3rd International Conference on,2007:573-578.

[19] Gao X G, Fu X W, Chen D Q. A Genetic-Algorithm-Based Approach to UAV Path Planning Problem[C]//Proceedings

of the 5th WSEAS Int Conf on SIMULATION, MODELING AND OPTIMIZATION, 2005:503-507.

[20] Gao M J, Xu J，Tian J W, Wu H. Path Planning for Mobile Robot Based on Chaos Genetic Algorithm[C]// Fourth International Conference on Natural Computation,2008:409-431.

[21] Pohl A J, Lamont G B. Multi-Objective UAV Mission Planning Using Evolutionary Computation[C]// Proceedings of the 2008 Winter Simulation Conference,2008:1268-1279.

[22] 刘利强, 于飞, 戴运桃. 基于蚁群算法的水下潜器全局路径规划技术研究[J].系统仿真学报, 2007, 19(18): 4174-4177.

[23] 王和平,柳长安,李为吉.基于蚁群算法的无人机任务规划[J]. 西北工业大学学报, 2005,23(1):98-101.

[24] Su F, Li Y, Peng H, et al. Multi-UCAV Cooperative Path Planning Using Improved Coevolutionary Multi-Ant-Colony Algorithm[C]// ICIC 2009, LNCS 5754, 2009: 834-845.

[25] Sjanic Z. On—line mission planning based on model predictive control[D].Sweden：Linkoping University,2001:5-18.

[26] Shim D H, Chung H, Kim H J, Sastry S. Autonomous Exploration in Unknown Urban Environments for Unmanned Aerial Vehicles[C]// AIAA GN&C Conference American Institute of Aeronautics and Astronautics, 2005(8):6381-6388.

[27] Gao X G, Zhang Y, Chen D. 4D Flight Planning for Multiple UAVs[C]// The 22nd International Conference on Unmanned Aerial Vehicles and Systems, Bristol, UK, 16th -18th April, 2007.

[28] Fu Y, Lang S Y L. Fuzzy logic based mobile robot area filling with vision system for indoor environment[C]// IEEE Int Conf on Computational Intelligence in Robotics and Automation. Monterey, 1999: 326-331.

[29] Perez D A, Melendez W M, Guzman J, et al. Fuzzy logic based speed planning for autonomous navigation under velocity field control[C]// IEEE Int Conf on Mechatronics. Malaga, 2009: 14-17.

[30] Zun A D, Kato N, Nomura Y, et al. Path planning based on geographical features information for an autonomous mobile robot[J], Artificial Life and Robotics, 2006,10(2): 149-156.

[31] 李季,孙秀.基于改进 A-Star 算法的无人机航迹规划算法研究[J]. 兵工学报,2008,29(7):788-792.

[32] Bhaduri A. A Mobile Robot Path Planning Using Genetic Artificial Immune Network Algorithm[C]// Nature & Biologically Inspired Computing,World Congress on,2009:1536-1539.

[33] 马云红,周德云.一种无人机路径规划的混沌遗传算法[J]. 西北工业大学学报, 2006, 24(4): 468-471.

[34] Spinka O, Kroupa S, Hanzalek Z. Control System for Unmanned Aerial Vehicles[C]// 5th IEEE International Conference on Industrial Informatics, IEEE INDIN, 2007(1): 455-460.

[35] Samy I, Postlethwaite I, Gu D. Detection of Additive Sensor Faults in an Unmanned Air Vehicle (UAV) Model using Neural Networks[C]// Proceedings of the 2005 IEEE International Conference on Robotics and Automation.

[36] Rimal B P, Shin H, Choi E. Simulation of Nonlinear Identification and Control of Unmanned Aerial Vehicle: An Artificial Neural Network Approach[C]// Proceedings of the 9th international conference on Communications and information technologies,2009:442-447.

[37] Buskey G, Wyeth G, Roberts J. Autonomous Helicopter Hover Using an Artificial Neural Network[C]// Robotics and Automation, Proceedings 2001 ICRA, IEEE International Conference on,2001:1635-1640.

[38] Dierks T, Jagannathan S. Output Feedback Control of a Quadrotor UAV Using Neural Networks[J]. IEEE TRANSACTIONS ON NEURAL NETWORKS, 2010,21(1):50-56.

[39] Puttige V, Anavatti S, Ray T. Comparative Analysis of Multiple Neural Networks for Online Identification of a UAV[C]//AI 2007, Springer.2007:120-129.

[40] Wang N, Gu X Q, Chen J, Shen L C, Ren M. A Hybrid Neural Network Method for UAV Attack Route Integrated

Planning[C]//Proceedings of the 6th International Symposium on Neural Networks: Advances in Neural Networks - Part III, Lecture Notes In Computer Science, 2009 (5553) :226-235.

[41] Perneel C, Acheroy M. Fuzzy Reasoning and Genetic Algorithms for Decision Making Problems in Uncertain Environment[C]// NAFIPS/IFIS/NASA '94. Proceedings of the First International Joint Conference of the North American Fuzzy Information Processing Society Biannual Conference. The Industrial Fuzzy Control and Intelligent Systems Conference, and the NASA Joint Technology, 1994:115-120.

[42] Doitsidis L, Valavanis K P, Tsourveloudis N C, Kontitsis M. A Framework for Fuzzy Logic Based UAV Navigation and Control[C]//Proceeding of the 2004 IEEE International Conference on Robotics and Automation,2004:4041-4046.

[43] Doherty P, Rudol P. A UAV Search and Rescue Scenario with Human Body Detection and Geolocalization[C]// AI 2007, Springer-Verlag Berlin Heidelberg.2007: 1-13.

[44] Stottler R, Ball B, Richards R. Intelligent Surface Threat Identification System (ISTIS)[C]// Aerospace Conference, IEEE, 2007:1-13.

[45] Kurnaz S, Cetin O, Kaynak O. Adaptive neuro-fuzzy inference system based autonomous flight control of unmanned air vehicles[J]. Expert Systems with Applications, 2010, 37 (2) :1229-1234.

[46] Mukhopadhyay A, Maulik U. Towards improving fuzzy clustering using support vector machine: Application to gene expression data[J]. Pattern Recognition, 2009, 42(11) 2744- 2763.

[47] .Eleye-Datubo A G, Wall A, Wang J. Marine and Offshore Safety Assessment by Incorporative Risk Modeling in a Fuzzy-Bayesian Network of an Induced Mass Assignment Paradigm[J]. 2008 Society for Risk Analysis, 2008,28(1):95-112.

[48] Abeywardena D M W, Amaratunga L A K, Shakoor S A A, et al. A Velocity Feedback Fuzzy Logic Controller for Stable Hovering of a Quad Rotor UAV[C]//Fourth International Conference on Industrial and Information Systems, 2009:558-562.

[49] Garcia R D, Valavanis K P, Kandel A. Autonomous Helicopter Navigation during a Tail Rotor Failure Utilizing Fuzzy Logic[C]// Proceeding of the 15th Mediterranean Conference on Control and Automation, 2007.

[50] Valavanis K P, Doitsidis L, Long M T, et al. Validation of a Distributed Field Robot Architecture Integrated with a MATLAB Based Control Theoretic Environment: A Case Study of Fuzzy Logic Based Robot Navigation[J]. IEEE Robotics and Automation Magazine，2006,13(3):93-107.

[51] Nikolos I K, Valavanis K P, Tsourveloudis N C, et al. Evolutionary algorithm based offline/online path planner for UAV navigation[J].IEEE Transactions on Systems, Man and Cybernetics, Part B, 2003,33(6): 898-912.

[52] Kanakakis V, Valavanis K P, Tsourveloudis N C. Fuzzy-Logic Based Navigation of Underwater Vehicles[J]. Journal of Intelligent and Robotic Systems, 2004,40(1): 45-88.

[53] Valavanis K P. Unmanned Vehcle Navigation and Control: A Fuzzy Logic Perspective [C]// Evolving Fuzzy Systems, 2006 International Symposium on, 2006:200-207.

[54] Kurnaz S, Cetin O. Autonomous Navigation and Landing Tasks for Fixed Wing Small Unmanned Aerial Vehicles[J]. Acta Polytechnica Hungarica,2010,7(1):87-102.

[55] Pawlak Z. Rough set[J]. International Journal of Computer and Information Science, 1982,11:341-356.

[56] Nguyen H S. Rough Set Approach to Approximation of Concepts from Taxonomy[C]// Proceedings of Knowledge Discovery and Ontologies Workshop, Pisa, Italy, September 2004:103-106.

[57] 孙东延,杨万海,陶建锋.粗糙集理论在多传感器目标识别中的应用[J]. 空军工程大学学报,2007,8(4):42-44.

[58] 李德敏,周洁.基于 Rough Set 的任务分配模型与算法[J]. 计算机工程与应用,2002,38(3):88-89.

[59] Kryszkiewicz M. Rough set approach to incomplete information systems[J]. Information Sciences, 1998 (112): 39-49.

[60] Szczuka M S. Generating approximate concepts for the UAV[C]//In Ninth International Conference on Information Processing and Management of Uncertainty on Knowledge Based Systems IPMU, volume III, Annecy, France, 2002:1639-1644.

[61] Nguyen H S, Skowron A, Szczuka M S. Analysis of Image Sequences for the Unmanned Aerial Vehicle[C]// JSAI 2001 Workshops, LNAI 2253, 2001:333-338.

[62] Murphy K P, Dynamic Bayesian Networks: Representation, Inference and Learning[D]. PhD thesis. UC Berkeley, Computer Science Division, July 2002.

[63] Pavlovic V. Dynamic Bayesian Networks for Information Fusion with Applications to Human-Compter Interfaces[D]. PhD thesis, University of Illinois at Urbana- Champaign, 1999.

[64] Cowell R G, Dawid A P, Lauritzen S L, Spiegelhalter D J. Probabilistic Networks and Expert Systems[M]. Springer-Verlag, Berlin-Heidelberg-New York.1999.

[65] Bobbio A, Portinale L, Minichino M, Ciancamerla E. Improving the analysis of dependable systems by mapping fault trees into Bayesian networks[J]. Reliability Engineering and System Safety, 2001(71):249-260.

[66] 肖秦琨,高晓光.基于动态贝叶斯网络的目标侦察信息处理研究[J]. 西安工业学院学报, 2005, 25(1):3-7.

[67] 史建国,高晓光,李相民.离散模糊动态贝叶斯网络用于无人作战飞机目标识别[J]. 西北工业大学学报, 2006, 24(1):45-49.

[68] Chi P, Chen Z J, Zhou R. Autonomous Decision-making of UAV Based on Extended Situation Assessment[C]// AIAA Guidance, Navigation, and Control Conference, 2006(2):1212-1222.

[69] 肖秦琨,高晓光,高嵩.基于混合动态贝叶斯网络的无人机路径重规划[J]. 系统仿真学报,2006,18(5):1301-1306.

[70] Larrafiaga P, Sierra B, Gallego M J, et al. Learning Bayesian Networks by Genetic Algorithms: A Case Study in the Prediction of Survival in Malignant Skin Melanoma[C]// In Proc.Artificial Intelligence in Medicine Europe (E. Keravnou, C. Garbay, R. Baud, J. Wyatt, eds.), 1997:261–272.

[71] Myers J W, Laskey K B, DeJong K A. Learning Bayesian Networks from Incomplete Data using Evolutionary Algorithms[C]// in Proceedings of the Genetic and Evolutionary Computation Conference,1999:458–465.

[72] Guo H, Perry B, Stilson J A, et al. A Genetic Algorithm for Tuning Variable Orderings in Bayesian Network Structure Learning[C]// In Proceedings of the Eighteenth National Conference on Artificial Intelligence, 2002:951-952.

[73] Leung Kwong-Sak, Duan Qi-Hong, Xu Zong-Ben, et al. A new model of simulated evolutionary computation-convergence analysis and specifications[J]. IEEE Transactions on Evolutionary Computation, 2001,5(1):3-16.

[74] Meng D, Sivakumar K. Privacy-sensitive bayesian network parameter learning [C]// In Proc.of the Fourth IEEE International Conference on Data Mining, 2004.

[75] 王双成,冷翠平,杜瑞杰.贝叶斯网络参数学习中的噪声平滑[J].系统仿真学报.2009,21(16):5053-5060.

[76] 王双成,冷翠平.贝叶斯网络适应性学习[J].小型微型计算机系统.2009,30(4):706-709.

[77] Friedman N. The Bayesian structural EM algorithm[C]// Fourteenth Annual Conference on Uncertainty in Artificial Intelligence. San Francisco, CA:Morgan Kaufmann, 1998: 125-133.

[78] Pearl J. Fusion, propagation, and structuring in belief networks [J]. Artificial Intelligence, 1986, 29(3): 241-288.

[79] Lauritzen S L, Spiegelhalter D J. Local computations with probabilities on graphical structures and their applications

to expert systems [J]. Journal of the Royal Statistical Society, 1988, 50(2): 157-224.

[80] Diez F J. Local conditioning in bayesian networks [J]. Artificial Intelligence, 1996, 87(1/2): 1-20.

[81] Shachter R D, Anderson S K, Szolovits P. Global conditioning for probabilistic inference in belief networks [C]//Proceedings of the 10th Conference on Uncertainty in Artificial Intelligence. San Francisco, CA: Morgan Kaufmann, 1994: 514-522.

[82] Darwiche A. Conditioning methods for exact and approximate inference in causal networks [C]//Proceedings of the 11th Conference on Uncertainty in Artificial Intelligence. San Francisco, CA: Morgan Kaufmann, 1995, 99-107.

[83] Darwiche A. Recursive conditioning [J]. Artificial Intelligence, 2001, 126(1/2): 5-41.

[84] Mateescu R, Dechter R. AND/OR cutset conditioning [C]//Proceedings of the Nineteenth International Joint Conference on Aritficial Intelligence. San Francisco, CA: Morgan Kaufmann, 2005: 230-235.

[85] Kevin G, Michael C H. Conditioning graphs: practical structures for inference in bayesian networks [C]//Proceedings of the 18th Australian Joint Conference on Artificial Intelligence. Berlin: Springer-Verlag, 2005, 3809LNAI: 49-59.

[86] Suermondt H J, Cooper G F. Probabilistic inference in multiply connect belief networks using loop cutsets [J]. International Journal of Approximate Reasoning, 1990, 4(4): 283-306.

[87] Lauritzen S L, Spiegelhalter D J. Local computations with probabilities on graphical structures and their applications to expert systems [J]. Journal of the Royal Statistical Society, Series B, 1988, 50(2): 157-224.

[88] Shenoy P, Shafer G. Axioms for probability and belief-function propagation [A].// Uncertainty in Artificial Intelligence [M]. North-Holland, Amsterdam: Elsevier Science Publishers B. V., 1990: 169-198.

[89] Jensen F V, Lauritzen S, Olesen K G. Bayesian updating in causal probabilistic networks by local computation [J]. Computational Statistics Quarterly, 1990, 4: 269-282.

[90] Park J D, Darwiche A. Morphing the Hugin and Shenoy-Shafer Architectrues [C]//Proceedings of the Seventh European Conference on Symbolic and Quantitative Approaches to Reasoning with Uncertainty, Aalborg, Danemark. Berlin: Springer-Verlag, 2003: 149-160.

[91] Madsen A L, Jensen F V. Lazy propagation in junction trees [C]//Proceedings of the Fourteenth Conference on Uncertainty in Artificial Intelligence. San Francisco, CA: Morgan Kaufmann, 1998: 362-369.

[92] Shachter R D, Ambrosio B, DelFavero B D. Symbolic probablictic inference in belief networks [C]//Proceedings of the Eighth National Conference on Artificial Intelligence. California: AAAI Press, 1990, 1: 126-131.

[93] Zhang N L, Poole D. A simple approach to bayesian network computations [C]//Proceedngs of the 10th Canadian Conference on Artificial Intelligence. Los Altos, CA: Morgan Kaufmann, 1994: 171-178.

[94] Dechter R. Bucket elimination: a unifying framework for probabilistic inference [C]//Proceedings of the Twelfth Conference on Uncertainty in Artificial Intelligence. Portland, Oregon: Morgan Kaufmann, 1996: 211-219.

[95] Kask K, Dechter R, Larrosa J, et al. Bucket-tree elimination for automated reasoning [J]. Artificial Intelligence, 2001, 125: 91-131.

[96] Zhang N L, Poole D. Exploiting causal independence in bayesian network inference [J]. Journal of Artificial Intelligence Research, 1996, 5: 301-328.

[97] Amestoy P, Davis T A, Duff I S. An approximate minimum degree ordering algorithm [J]. SIAM Journal of Matrix Analysis and Aplications, 1996, 17(4): 886-905.

[98] Shachter R D. Evidence absorption and propagation through evidence reversals [C]//Proceedings of the Fifth Annual Conference on Uncertainty in Artificial Intelligence. New Yorkm NY: Elsevier Science, 1989: 303-310.

[99] Adrian Y W C, Boutilier C. Structured arc reversal and simulation of dynamic probabilistic networks

[C]//Proceedings of the Thirteenth Conference on Uncertainty in Artificial Intelligence. San Francisco, CA: Morgan Kaufmann, 1997: 72-79.

[100] Darwiche A. A differential approach to inference in bayesian networks [R]. Los angeles: Computer Science Department, UCLA, 1999.

[101] Darwiche A. A differential approach to inference in bayesian networks [C]// Proceedings of the Sixteenth Conference on Uncertainty in Artificial Intelligence. San Francisco CA: Morgan Kaufmann, 2000: 123-132.

[102] Boris Brandherm, Anthony Jameson. An extension of the differential approach for bayesian network inference to dynamic bayesian networks [J]. International journal of Intelligent Systems, 2004, 19(8): 727-748.

[103] Dagum P, Karp R, Luby M, et al. An optimal algorithm for Monte Carlo estimation [C]//Proceedings of the 36th IEEE Symposium on Foundations of Computer Science.Washington, DC: IEEE Computer Society, 1995:142-149.

[104] Henrion M. Search-based methods to bound diagnostic probabilities in very large belief nets [C]//Proceedings of Seventh Conference on Uncertainty in Artificial Intelligence. San Francisco, CA: Morgan Kaufmann, 1991: 142-150.

[105] Poole D. The use of conflicts in searching bayesian networks [C]//Proceedings of the Ninth Annual Conference on Uncertainty in AI. Washington DC: Morgan Kaufmann, 1993: 359-367.

[106] Santos E J, Shimony S E. Exploiting casebased independence for approximating marginal probabilities [J]. International Journal of Approximate Reasoning, 1996, 14 (1): 25-54.

[107] Horvitz E, Suermondt H J, Cooper G F. Bounded conditional: flexible inference for decisions under scarce resources [C]//Proceedings of the Fifth Conference on Uncertainty in Artificial Intelligence. New York, NY: Elsevier Science, 1989: 182-193.

[108] Draper D. Localized partial evaluation of bayesian belief networks [D]. Seattle: University of Washington, 1995.

[109] Wellman M P, Liu C L. State-space abstraction for anytime evaluation of probabilistic networks [C]. Proceedings of the Tenth Conference Conference on Uncertainty in Artificial Intelligence. San Francisco, CA: Morgan Kaufmann 1994: 567-574.

[110] Jaakkola T S, Jordan M I. Variational probabilistic inference and the QMR-DT network [J]. Journal of Artificial Intelligence Research, 1999, 10(1): 291- 322.

[111] Poole D. Context-specific approximation in probabilistic inference [C]//Proceedings of the Fourteenth Conference on Uncertainty in Artificial Intelligence. San Francisco: Morgan Kaufmann, 1998: 447-454.

[112] Poole D. Context specific approximation in probabilistic inference [C]//Proceedings of the Fourteenth Conference on Uncertainty in Artificial Intelligence. San Francisco, CA: Morgan and Kaufmann, 1998: 447-454.

[113] Murphy K P, Weiss Y, Jordan M I. Loop belief propagation for approximate inference: an empirical study [C]//Proceedings of the Fifteenth Uncertainty in Artificial Intelligence. San Francisco: Morgan Kaufmann, 1999: 467-475.

[114] Tatikonda S C, Jordan M I. Loopy belief propagation and gibbs measures [C]//Proceedings of the Eighteenth Conference On uncertainty in Artificial Intelligence. San Francisco: Morgan Kaufmann, 2002, 18:493-500.

[115] Fung R, Chang K C. Weighting and integrating evidence for stochastic simulation in bayesian networks [J]. Uncertainty in Artificial Intelligence, 1990 5: 209-219.

[116] Shachter R D, Peot M A. Simulation approaches to general probabilistic inference on belief networks [C]//Proceedings of the Fifth Conference Annual on Uncertainty in Artificial Intelligence. New York, NY: Elsevier Science, 1989: 311-318.

[117] Geman S, Geman D. Stochastic relaxation, Gibbs distribution and the bayesian restoration of images [J]. Journal of

170

Applied Statistics, 1984, 20(5): 721-741.

[118]　Chavez R M, Cooper G F. A randomized approximation algorithm for probabilistic inference on bayesian belief networks [J]. Networks, 1990, 20(5): 661-685.

[119]　Henrion M. Search-based methods to bound diagnostic probabilities in very large belief nets [C]//Proceedings of Seventh Conference on Uncertainty in Artificial Intelligence. San Francisco, CA: Morgan Kaufmann, 1991: 142-150.

[120]　Poole D. The use of conflicts in searching bayesian networks [C]//Proceedings of the Ninth Annual Conference on Uncertainty in AI. Washington DC: Morgan Kaufmann, 1993: 359-367.

[121]　Santos E J, Shimony S E. Exploiting casebased independence for approximating marginal probabilities [J]. International Journal of Approximate Reasoning, 1996, 14 (1): 25-54.

[122]　Horvitz E, Suermondt H J, Cooper G F. Bounded conditional: flexible inference for decisions under scarce resources [C]//Proceedings of the Fifth Conference on Uncertainty in Artificial Intelligence. New York, NY: Elsevier Science, 1989: 182-193.

[123]　Draper D. Localized partial evaluation of bayesian belief networks [D]. Seattle: University of Washington, 1995.

[124]　Wellman M P, Liu C L. State-space abstraction for anytime evaluation of probabilistic networks [C]. Proceedings of the Tenth Conference Conference on Uncertainty in Artificial Intelligence. San Francisco, CA: Morgan Kaufmann 1994: 567-574.

[125]　Jaakkola T S, Jordan M I. Variational probabilistic inference and the QMR-DT network [J]. Journal of Artificial Intelligence Research, 1999, 10(1): 291-322.

[126]　Poole D. Context-specific approximation in probabilistic inference [C]//Proceedings of the Fourteenth Conference on Uncertainty in Artificial Intelligence. San Francisco: Morgan Kaufmann, 1998: 447-454.

[127]　Poole D. Context specific approximation in probabilistic inference [C]//Proceedings of the Fourteenth Conference on Uncertainty in Artificial Intelligence. San Francisco, CA: Morgan and Kaufmann, 1998: 447-454.

[128]　Sarkar S. Using tree-decomposable structures to approximate belief networks [C]//Proceedings of the Ninth Conference on Uncertainty in Artificial intelligence, Washington, D C: Morgan Kaufmann, 1993: 376-382.

[129]　Murphy K P, Weiss Y, Jordan M I. Loop belief propagation for approximate inference: an empirical study [C]//Proceedings of the Fifteenth Uncertainty in Artificial Intelligence. San Francisco: Morgan Kaufmann, 1999: 467-475.

[130]　Tatikonda S C, Jordan M I. Loopy belief propagation and gibbs measures [C]//Proceedings of the Eighteenth Conference On uncertainty in Artificial Intelligence. San Francisco: Morgan Kaufmann, 2002, 18:493-500.

[131]　Andrieu C, Davy M, Doucet A. Efficient particle filtering for jump markov systems: Application to time-varying autoregressions[J]. IEEE Transactions on Signal Processing, 2003,51(7):1762-1770.

[132]　Dobingeon N, Tourneret J, Davy M. Joint segmentation of piecewise constant autoregressive processes by using a hierarchical model and a bayesian sampling approach[J]. IEEE Transactions on Signal Processing, 2007, 55(4):1251–1263.

[133]　Dojer N, Gambin A, Mizera A, et al. Applying dynamic Bayesian networks to perturbed gene expression data [J]. BMC Bioinformatics. 2006.

[134]　Saenko K, Livescu K, Glass J, et al. Multistream Articulatory Feature-Based Models for Visual Speech Recognition [J]. IEEE Transactions on Pattern Analysis and Machine Intelligence, 2009, 31(9):1700.

[135]　Hearty P, Fenton N, Marquez D, et al. Predicting Project Velocity in XP Using a Learning Dynamic Bayesian

171

Network Model[J]. IEEE Transactions on Software Enfineering, 2009, 35(1):124 -137.

[136] Rajapakse J C, Wang Y, Zheng X, et al. Probabilistic Framework for Brain Connectivity From Functional MR Images[J]. IEEE Transactions on Medical Imagine, 2008, 27(6):825-833.

[137] Chen H Y, Gao X G. Ship recognition based on improved forwards-backwards algorithm [C]//Proceedings of the Sixth International Conference on Fuzzy Systems and Knowledge Discovery. Piscataway, NJ: IEEE Computer Society, 2009, 5: 509-513.

[138] Boyen X, Koller D. Tractable inference for complex stochastic processes [C]//Proceedings of the 14th Conference on Uncertainty in Artificial Intelligence. San Francisco: Morgan Kaufmann, 1998:33-42.

[139] Murphy K, Weiss Y. The factored frontier algorithm for approximate inference in DBNs [C]//Proceedings of the 17th Conference On Uncertainty in Artificial Intelligence. San Francisco: Morgan Kaufmann, 2001: 378-385.

[140] Cooper G F. Computational complexity of probabilistic inference using bayesian belief networks [J]. Artificial Intelligence, 1990, 42(2/3): 393-405.

[141] Doucet A, Godsill S, Andrieu C. On sequential Monte Carlo sampling methods for bayesian filtering [J]. Statistics and Computing, 2000, 10(3): 197-208.

[142] Doucet A, de Freitas N, Murphy K ,et al. Rao-blackwellised particle filtering for dynamic bayesian networks [C]//Proceedings of the Sixteenth Conference on Uncertainty in Artificial Intelligence. San Francisco, CA: Morgan Kaufmann, 2000: 176-183.

[143] Prado R, Huerta G, West M. Bayesian time-varying autoregressions: Theory, methods and applications[J]. Resenhas, 2001(4): 405–422.

[144] Ghahramani Z , Hinton G E, Variational learning for switching state-space models[J]. Neural Comput, 2000 12(4): 831-864.

[145] Fearnhead P. Exact and efficient Bayesian inference for multiple changepoint problems[J]. Stat. Comput, 2006 16(2): 203-213.

[146] Wang K, Zhang J, Shen F, et al. Adaptive learning of dynamic Bayesian networks with changing structures by detecting geometric structures of time series[J]. Knowl. Inf. Syst., 2008 17(1): 121-133.

[147] Robinson J W. Hartemink A J. Non-stationary dynamic bayesian networks[J]. in Neural Inf. Process. Syst. (NIPS), 2008, 1369-1376.

[148] Fu W, Song L, Xing E P. Dynamic mixed membership block model for evolving networks[J]. in Proc. 26th Int. Conf. Mach. Learn, 2009.

[149] 张连文, 郭海鹏. 贝叶斯网引论 [M]. 北京: 科学出版社, 2006.

[150] Jensen F V. Bayesian networks and decision graphs [M].New York: Springer, 2001.

[151] Koller D, Friedman N. Probabilistic Graphical Models: Principles and Techniques [M]. London: The MIT Press, 2009.

[152] Pearl J. Causality[M]. Cambridge: Cambridge University Press, 2000.

[153] Pearl J. Probabilistic Reasoning in Intelligent Systems[M]. San Mateo, CA: Morgan Kaufmann, 1988.

[154] Tarjan R E, Yannakakis M. Simple linear time algorithms to test chordality of graphs, test acyclicity of hypergraphs, and selectively reduce acyclic hypergraphs[J]. SIAM Journal on Computing, 1984, 13(3): 566-579.

[155] Christopher M. Bishop. Pattern Recognition and Machine Learning [M]. New York: Springer, 2006.

[156] Dean T, Kanazawa K. A model for reasoning about persistence and causation[J]. Artificial Intelligence, 1989.

[157] Murphy K P. Dynamic bayesian networks: representation, inference and learning [D]. PhD thesis, Berkeley:

172

University of Calfornia, 2002:14-15.

[158] Boyen X, Koller D. Tractable inference for complex stochastic processes[J]. In Proceedings of the 14th Conference on Uncertainty in Artificial Intelligence, San Francisco, CA , USA, 1998: 33-42.

[159] Murphy K P, Weiss Y. The factored frontier algorithm for approximate inference in DBNs. In Proceedings of the 17th Annual Conference on Uncertainty in Artificial Intelligence, San Francisco, CA, USA, 2001, 378-385.

[160] 高晓光，陈海洋，史建国. 变结构动态贝叶斯网络的机制研究[J]. 自动化学报，2011，37(12): 1435-1444.

[161] 余舟毅，陈宗基，周 锐.基于贝叶斯网络的威胁等级评估算法研究[J]. 系统仿真学报，2005,17（3）：555-558.

[162] 史建国,高晓光,李相民. 基于离散模糊动态贝叶斯网络的空战态势评估及仿真[J]. 系统仿真学报,2006,18(5): 1093-1100.

[163] 杨健，高文逸，刘军. 一种基于贝叶斯网络的威胁估计方法[J]. 解放军理工大学学报, 2012, 11(1): 43-48.

后　记

　　我们的科研团队一直从事"无人飞行器任务规划与决策"课题的研究。在最初的研究中，我们遇到的最大难题是：在复杂多变的环境中，无人飞行器无法自主执行任务，必须有人为的干预。因此，我们希望给无人飞行器安装一个"智慧大脑"，以期其具有自主执行任务的能力。从 2001 年起，我们把目光投向了贝叶斯网络理论，发现它具有形式灵活多变、并易于表达复杂系统变量关系等诸多优势，为无人飞行器任务规划与决策研究提供了全新的思路。为了深入研究贝叶斯网络理论应用于无人飞行器任务规划与决策这一课题，我们申报了 2003 年国家自然科学基金项目"基于图形模型的空天飞行器智能自主优化机制"，并获得资助，2005 年获延续资助。这一项目前后历经了 6 年的深入研究，在动态贝叶斯网络参数与结构学习、推理机制、动态优化算法等方面取得了一系列成果，形成了独具特色的动态贝叶斯网络理论研究成果体系。在 2008 年国家自然科学基金项目"基于变结构动态贝叶斯网络的无人机智能指挥控制机制"的资助下，创建了变结构动态贝叶斯网络理论，为解决动态条件下背景因素多变的复杂系统任务规划与决策提供了不同层次需求的理论模型。

　　我们的团队先后出版过 3 本专著。第一本专著是《动态贝叶斯网络推理学习理论及应用》，该书于 2007 年 9 月由国防工业出版社出版，主要论述了动态网络变结构学习模型设计、进化优化与动态贝叶斯网络混和优化等，并将相关理论应用于无人机的路径规划等方面。第二本专著是《动态贝叶斯网络及其在自主智能作战中的应用》，该书于 2008 年 12 月由兵器工业出版社出版，主要论述了动态贝叶斯网络的推理方法、结构学习等，并将相关方法应用于无人机自主控制等方面；第三本专著是《贝叶斯网络参数学习及对无人机的决策支持》，该书于 2012 年 11 月由国防工业出版社出版，主要论述了信息不完备小样本条件下和数据缺失条件下的网络参数学习，并将参数学习应用于无人机任务决策。这三本专著主要涉及贝叶斯网络的参数学习、结构学习及其应用等方面，而在推理算法的论述及其决策应用方面篇幅较少，并且不系统，也不深入。鉴于目前国内还没有一本系统论述动态贝叶斯网络推理的书籍，我们把发表在《Applied Intelligence》、《自动化学报》、《航空学报》等期刊上的原创性推理算法的成果进行了汇总，并整理成体系，编成此书。本书的独特之处在于：引入时间窗和时间窗宽度的概念，论述了有时间窗的动态贝叶斯网络及变结构动态贝叶斯网络的近似推理算法。这些近似推理算法可通过改变时间窗宽度的方式实现在线推理，并最大限度利用证据信息解决无人机任务决策问题。

尽管我们对书稿和相关例子进行了多次认真校验，但受作者研究水平所限，书中难免有错误之处，恳切希望读者指正。

高晓光
二〇一五年七月于西安

内 容 简 介

　　贝叶斯网络起源于 20 世纪 80 年代中期对人工智能中的不确定性问题的研究，已成为人工智能的一个重要领域，对统计学、系统工程、信息论、模式识别等学科产生了重要的影响。被广泛应用于医疗诊断、工业应用、金融分析、计算机系统、军事应用、生物信息等领域。

　　本书以无人机的智能决策为背景，系统论述了离散动态贝叶斯网络的基本理论、算法及其应用的中文专著。全书共分 7 章，内容涵盖了贝叶斯网络的基础知识、离散动态贝叶斯网络的精确推理、离散动态贝叶斯网络的近似推理、变结构动态贝叶斯网络的推理、离散动态贝叶斯网络缺失数据的修补及离散动态贝叶斯网络在无人机自主智能决策中的应用。本书从实例出发，由浅入深，直观与严谨相结合，并提供详尽的参考文献。

　　本书适用于相关专业的高年级本科生、研究生和科研人员。

　　Originated from the research in artificial intelligence for reasoning with uncertainty in the first half of the 1980s, Bayesian networks have become increasingly influential in artificial intelligence and have significant impact in statistics, system engineering, information theory, and pattern recognition, etc. Bayesian networks have been widely used in medical diagnostics, industrial applications, financial analysis, computer systems, military decision-making, bioinformatics and many other areas.

　　This book focuses on the basic theory, algorithms and applications of discrete dynamic Bayesian networks in the design and development of intelligent decision-making systems for unmanned aerial vehicles (UAVs). The book has 7 chapters and the main contents include the basics of Bayesian networks, exact inference and approximate inference of discrete dynamic Bayesian networks, inference of structure-variable dynamic Bayesian networks, missing data imputation approaches for discrete dynamic Bayesian network, and the applications of discrete dynamic Bayesian networks in UAV autonomous intelligent decision-making. This book contains many practical examples, and the contents are presented in an easy-to-understand manner with detailed references.

　　This book is suitable for professionals, academics, undergraduate students, post- graduate students, and researchers in the area.